핵심개념으로 배우는 경제지리학

Key Concepts in Economic Geography

English language edition published by SAGE Publications of London, Los Angeles, New Delhi, Singapore and Washington DC, © Yuko Aoyama, James T. Murphy and Susan Hanson, 2010.

핵심개념으로 배우는
경제지리학

초판 1쇄 발행 2018년 1월 19일
초판 2쇄 발행 2021년 3월 11일

지은이 유코 아오야마, 제임스 머피, 수전 핸슨
옮긴이 이철우·이원호·이종호·서민철

펴낸이 김선기
펴낸곳 (주)푸른길
출판등록 1996년 4월 12일 제16-1292호
주소 (08377) 서울특별시 구로구 디지털로 33길 48 대륭포스트타워 7차 1008호
전화 02-523-2907, 6942-9570~2
팩스 02-523-2951
이메일 purungilbook@naver.com
홈페이지 www.purungil.co.kr

ISBN 978-89-6291-436-8 93980

＊이 도서의 국립중앙도서관 출판예정도서목록(CIP)은 서지정보유통지원시스템 홈페이지 (http://seoji.nl.go.kr)와 국가자료공동목록시스템(http://www.nl.go.kr/kolisnet)에서 이용 하실 수 있습니다.(CIP제어번호: CIP2018000512)

Key Concepts in Economic Geography

핵심개념으로 배우는
경제지리학

유코 아오야마, 제임스 머피, 수전 핸슨 지음

이철우, 이원호, 이종호, 서민철 옮김

푸른길

차례

핵심개념으로 배우는 경제지리학

경제지리학은 오랫동안 로컬, 지역, 국가, 글로벌 스케일을 포괄하는 다층적 스케일의 여러 영역에 걸친 경제적 과정을 다면적으로 설명하는 데 초점을 두어 왔다. 이러한 특성은 경제지리학의 정체성에 대한 견해 차이를 일으키는 요인이 되기도 하지만, 다른 한편으로 경제지리학이라는 학문의 개방성과 수용성을 나타내는 것이기도 하다. 경제지리학은 지금까지 다면적이고, 심지어 상호모순적인 인식론·방법론의 수용과 다원적인 발전 과정을 거쳐 왔다. 특히 오늘날의 경제지리학은 지리학뿐만 아니라 다양한 관련 사회과학과 폭넓게 교류하는 학제적 성격이 강화되고 있다. 최근에는 경제지리학의 방법론적 기반이 크게 확장되었고, 실증주의 경제 분석의 한계를 극복하게 되었다. 동시에 국가와 지역 단위의 불균등 발전을 비롯한 사회경제적 문제를 해결하기 위한 정책적 도구로서도 크게 주목받고 있다.

그럼에도 불구하고 우리나라의 경제지리학은 여전히 특정 패러다임과 지역의 경제활동에 대한 코드화된 사실적 지식(know-what)을 학습하는 틀에서 벗어나지 못하고 있다. 또한 최근 경제지리학 논의에 있어서 설명적 도구로 사용되고 있는 핵심적 개념을 그 기원과 진화 경로에 대한 철저한 이해에 바탕을 두거나 기존 개념과의 관계성에 대한 깊은 성찰을 하지 않고 편의적으로 사용하는 경우도 적지 않다.

이러한 상황은 우리나라 경제지리학의 정체성 확립과 영역 확대를 통한 학문적 발전을 위해서뿐만 아니라 올바른 중등지리교육을 통한 지리학에 대한 지리학 비전공자들의 인식 전환을 위해서라도 이제는 극복되어야 한다. 이는 대학에서 지리학뿐만 아니라 일반 사회과학을 전공하는 학생들 그리고 지역정책 관련자들에게 이 시대의 '지역적 핵심 이슈'에 대하여 경제지리학의 패러다임과 개념으로 설명하고 이해하게 할 수 있을 때 가능할 것이다.

우리는 그동안 대학에서 경제지리학을 강의하면서, 이러한 문제의식을 바탕으로 한 대안 모색의 일환으로 우리가 바라는 체제와 내용을 담은 교재를 지속적으로 탐색하는 한편 직접 저술할 계획을 세우기도 하였다. 그 와중에 미국 클라크대학교 지리학과의 교수들인 유코 아오야마(Yuko Aoyama), 제임스 머피(James T. Murphy), 수전 핸슨(Susan Hanson)이 공동으로 저술한 『Key Concepts in Economic Geography』(2011)를 접하게 되었다.

우리가 이 책을 번역하게 된 이유는 원저자들의 문제의식에서 찾을 수 있다. 먼저, 오늘날 경제지리학적 논의에서 기존 연구에 대한 검토 결여와 경제지리학의 개념적 경로에 대한 경시는 이론적 발전을 저해하는 요인이 되고 있다는 점에서, 경제지리학의 다양한 지적 전통에서 등장하는 여러 개념을 맥락적으로 풀어내고자 하였다. 다음으로 종래의 아이디어와 새로운 현상을 재결합하기 위해서 역사적인 여러 개념과 현대적 논의와의 관련성을 체계적으로 서술하고자 하였다. 그 이유는 오늘날 새롭게 등장하고 있는 연구 과제들도 사실은 기존에 확립된 이론적 체계와 경험적 연구의 토대에 기반하고 있기 때문이다. 이를 위해서 저자들은 오늘날 경제지리학의 핵심 과제를 개관하고, 이것들이 그동안 어떻게 변화하고 상호 간에 어떻게 연관되고 어떻게 공진화되는가를 23개 핵심개념을 중심으로 설명하였다.

이 책은 역자들이 경제지리학의 정체성과 방향성을 정립하고자 하는 바람에서 오로지 네 사람의 공동 작업을 거쳐 세상에 나오게 되었다. 우리는 번역서의 한계를 벗어나 하나의 새로운 교재로서 자리매김할 수 있도록 재창조한다는 심정으로 번역 작업을 추진하였다. 서로의 원고에 대하여 광범위한 지적과 비판을 거쳐서 수정·보완하였을 뿐만 아니라 번역에 따른 오류를 최소화하고 가독성을 높이기 위해 심혈을 기울였다. 마지막으로 이 역서의 출간을 결정하고 배려해 준 푸른길 출판사의 김선기 사장님과 난삽한 수정원고의 편집과 교정을 맡아 꼼꼼하게 작업하느라 수고해 준 최지은 선생님의 노고에 진심으로 감사드린다.

2018년 1월

역자 일동

경제지리학이란 무엇인가?

최근의 중국경제의 성장과 미국경제의 상대적 쇠퇴를 설명하는 주요한 요인은 무엇일까? 뉴욕, 런던, 도쿄와 같은 세계도시의 일부에 지속적으로 존재하고 있는 빈곤을 무엇으로 설명할 수 있을까? 캘커타(인도 콜카타의 옛 명칭)에 거대한 도시슬럼이 출현하도록 촉발한 것은 무엇일까? 세계화는 세계 여러 지역에서 사람들의 일자리와 삶에 어떠한 영향을 미치고 있는가? 경제지리학자의 주된 관심사는 지역 내 또는 지역 간의 불균등발전의 원인과 결과를 설명하는 것이다. 경제지리학의 목표는 오래전부터 지방, 지역, 국가, 세계(local, region, nation, global)라는 다양한 스케일의 여러 영역에 걸쳐서 구현되는 경제적 과정—위기와 쇠퇴뿐만 아니라 성장과 번영도—에 대하여 다면적인 설명을 하는 것이었다. 오늘날 경제지리학자들은 경제적 과정을 형성하는 지리적으로 독특한 요인들을 연구하고, 지역의 불균등발전과 변화(산업클러스터, 지역격차, 중심—주변 등)를 촉진하는 핵심 주체(기업, 노동력, 국가 등)와 동력(혁신, 제도, 기업가정신, 접근성 등)을 분석한다.

오랜 기간에 걸쳐 경제지리학자들은 각 지역별로 특화된 부존자원을 지역발전의 동력으로 간주하였다. 경제지리학 발달의 초기에는 경제가 농업에 의해 좌우되었다. 따라서 노동력 공급과 함께 기후나 부존자원을 매우 중요하게 다루었다. 20세기 산업화 시기에는 연구 초점이 기업·산업의 지리, 공장 임금, 생산과정, 기술과 혁신, 노동의 질과 기능, 산업화를 유발·촉진함에 있어서의 정부의 역할 등으로 전환되었다. 특히 최근에는 경제지리학 연구의 초점이 종래 구체적이고 정량적 지표로서의 지리적으로 특화된 부존자원에서, 지역발전에 영향을 미치는 정량화하기 어려운 비가시적인 원인과 제도, 네트워크, 지식, 문화와 같은 사회적 부존자원으로 전환되었다. 인종·계급·성(젠더)이라는 주체 간의 차이를 인정하는 분석도 나타났다. 경제의 금융화, 소비, 지식경제, 지속가능한 발전 등에 초점을 맞춘 새로운 연구 주제도 등장하고 있다.

아직도 경제지리학은 지리학의 한 분과학문이면서도 종종 오해를 받기도 한다. 이러한 혼란은 경제지리학의 다중적 기원, 이단적인 방법론, 타 사회과학 분야와의 다양한 관심사의 중복에서 그 원인을 찾을 수 있다. 우리가 보여주고자 하듯이, 현대 경제지리학은 긴 역사를 가지고 있다. 동시에 지리학 내부뿐만 아니라 지리경제학, 지역과학, 도시 및 지역연구, 지역경제개발계획 그리고 경제사회학과 같은 분야로부터 폭넓은 학제적 영향을 받고 있다. 복잡하고 다양하게 교차하는 영향에도 불구하고, 경제지리학자들은 공동체, 도시, 지역의 경제적 운명에서 볼 수 있듯이 근본적으로 영역적 과정으로서의 경제적 과정에 대하여 공통적으로 관심을 가진다. 경제지리학의 목표는 환경 변화(문화생태학) 혹은 사회·문화적 변화(문화지리학·사회지리학)를 설명하기 위한 독립·매개변수로서 경제적 요소를 이용하기보다는, 특정 장소의 경제적 과정을 이해하고자 하는 것이다.

기원과 진화

경제지리학의 기원과 역사적 계보에 관해서는 해석이 다양하다. 몇몇 학자는 경제지리학의 효시가 영국의 식민주의와 밀접하게 관련되어 있다고 주장한다. 식민주의는 무역로와 운송방식을 보다 잘 이해하고 개선하기 위하여 상업지리학의 연구를 필요로 했기 때문이다(Barnes, 2000a 참조). 또 다른 학자들은 경제지리학의 기원을 하인리히 폰 튀넨(Heinrich von Thünen)과 알프레드 베버(Alfred Weber)[발터 크리스탈러(Walter Christaller)와 아우구스트 뢰슈(August Lösch)가 이들의 계승자]의 독일 입지론에서 찾는다. 독일의 입지론의 목표는 주어진 지리적 조건과 접근성(즉, 운송비)을 전제로 농장, 공장, 도시 들이 가장 효율적으로 기능하는 최적의 입지패턴을 발전시키는 것이었다. 그 이후, 입지모델링은 대서양을 건너 북미의 경제지리학에 편입되었고, 월터 아이사드(Walter Isard)에 의해서 지역과학의 중요한 기초가 되었다.

그러나 경제지리학의 또 다른 계보는 앨프레드 마셜(Alfred Marshall)에게서 비롯되었다. 마셜은 영국의 저명한 경제학자로서 20세기 초기의 경제학을 변혁시킨 '한계혁명(marginal revolution)'의 중심인물이었다. 마셜은 산업집적 현상을 명확하게 제시한 최초의 인물로, 산업화에 있어서 '규모경제'의 중요성(즉, 노동력 풀이나 인프라의 공유)을 강조하였다. 집적 또는 클러스터에 관한 연구는 최근 그 관심이 경제적인 것에서 클러스터의 사회적·문화적·제도적인 측면으로 점차 바뀌고는 있지만, 여전히 현대 경제지리학의 핵심적인 위치를 차지하고 있다.

마지막 계보로는 북미의 '인간-환경의 지리학'을 들 수 있다. '인간-환경의 지리학'에서는 특정 영역의 풍부한 자원의 개발과 효율적 이용이 연구자와 정책입안자 모두의 주된 관심사였다. 예를 들면, 1925년에 『Economic Geography』가 클라크대학에서 창간될 때, 초대 편집장인 윌리스 애투드(Wallace W. Atwood)는 산업화 과정에서 자연자원에 대한 인간의 적응에 관계되는 연구 영역을 다루고자 하였다. 그는 다음과 같이 쓰고 있다.

지구상에 우리가 거주할 수 있는 부분의 범위와 한계를 제대로 인식할 때, 우리는 근대국가의 시민으로서 국내외 경제적·사회적 관계라는 보다 큰 문제들에 대하여 지적(知的)으로 대처할 준비를 해야 한다(Atwood, 1925).

연구 주제는 주로 목재, 석탄, 밀 그리고 곡물 거래와 같은 천연자원 관련 산업이었고, 경작지와 관련한 인구에 대한 연구도 포함되었다.**1**

이와 같이 경제지리학은 발생한 이후 다양하고 때로는 모순적인 인식론과 방법론을 포함한 다양한 궤도를 겪으면서 발전하여 왔다. 예를 들어, 독일의 입지론이나 마셜의 전통을 계승하는 연구자들은 추상적이고 보편적인 적용을 추구하는 연역적·과학적 방법을 이용하였다. 반면에 북미의 인간-환경적인 전통의 연구자들(예를 들어, Keasbey, 1901a; 1901b; Smith, 1907; 1913)은 경제지리학을 토지(즉, 천연자원)와 인류에 대한 토지의 유용성에 관한 '구체적 정보'의 수집을 통하여 지식에 공헌하는 '기술적 과학(descriptive science)'으로 간주하였다. 이러한 초기 논문의 영향은 하트숀(Hartshorne, 1939)의 지역주의 접근에서도 찾아볼 수 있는데, 지역주의 접근은 주로 경험적이고 개성기술적이며, 자연지리학과 강한 유대관계를 유지한다(예를 들어, Huntington, 1940).

그 후 제국주의의 팽창이 끝나고, 결정론적인 개념을 정책에 적용한 극단적인 결과(예를 들어, 홀로코스트)가 드러나면서, 대공황과 제2차 세계대전의 파국으로 경제지리학은 크게 변화하였다. 피셔(Fisher, 1948: 73)가 주장한 바와 같이, 경제지리학은 '명색뿐인 현상(apology for the status quo)'이 되었다. 이것은 1950년대부터 1960년대에 걸쳐 몇몇 발전을 이끌어 냈다. 한 예로, 경제지리학자들은 경제지리학에서 기술적인 연구나 결정론적인 이론을 배제하려고 하였다. 또 다른 예로, 장소나 지역의 특성을 강조하는 개성기술적인 전통은 제2차 세계대전 이후에 신고전경제학, 마르크스주의적 구조주의 이론적 관점과 정면으로 부딪히게 되었다. 인간-환경의 경제지리학(지리학이라는 학문 분야 자체와 매우 흡사함)의 몇몇 초기 연구가 환경결정론에 시달렸다는 사실도 그들의 엄격한 기술적 접근을 지지해 주지는 못했다.

결국 이 시기는 경제지리학에 있어서 공간과학으로의 전환이 가장 두드러진 기간으로, 베버, 크리스탈러, 뢰슈와 같은 독일의 입지이론가들의 업적으로부터 지나치게 영향을 받았다. 일명 '공간 사관후보생(space cadets)'으로 알려진 계량·이론 경제지리학자와 지역과학자는 산업입지와 지역경제의 진화에 관한 보편적·추상적·설명적 공간이론을 추구하였다. 후버(Hoover, 1948), 아이사드(Isard, 1949; 1953), 베리와 개리슨(Berry and Garrison, 1958) 등의 연구를 통해 계량혁명이 시작되었고, 인문지리학의 전 영역이 종래 특수성에 초점을 둔 기술적 분석에서 지리적 현상을 설명하는 일반이론의 발전을 목표로 하는 과학적 분석으로 전환되었다. 나아가 교통지리학, 혁신확산 연구, 행동지리학 등 새로운 연구 영역의 발달은 전통적인 방법론에 도전하였다. 교통, 접근성, 대도시권 구조의 추상적 모델을 수반한 도시경제에 관한 연구(예를 들어, Alonso, 1964)가 이 분야를 석권하였다. 이러한 경향이 1970년대 내내 강하게 지속되었다는 것은 『Economic Geography』에 게재된 많은 논문들을 통해 알 수 있다. 그 전성기(Scot, 1969; Chojnicki, 1970 참조)에 사용된 분석방법(몬테카를로 시뮬레이션, 균형론적 분석, 통계적 예측 등)

은 매우 복잡하며, 때로는 지나치게 추상적이고, 광범위한 수학적 트레이닝을 필요로 하였다.

궤도의 다양화: 1970~1990년대

1960년대 말부터 몇몇 경제지리학자는 새로운 연구 영역으로 진출하기 시작하였다. 이것은 주로 1960년대 후반의 지정학적인 갈등, 환경 및 정치 위기, 사회적 혼란 그리고 1970년대의 세계적 규모의 경제적 저성장에 대한 대응이었다. 미국의 과학적 경영과 그것과 관련된 대량생산의 한계, 케인스주의적 복지국가, 영국과 미국의 탈공업화는 경제지리학자에게 새로운 연구 주제를 제공하는 데 기여하였다. 뿐만 아니라 경제 구조와 조직에 관한 거시이론과의 연계성을 강화했다. 데이비드 하비(David Harvey)가 실증주의(Harvey, 1968; 1969)에서 마르크스주의와 정치행동주의(Harvey, 1974)로 전환한 것은 1970년대 초에 특별히 선진국 도심지역의 빈곤, 인종, 계급뿐만 아니라 정치에 대한 관심이 높아진 것을 상징한다. 이러한 변화는 그 당시 타 사회과학에서 상대적으로 더 많은 연구가 이루어진 종속이론(Frank, 1966)이나 세계체제론(Wallerstein, 1974)과 같은 구조주의의 영향을 경제지리학이 받아들이도록 하였다.

또 다른 연구자들은 북미(Bluestone and Harrison, 1982; Piore and Sabel, 1984)나 프랑스(Aglietta, 1979)의 노동경제학자들의 연구를 학습하거나 또는 경제학에서 새롭게 출현한 분야[넬슨과 윈터(Nelson and Winter, 1974)의 진화경제학, 윌리엄슨(Williamson, 1981)의 제도경제학]와 경영/관리연구[챈들러(Chandler, 1977)의 사업조직 연구 등]에 관여하고자 하였다. 혁신과 기술변화가 탈공업화 이후의 신산업 및 고용창출에서의 잠재력을 가지고 있다는 인식에 입각하여, 다양한 형태의 혁신과 경제성장의 관계를 강조하면서 프랑스의 조절학파나 유연적 전문화를 둘러싼 논의가 활발히 이루어졌다. 이러한 연구 주제를 발전시키기 위하여, 1980년대에는 (첨단기술 제조업을 강조하는) 생산의 조직적 측면(특히 지역 및 국가의 경쟁우위와 관련한), 그 지리적 귀결(예를 들어, Malecki, 1985; Scott and Storper, 1986; Castells, 1985)에 대한 관심이 높아졌다. 또한 국가적·국제적인 맥락에서의 도시·지역의 성장전략을 강조하는 방향으로 연구의 초점이 점차 이동했다(Clark, 1986; Schoenberger, 1985).

동시에 경제지리학의 또 다른 새로운 계보도 출현하였다. 이것은 프랑스와 독일 철학자의 연구에 심취하기 시작하여 정치이론, 비판적 사회이론, 문화연구, 건축학 등을 대폭적으로 원용한 연구자들로 대표되는 계보이다(Dear, 1988; Harvey, 1989a; Soja, 1989). 이 연구 집단은 포스트모더니즘, 포스트구조주의, 페미니즘 그리고 문화지리학과 관련된 연구 주제를 받아들이고, 지금까지 경제지리학을 지배했던 실증주의적 전제를 거부하였다. 더욱이 지속적인 경제의 세계화는 세계 각 지역의 경제성장에 영향을 미치는 사회·문화적 요인에 대한 관심이 증대되는 결과를 가져왔다. 몇몇 학자들은 경제적 변화의 사회·문화적 국면을 포함하는 새로운 분석틀을 구축하기 위하여 사회학에서 시사점을 찾기도 하였다(Castells, 1984; Giddens, 1984; Granovetter, 1985). 이러한 경향은 상호결합되어 경제지리학에서 이른바 '문화적 전환'으로 알려지게 되었다.

결과적으로, 1970년대 이후 리카도, 케인스, 마르크스, 폴라니, 그람시, 슘페터 학파뿐만 아니라 신고전경제학, 진화경제학, 제도경제학, 문화론적·비판적 접근과 같은 매우 다양한 사상적 지향성이 경제지리학 내에 병존하게 되어 경제지리학은 보다 이설적(異說的)인 학문이 되었다. 지역연구와 민족지는 인류학, 정치학, 사회학 등과 밀접하게 관련되어 온 반면에, 산업연구는 비즈니스/경영과 경제사회학에서 활동하는 학자들에 의하여 이루어지고 있다. 그리고 지역과학은 신고전경제학자에 의하여 주도되고 있다. 이러한 학제성과 사상적 혼재는 방법론적 접근을 보다 다양화하는 데 기여하였으며, 이들 방법론적 접근에는 계량경제학, 계량분석, 설문조사, 구조화 혹은 반구조화 면접조사, 참여관찰 등이 포함된다. 경제지리학자들은 구조적·제도적 분석, 문화분석, 정책 담론, 사회네트워크 분석뿐만 아니라 고문서와 텍스트 분석 등도 수행하고 있다(Barnes et al., 2007 참조). 또한 1980년대에는 기업지리학이 출현하여 기업에 대한 접근이 연구자들에게 점차 중요해졌고, 데이터가 점차 독점화됨에 따라 경제지리학자는 특정 형식에 얽매이지 않고 혼합적인 접근방법을 채택하게 되었다. 따라서 경제지리학자들의 방법론적 기반(Pallets)은 이 기간에 크게 확장되었고, 실증주의 경제분석을 확실히 극복하게 되었다.

1990년대 이후의 경제지리학

1990년대 이후의 경제지리학은 1970년대의 위기 이래로 발생한 다양한 변화를 반영했다. '신경제지리학(NEG)'으로 알려져 있는 경제지리학의 재생은 서로 다른 연구자 집단, 즉 '문화적 전환'이라는 인식론(예를 들어, 포스트모더니즘이나 포스트구조주의)에 부응하는 집단과 크루그먼(Krugman, 1991a)의 연구에 크게 영향을 받아 계량경제학에 관심을 가지는 집단에 의하여 주장되었다. 후자의 지리경제학자 집단은 2000년대가 되면서 신경제지리학이라는 용어 사용에 대해 정당성을 획득하였다. 동시에 다국적기업(MNCs)의 출현과 그 공간적 함의를 보다 잘 이해하기 위해서, 또한 하나의 명확한 영역적 과정으로서의 세계화의 진행을 연구하기 위해서, 경제지리학자들은 지리적으로 특화된 부존(賦存)자원을 글로벌 네트워크와 결합하고자 하였다. 이러한 노력은 부분적으로 경제사회학으로부터 지속적으로 영향을 받아 보완되어 왔으며, 현재 세계적인 상품사슬(Gereffi, 1994)의 형태로 결실을 보게 되었다.

경제지리학에 있어서 또 다른 최근의 변화는 종래에는 선진산업화된 경제에서 볼 수 있었으나 최근에는 신흥경제에서도 나타나는 지리적 지향성과 관련이 있다. 그리고 공통적인 관심사의 다양한 주제에 대하여 경제지리학자와 발전지리학자 간에 지속적인 대화가 이루어지고 있다. 이것은 경제지리학을 위한 중요한 변화이다. 왜냐하면 경제지리학은 주로 선진산업화된 경제에서 경험적 사례를 축적하고 이를 이론화하는 데 관심을 가지고 있었기 때문이다. 그러므로 경제지리학의 역사는 북미와 서부 유럽의 일부(특히 영국) 지역 내에서, 이들 지역에 대한 논의가 중심이 되어 왔다. 그러나 경제지리학에서의 영미권의 전통은 경제지리학 자체의 세계화에 의하여 점진적으로 전환되고 있다. 지금까지의 영미권 경제지리학자의 우월성은 훨씬 다양한 경험에 기반을 두고 새로운 아이디어를 이끌어 내는 차세대에게 그 지위를 양보할 것이 틀림없다.

경제지리학 분야가 폭넓은 만큼 오늘날 지리경제학과 경제지리학 사이에 의미 있고 새로운 대화와 연계가 구축되고 있다. 지리경제학은 주로 경제학자에 의하여 주도되고 있으며, 경제지리학은 주로 지리학자에 의해서 주도되고 있다.[2] 지리경제학은 엄격하게 말하면 경제학의 한 분야로, 국제무역이론에 뿌리를 둔 방법론의 정립을 목표로 한다(Combes et al., 2008 참조). 복수의 분석 공간단위에서 성장과 무역의 모델화를 시도하는 대부분의 경제학자들은 이 유형에 속한다. 접근성의 역할에 대한 연구는 종종 부수적이며, 이와 관련하여 발생하는 집적의 외부성은 노동과 자본의 유동성을 전제로 분석된다. 「공간에서의 생산요소 입지」(p.483) 연구에서 크루그먼(Krugman, 1991)

이 정의한 경제지리학의 개념은 지리경제학의 접근을 잘 보여 줬다.

지리경제학과는 대조적으로, 경제지리학은 ① 장소 간의 경제적 차이·차별성과 격차, ② 산업발전과 지역발전의 정치적·문화적·사회적·역사적 국면, ③ 스케일 간(글로벌과 국지)의 경제적 관계와 기업·산업·지역에 대한 그것들의 의미, ④ 세계경제에서의 불균등발전의 원인과 결과에 초점을 두는 지리학의 한 분야로 존재한다. 다양한 발전궤도에도 불구하고, 경제학과 구별되는 경제지리학의 가장 중요하고 두드러진 특징 중 하나는 경험적인 지향성이었다. 세계화는 국가경제 간의 상호결합과 상호의존성, 지역발전과 경쟁의 과정, 오늘날의 경제 동향과 과제를 설명하기 위한 고전적 경제 이론의 유용성 등에 대하여 새롭고 중요한 의문점을 불러일으켰다. 더욱이 신세대 학자들은 세계화의 흐름처럼 이러한 상호의존성, 과정과 과제를 이해하기 위하여 그들의 연구 대상 지역을 서부 유럽과 북미를 넘어 지속적으로 확대하고 있다.

이 책의 목적과 구성

이 책은 경제지리학의 기원부터 현재까지, 선진국과 선진지역에서 개발도상국과 개발도상지역까지 폭넓게 다루면서도, 경제지리학의 '핵심'이 무엇인가에 대한 통찰을 잃지 않으려고 한다. 이 책은 오늘날의 논의가 때로는 종래의 연구에 대한 조망을 놓치고 있고, 경제지리학의 역사와 개념적 경로를 경시하는 것은 시간을 낭비할 뿐만 아니라, 연구 영역의 더욱 큰 이론적 발전을 방해할 수도 있다는 필자들의 공유의식에서 이 세상에 나오게 되었다. 필자들은 이 책에서 경제지리학에서의 역사적인 연속성과 진화에 초점을 두어 학생이나 연구자가 현대적 주제와 초기의 고전적 연구 간의 관계를 인식하는 데 도움을 줌으로써 경제지리학의 특성을 결정짓는 다양한 지적 전통에서 새롭게 등장하는 여러 개념을 맥락화할 수 있도록 하였다.

필자들의 목표는 종래의 아이디어와 새로운 현상을 재결합하는 것이며, 이를 위해 역사적인 여러 개념과 현대적 논의의 관련성을 체계적으로 제시하고자 하였다. 동시에 새로운 연구 과제로 생각되는 것도 사실은 긴 지적 전통을 가지고 있다는 것을 제시하고자 했다. 각 장은 각 주제의 기원, 초기 및 그 이후의 개념화와 변화를 다루고 있다. 또한 현대적 핵심 과제를 검토하고, 여러 종류의 현대적인 과제 간에는 명확한 관련성이 있다는 것을 이론적 논의로 제시하기 위해서 각각의 개념이 어떻게 활용·응용되는가를 검토하고자 한다. 이를 위해 경제지리학자의 주요한 관심사를 개관하고, 이러한 관심사가 시간이 지남에 따라 어떻게 변화하고 상호 간에 어떻게 연관되며, 어떻게 공진화되는지 검토하고자 한다.

필자들은 경제지리학을 이해하는 데 중요한 위치를 차지하는 다양한 사고방식을 출발점으로, 23개의 주요 개념을 선정하였다. 이들 개념은 경제지리학의 발달사에서 그 중요성에 비추어 선정된 것으로, 현대에서도 중요성이 지속되고 있다. 주요 개념에는 주요 주체나 추동력, 문맥적 상황, 결과나 공간적 현상 등이 포함된다. 또한 각 개념의 중요성이 변화하지만, 각각 여러 연구 과제의 출발점이 되고 있다. 이들 주요 개념은 방법론적·사상적인 여러 방향성을 결합하여 경제지리학이라는 총체적 연구 영역을 구성한다.

이 책을 구성하는 방법은 다양하다. 필자들이 의도한 바와 같이, 이들 핵심 개념은 학제간 다양한 연계성을 가진다. 그 가운데에는 경제학의 특정 분야(신고전파경제학, 진화경제학, 제도경제학)와 밀접하게 연관되어 있는 것도 있으며, 사회학, 문화연구, 비판이론 등과 관련된 것도 있다. 더욱이 경제지리학에 도입된 몇몇 거대 이론은 소수 산업의 경험적 증거에 기반을 두고 있는 경우도 있다. 예를 들어 자동차산업은 포디즘/포스트포디즘의 이론에서 중요한 위치를 차지하여 왔으며, 의복산업은 전통적으로 글로벌 가치사슬 분석의 중심이 되어 왔다.

제1장은 경제변화의 주요한 주체인 노동력, 기업, 국가를 주요 개념으로 시작한다. 이들 주체의 상대적 중요성은 시간의 흐름에 따라 성쇠를 거듭하여 왔다. 노동력은 주요한 생산 투입요소로서 존재하여 왔으며, 제2장에서 다루는 기업 경영의 토대를 형성한다. 기업은 행동지리학과 비즈니스/경영 연구의 영향으로, 특히 1970년대부터 1980년대에 걸쳐 연구의 초점으로 부상하였다. 또한 기업은 제3장 "경제변화에 있어서 산업과 지역"의 주요 개념에서도 중요한 분석단위이다. 마지막으로, 경제지리학자는 국가를 경제성장의 중요한 주체로 인식하였다. 이는 중심·주변 논의와 그에 따른 동아시아 내 신흥공업경제의 출현과 맥을 같이하는 중심지역의 산업재구조화 연구에도 반영되었다.

제2장에서는 경제변화의 핵심 추동력, 즉 혁신, 기업가정신, 접근성을 다룬다. 혁신 부분에서는 경제지리학에 영향을 미친 경제학의 세 유파(신고전파, 슘페터학파, 진화경제학)를 논의한다. 혁신과 기업가정신의 연구는 현대 경제지리학에서 슘페터학파 전통의 중요성을 보여 주는 동시에 그것들이 경제발전정책의 중요한 매개라는 것을 제시하고 있다. 혁신과 기업가정신의 역할은 산업클러스터(제3장)나 지식경제(제6장)와 같은 주요 개념에 의해서도 연구가 이루어지고 있다. 접근성은 아마도 이동성에 영향을 미치는 가장 기본적인 사회지리적 개념일 것이며, 사람들의 일상생활에 변함없이 영향을 미치고 있다. 또한 접근성은 인터넷 시대의 도래로 인해 새로운 의미를 가지게 되었다.

제3장에서는 경제변화에 있어서 산업과 지역의 역할을 이해하기 위한 기초가 되는 네 개의 주요 개념을 다루고자 한다. 산업입지에 대한 부분은 경제지리학의 창시자라고 여겨지는 많은 연구자들의 업적을 다룬다. 지역격차는 가

장 오래되고 지속적으로 반복되어 온 정책적 관심사 중 하나로 경제지리학이 하나의 학문분야로 발전하는 데 동기를 부여한 주제이기도 하다. 산업클러스터의 이해는 오늘날의 연구자들과 정책입안자들에게 가장 인기가 많은 주제이나 깊은 역사적 뿌리를 가지고 있다는 것을 제시하고자 한다. 포스트포디즘의 부분에서는 지배적인 산업조직(일차적으로 자동차산업의 경험적 증거를 기초로 한 것임)의 역사적 궤적과 테일러리즘, 포디즘, 포스트포디즘을 포함한 핵심적 용어를 검토하고자 한다.

　제4장에서는 글로벌 경제지리(Global Economic Geographies)를 분석할 때 필수적인 주요 개념에 초점을 둔다. 경제지리학자가 글로벌 경제에서 불균형을 이해하는 방법에는 어떠한 것이 있는가? 먼저 중심-주변의 부분에서는 구조적 마르크스주의에서 파생된 세계체제론의 전통을 검토하고자 한다. 반면에 세계화 부분에서는 글로벌 스케일에서 산업조직을 구축할 때의 다국적기업의 운영을 강조하고, 글로벌화에 대한 비판과 함께 다국적기업의 지리적·전략적인 역할을 둘러싼 광범위한 이론적·경험적 논의를 아우른다. 자본의 순환 부분에서는 마르크스주의에 기초하여 자본의 이동과 도시 및 지역발전을 해석하고자 한다. 마지막으로 글로벌 가치사슬의 부분에서는, 다국적기업의 생산과 구매 활동이 어떻게 공간적으로 조직화되고 있는지와 종종 개발도상국에 기반을 두는 하위 공급자들의 글로벌 경제에 대한 기여를 제고할 수 있는지를 이해하기 위해 상품사슬을 분석한 연구자의 업적에 대하여 검토하고자 한다.

　제5장에서는 사회문화적 맥락을 이해하기 위한 분석수단인 핵심 개념을 다루고자 한다. 사회문화적 맥락은 경제활동의 주요한 지리적 결정요인으로서 역할을 할 뿐만 아니라, 오늘날 경제지리학자에 의해 적극적으로 채택되는 수많은 현대적 견해를 반영한다. 문화 부분에서는, 학제적인 '문화적 전환'

에 의해 촉진된 문화의 새로운 중요성뿐만 아니라 포스트모더니즘과 포스트구조주의의 특징과 비판에 대해서도 검토하고자 한다. 또한 글로벌 차원의 수렴, 관례, 규범 그리고 문화경제에 대한 연구를 포함하여 문화 지향적인 연구의 꾸준한 발전에 대해서도 논의하고자 한다. 젠더 부분에서는, 경제적 기회로의 접근과 지리적 다양성을 형성하는 경제적 과정의 변화를 보다 잘 이해하는 데에 페미니스트지리학이 어떻게 공헌하였는가에 대해 다룬다. 제도는 오늘날 경제성장을 설명하는 데 매우 유익하다. 이 절에서는 제도에 대한 경제적·사회적 해석에 대하여 논한다. 뿌리내림의 부분에서는, 사회적인 것이 어떻게 경제적인 것에 영향을 미치는가를 설명하며, 장소가 가지는 경제성장의 잠재력에 대한 함의와 함께 사회적 관계 분석의 중요성을 강조한다. 마지막으로 경제를 구조화하는 사회문화적 맥락은 수평적이고 유연한 힘의 관계로 이루어지는 네트워크의 편집으로 간주한다.

마지막 장은 21세기에 접어들어 그 중요성이 증대되고 있는 경제적 동향을 나타내는 개념들의 등장에 초점을 두고 있다. 지식경제의 아이디어는 1960년대에 고안되었지만, 이 개념은 새롭게 등장한 경제 부문의 기반이 천연자원에서 지식기반자원으로 전환되면서, 그 중요성이 지속적으로 의미를 인정받고 있다. 마찬가지로 경제의 금융화도 하룻밤에 생겨난 것이 아니라, 제2차 세계대전 이후 진보되어 오다가 2008년 금융위기를 계기로 그 중요성이 한층 커지게 되었다. 오랜 기간 생산의 연구에 매진해 온 경제지리학자에게 소비는 상대적으로 새로운 시각의 연구 주제이다. 따라서 오늘날 소비에 관한 연구에서는 학제적 연구 성과의 활용과 타 학문분야로부터의 학습이 현저하게 늘어나고 있다. 마지막으로 지속가능한 발전이라는 개념은 1980년대에 등장하였다. 그리고 우리는 도시와 교외, 개발도상국에서의 기후변화와 경제변화와의 관계에 대한 더 많은 연구를 기대한다. 이러한 개념들은 지금도 진화하고 있지만 이들 개념을 둘러싼 논의의 중요성에 대하여 탐색적 논의를 할 것을 제안하고자 한다.

이 책은 필자들의 완전한 공동작업의 산물이다. 필자들은 서로의 원고에 대하여 반복적이고 광범위한 지적과 비판을 거쳐서 편집을 하였다. 개별 장의 개요에 대하여 합의한 후, 장별로 각자 원고를 작성하고, 이 원고에 대하여 모든 집필자가 폭넓게 비판하고 편집하여 완성하였다. 그럼에도 불구하고 일차 원고의 필자를 밝히자면 다음과 같다. 서론, 기업, 혁신, 산업입지, 산업클러스터, 지역격차, 포스트포디즘, 문화, 지식경제, 금융화, 소비 부분은 아오야마(Aoyama)가 맡았으며, 국가, 중심-주변, 세계화, 자본의 순환, 글로벌 가치사슬, 제도, 뿌리내림, 네트워크 그리고 지속가능한 발전 부분은 머피(Murphy)가 집필했다. 노동력, 기업가정신, 접근성 그리고 젠더에 대해서는 핸슨(Hanson)이 집필하였다.

주석

1. 창간호의 집필자에는 미국 산림청 공무원, 제1차 세계대전의 퇴역군인, 미국 농무성 소속의 클라크대학 농업경제학자, 캐나다 내무성 공무원, 무소속 학자 그리고 스웨덴 스톡홀름대학의 교수들이 포함되었다.
2. 예를 들어 2000년에 창간된 잡지 『Journal of Economic Geography』는 경제학자와 경제지리학자를 연결하고 아이디어를 교환하는 수단으로 기획된 것이다.

핵심개념으로 배우는 경제지리학

제1장

경제지리학의 핵심 주체

지역경제 변화의 주요 주체는 무엇일까? 제1장은 경제변화의 중요한 주체로서의 역할을 담당하는 노동력, 기업, 국가의 개념으로 시작한다. 이 주체들의 상대적인 중요성은 변화되어 왔지만, 세 주체 모두 경제지리학의 실체와 관심사를 형성하는 데 필수적이다.

노동력은 생산의 핵심적 투입요소일 뿐만 아니라, 제2장에서 다루는 경제변화 동력의 기반이 되는 지식의 보고이기도 하다. 더욱이 노동력은 하나의 계급뿐만 아니라 가계의 재생산, 산업적인 거래, 사회운동 그리고 정치적 이해집단의 핵심적 분석 단위로 이해되어 왔다. 노동력의 입지와 이동성은 산업이 출현하는 지역에 중요한 영향을 미쳐 왔다. 그리고 노동분업과 노동시장 내부의 분절은 가구소득, 생산성, 사회적 과정의 차이에 상당한 영향을 미쳐 왔다.

기업은 행태지리학과 경영학의 영향을 받아, 특히 1970~1980년대부터 경제지리학에서 주목을 받았다. 기업은 일자리 창출, 혁신의 상용화, 새로운 재화와 서비스 공급의 핵심 주체이다. 지역발전과 기업의 입지선정은 공생관계에 있다. 기업은 원재료뿐만 아니라 특정 지식과 기능을 갖춘 노동력 풀과 접근성이 용이한 지역에 입지하는데, 기업의 입지선정에 의해서도 원재료 및 노동력 풀이 형성되기 때문이다. 더욱이 기업전략은 기본적으로 지리적 차원에 기초한다. 특정 재화·서비스의 전문화 또는 관련 산업의 다양화는 일정한 질과 양을 갖춘 시장에 대한 접근성뿐만 아니라 노동력의 일정한 양과 질을 필요로 한다. 경쟁은 (혁신에 대한 투자를 통해서) 제품 차별화, 해외이전(off-shoring)과 아웃소싱(outsourcing) 등의 다양한 결과를 유발하는데, 이러한 결과들은 모두 지리적인 것이다. 따라서 제3장 경제변화에 있어서 산업과 지역의 핵심 개념에서뿐만 아니라 세계화의 주요 주체인 다국적기업(MNCs)의 등장에 대한 관점(제4장)에서도 기업은 중요한 분석 단위이다.

마지막으로, 경제지리학자들은 국가를 경제성장의 주요 주체로 인식하였다. 이러한 인식은 중심-주변 지역에 관한 논의 그리고 이후 동아시아 신흥공업경제지역(NIEs)의 출현에 따른 중심지역의 산업재구조화에 관한 연구에 반영되고 있다. 국가는 교육, 이민법, 주택공급 등을 통하여 노동력에 대한 접근을 통제하고, 이자율 등을 통해서 자본에 대한 접근도 통제한다. 이러한 노동력과 자본에 대한 접근의 통제는 결국 기업의 입지선정에 영향을 미친다. 또한 자국 내에서 일자리 및 혁신 창출을 보장하기 위해서 국가는 국제무역과 해외직접투자(FDI)를 관리한다. 그러나 국가가 경제에 개입하는 방식에는 상당한 차이가 있다. 그리고 이상적인 형태의 거버넌스 구축에 관한 논의는 경제철학 및 경제지리학에서 지금까지 중점적으로 이루어져 왔다.

1.1 노동력

노동력은 경제변화의 주체 중 하나이다. 노동력은 생산의 핵심 요소와 사회 경제적 계급(예를 들어, 프롤레타리아, 창조계급 등)으로, 또한 사회운동(즉, 노동조직을 통한 단체교섭)의 중요한 주체, 혁신과 기술변화의 원천(기업가정신)으로 개념화되어 왔다. 기술변화는 전통적으로 자본 생산성 측면에서 주로 논의되어 왔지만, 오늘날에는 다양한 공정 혁신에 의해 노동생산성이 크게 상승되는 것으로 널리 인식되고 있다.[1]

노동력의 유동성은 자본의 유동성보다 훨씬 더 제한적이라고 여겨진다. 즉 노동력에 체화된 지식을 다른 장소로 이전하는 것은 상대적으로 더 어렵다. 게다가 노동에 대한 연구의 초점은 기업의 임금노동에 맞추어져 있지만, 임금이 지불되지 않는 형태의 노동이 비공식 경제와 자영업, 가계 재생산 등의 중심이 되고 있다. 임금노동과 임금노동자의 모습이 과거 40년간 변모해 오면서, 경제지리학자는 경제성장에서 노동과 그 역할에 관해서 많은 의문을 제기하게 되었다. 이에 따라 노동력에 대한 관점도 종래 노동자를 동일한 성격을 가지는 생산과정의 투입재로 보았던 관점에서, 경제지리를 형성하는 이질적이고 동태적 주체로 보는 관점으로 변화하여 왔다.

자본주의의 노동력에 대한 고전적 견해

오랜 기간에 걸쳐 경제학자들은 경제에서의 노동력의 역할에 대하여 연구하여 왔다. 오래되고 가장 일반적인 견해는 노동력을 토지 및 자본과 마찬가지로 생산과정의 핵심적 투입재로 간주하는 것이었다. 애덤 스미스나 데이비드 리카도와 같은 고전파 경제학자들은 노동의 역할이 상품의 **가치**를 창출하

핵심개념으로 배우는 경제지리학

는 것이라고 간주했다. 그리고 이러한 내용이 개념화된 것이 노동가치설이다.

스미스(Smith, 1776), 리카도(Ricardo, 1817) 그리고 마르크스(Marx, 1867)는 상품이 교환가치(다른 상품과의 교환이 가능하다는 것)와 사용가치(소비를 통해 효용이 달성된다는 것)를 동시에 가진다고 인지하였다. 그뿐만 아니라 스미스는 노동력을 본질적으로 생산의 고정요소와 지식의 원천인 인적자본으로 보았다. 리카도는 스미스의 가설을 보다 명확하게 하려고 노력하였다. 그리고 그는 상품의 가치가 투입된 노동력의 상대적인 양에 의해서 측정된다고 주장하였다. 리카도의 주요한 공헌은 상품가치(교환가치)와 (노동자의 최저수요에 의해서 결정되는) 임금을 구분한 노동가치설이었다.

리카도와 달리 마르크스는 상품의 가치가 사회적으로 요구되는 노동시간에 의해서 결정된다고 주장하였다. 사회적으로 요구되는 노동시간은 특정 사회에서 특정 기술의 평균 숙련 수준에 의해서 결정된다. 마르크스에 의하면, 노동은 물질적 부의 유일한 원천이다. 마르크스는 상품가치를 경제법칙(economic law)의 결과가 아니라, 문명에 따라 상이한 사회적, 역사적으로 구축된 현상으로 간주하였다. 마르크스는 노동력 혹은 노동역량이 자본주의가 출현하기 이전에는 노동자 계급에게 이로운 것이었으나, 폭력적인 원시적 축적 과정에서 농민들이 (토지와 기계 등의) 생산수단을 빼앗긴 후 노동력 혹은 노동역량이 자본가 계급에게 팔리며 상품화되었다고 여겼다.[2] 더욱이 마르크스는 노동자가 지불받는 임금 이상의 가치를 가지는 상품이 생산될 때, 잉여가치가 발생한다고 주장하였다. 즉 자본주의가 존립하기 위해서는 노동자 계급(프롤레타리아)이 그 잉여가치를 자본가 계급(부르주아)에게 이전할 수밖에 없고, 그 결과 자본주의는 프롤레타리아가 착취당하는 환경이 초래되도록 구조화되어 있다는 것이다. 또한 마르크스는 자본주의에서는 구조적 실업이 발생할 수밖에 없다고 지적하면서 그러한 잉여 노동력을 '산업예비군'으로 지칭하였다[상세한 설명은 Peet(1975) 참조].

마르크스는 남성 산업 노동자에만 초점을 두고 경제에서의 여성의 역할을 간과하였다는 비판을 받아 왔다[예를 들어, McDowell(1991) 등]. 그러나 그는 생산수단을 운용할 수 없는 사람들의 취약성을 강조하여 중요한 공헌을 하였다. 이러한 논리에 따라, 오늘날의 학자와 활동가 모두는 노동은 하고 있지만 생계비에도 못 미치는 소득을 가진 '근로 빈곤층(Working Poor)'이 지속적으로 존재하고 있다는 점을 우려하고 있다.

노동의 정치경제학과 경제지리학

경제지리학자들은 노동력을 이해하는 데 마르크스주의 정치경제학의 영향을 받아 왔다. 이 가운데 가장 중요한 것은 하비(Harvey, 1982)가 경제지리학의 논의에 마르크스주의 정치경제학을 도입한 것이라고 하겠다. 그는 자본주의의 모순, 즉 경제위기나 이윤율 저하 등을 해결하기 위한 자본의 지리적 전략을 '공간조정(spatial fix)'이라는 용어로 개념화하였다(4.3 자본의 순환 참조). 공간조정의 사례로는 생산의 영역적 확장이나 국제무역 등을 들 수 있다. 워커와 스토퍼(Walker and Storper, 1981)는 산업입지를 정태적인 자원의 배분이 아니라 역동적인 자원축적의 일부로 이해하기 위해서 마르크스의 불균등 발전의 기본전제를 활용하였다.

마르크스주의자들의 접근방법은 자본이 입지결정을 어떻게 하는가 하는 견해에서, 이른바 '자본 중심적인(capital-centric)' 개념으로 노동자를 보는 전통적 혹은 신고전주의 접근방법과 공유점이 없지 않다(Herod, 1997). 이러한 견해에서 노동력은 주로 다양한 기술을 기반으로 차별화되고, 이로 인해 고용자는 노동력에 대하여 차등적인 비용을 지불하게 된다. 자본가들은 도시 내부

핵심개념으로 배우는 경제지리학

규모에서 세계적 규모까지 걸친 노동력 분포에 있어서 숙련 수준의 공간적 차이를 파악하고 원하는 유형의 노동력에 접근하기 위하여 기업이나 시설의 입지를 결정한다(Dicken, 1971; Storper and Walker, 1983). 노동력의 기술이나 비용의 차이가 특정한 장소에 투자를 유치하는 데 중요하다는 견해는 운송비가 노동비보다 기업의 입지결정에 훨씬 더 영향을 미친다는 알프레드 베버(Weber, 1929)의 공업입지론과는 대조적이다(3.1 산업입지 참조). 그러나 20세기 동안 운송비가 노동비에 비해 상대적으로 감소하였기 때문에 입지결정에 대한 노동력의 영향은 증대하였다.

도린 매시(Massey, 1984)는 국가 스케일에서 노동의 공간분업을 창출하는 데 있어서 자본의 역할을 강조하였다. 그러나 매시는 지역격차가 단지 하나의 경제적 과정의 결과가 아니라 사회적 과정의 결과이며, 경제지리학은 '사회적 관계의 공간에 있어서의 재생산(p.16)'과 관련되어 있다고 주장하였다. 매시는 생산의 다양한 사회적 관계의 관점에서 노동의 공간분업을 개념화하였다(p.67). 지역변화를 이해하기 위한 하나의 기초로서 노동의 공간분업은 비숙련노동력에 대한 숙련노동력의 힘을 명확하게 규정하면서 노동시장과 사회적 전통의 경제학을 포함한다. 지역 불균등뿐만 아니라 노동자의 숙련도 직장이나 커뮤니티 내에서 사회적으로 구축되는 것으로, 단순히 주어진 것이나 경제과정(economic process)의 단순한 결과가 아니다. 산업과 기업의 입지결정은 노동경관의 지리적 불균형에 대응하며, 이윤을 극대화하기 위해 공간적 불균형을 활용한다. 결국 이러한 입지결정은 장래의 노동자의 숙련 수준에 영향을 미치고 나아가서 장래 지역경제를 좌우하게 된다. 소유권 구조, 직계조직(職階組織, managerial hierarchies), 지역산업의 부문별 지향성, 지역문화, 세대 내 성별관계·노동관계 등은 이러한 지역변화의 과정에서 중요한 영향을 미친다(3.3 지역격차 참조). 매시의 분석은 생산의 사회적 관계를 강조하면서, 지역변화에 있어서 노동력의 역할 또한 강조한다.

글로벌화에서의 노동

선진국에서 임금노동의 성격은 지난 40년 동안 이들 국가의 경제가 대규모 조립라인 생산에서 소량 생산 기술로의 전환과 제조업에서 서비스업으로의 전환을 포함하는 중요한 재구조화를 겪어 왔듯이 변화하여 왔다(3.4 포스트포디즘, 6.1 지식경제 참조). 포디즘 시대의 선진공업국에서 노동조합 가입이 허용되는 제조업에 종사하는 남성 노동자는 배우자와 자녀를 충분히 부양할 수 있는 '가족 임금'을 받았다. 그러나 제조업 일자리가 신흥공업국으로 이전하고 노동조합의 회원 수가 감소함에 따라 가족 임금은 점차 드문 경우가 되었다. 노동의 기술적·사회적 분업은, 새로운 집단[예를 들어, 한국(Cho, 1985)과 멕시코(Christopherson, 1983)의 젊은 여성층]이 다국적기업의 노동력으로 진입하면서(4.2 세계화 참조) 점점 복잡해지고 있다. 서비스 부문에 있어서 저임금 노동력의 수요가 증대하고, 이러한 일자리의 대부분은 1970년대 이후 주로 가계 소득을 늘이기 위하여 노동시장에 진입한 여성 노동력이 차지하고 있다. 그러나 포디즘 시대에도 많은 세대에서는 '가족 임금'을 받는 사람이 없었으며, 많은 여성, 특히 유색인종의 여성들은 오래전부터 자택 내외에서 임금을 받기 위해서 일을 해 왔고, 1970년대 이전에도 마찬가지였다는 것을 주목해야 할 것이다(Nakano-Glenn, 1985; McDowell, 1991).

자본은 (1960~1970년대의 중심도시와 같이) 노동자의 조직화 수준이 높은 입지를 피하거나 심지어는 떠나 (교외지역과 같이) 노동조직이 약하거나 존재하지 않는 장소를 선택하는 이동성이 크고 대행사(agency)를 가지는 투입요소이다(Storper and Walker, 1983). 장소 특수적인 노동자의 숙련은 단지 기업의 입지결정뿐만 아니라 기업 내에서의 노동과정 그 자체에도 영향을 미친다. 예를 들어, 기업은 노동자들이 숙련도가 낮고 순종적인 사람들로 인식되는 장소에 조립라인의 반복적인 작업을 수반하는 전자조립 공장을 설립할 것이다. 이를 통해 멕시코의 여성 청년노동력을 활용하기 위하여 미국-멕시코의 국경을 따라서 입지해 있는 마킬라도라를 설명할 수 있다(Christopherson, 1983). 그러나 (연구개발시설의 과학자나 기술자와 같은) 고급 노동력을 필요로 하는 기업의 기능은 지금까지 주로 산업화된 선진국에 입지하고 있다. 이러한 사례는 특히 전자산업과 제약산업의 경우에 분명하게 찾아볼 수 있다(Kuemmerle, 1999). 반면에 많은 개발도상국들은 높은 임금의 일자리를 제공할 수 있는 해외직접투자(FDI)를 유치하기 위하여 필요한 숙련도를 제고하고자 아직도 많은 노력을 하고 있다(Vind, 2008).

오늘날 노동력이 더 이상 동질적인 계층이 아니라는 것은 이미 널리 인식되고 있다. 사실 노동력은 매우 다양화되어 있다. 즉, 전문직, 기술직, 관리직에 종사하며 고등교육을 받은 노동자는 고위직을 차지하고 상대적으로 고임금을 받는 반면에, 낮은 수준의 정규교육을 받은 노동자와 필요로 하는 언어 능력이 부족하거나 취업자격인증서(보건 관련 전문직 자격 등)를 갖지 못한 국제 이민자는 승진의 기회가 적은 말단 서비스직에 종사하기 때문에 상대적으로 적은 임금을 받는다(McDowel, 1991; Peck, 2001). 동시에 창조적인 전문직에서 정보기술직에 이르는 고도의 전문직 '지식노동자'의 고용주들은 지식노동자가 가지고 있는 아이디어를 혁신과 지역발전의 열쇠로 인식하고 점차 높게 평가하고 있다(Malecki and Moriset, 2008)(2.1 혁신, 6.1 지식경제 참조). 따라서 이러한 고도로 숙련된 노동자의 이동성은 도시와 지역의 경제적 운명에 영향력을 미친다. 예를 들어, 플로리다(Florida, 2002)는 도시의 성장과 창조계급 사이에 강한 관련성이 있다는 것을 밝히고(6.1 지식경제 참조),

창조적인 인재의 지리적 분포가 경제발전의 입지를 좌우하는 경향이 점차 커지고 있다고 주장했다. 그리고 색스니언(Saxenian, 2006)은 미국 실리콘밸리, 타이완, 인도의 성장에 공헌하며 글로벌 차원에서 이동하는 고도로 숙련된 노동력의 역할에 대하여 연구하였다.

선진국에서는 전반적으로 노동시간이 감소하는 반면에 여가시간은 증가하고 있다. 그러나 펙과 시어도어(Peck and Theodare, 2001)는 임시직이 상용직을 대체하는 노동의 유연화가 이루어지고 있다고 주장하였다. 실제로 노동시장이 (직업 안정성이 높고 대체로 화이트칼라 직업인) 1차 노동시장과 (직업 안정성이 낮고 대부분 블루칼라 직업인) 2차 노동시장으로 구성된다고 이해하는 전통적인 이중노동시장은 와해되었다. 이러한 전개로 자본가와 노동자 계급의 단순한 구분은 분석 단위로서 더 이상 쓸모가 없게 되었다. 그 대신에 노동력은 점차 민족성, 이민 상태, 성(gender), 혁신, 글로벌 사회운동이라는 다양한 렌즈를 통해 다면적으로 분석되고 있다.

많은 국가들이 노동력 훈련프로그램과 실업보험과 같은 복지정책을 강하게 제약하면서 노동력을 지원하는 국가의 역할이 재정의되고 있다(1.3 국가 참조). 국가는 오랜 기간에 걸쳐 생산의 사회적 관계와 노동의 공간분업을 창출하는 데 영향을 미쳐 왔다. 조절학파가 지적한 바와 같이, 다양한 국가 제도는 자본과 노동 간의 관계에 영향을 미친다(Peck, 1996)(3.4 포스트포디즘 참조). 이러한 제도에는 고용주가 노동자의 성, 연령, 인종에 근거하여 차별하는 것을 금지하는 법률이나 규제, 최저 임금, 사회복지와 노동복지, 노동시간과 잔업수당, 단체교섭권, 직장에서의 노동자의 건강과 안전에 관한 규정 등이 포함된다. 보육, 노인 부양, 유아원과 유치원 등과 관련한 법률이나 관습은 부양 책임이 있는 사람들이 노동시장에 참여하는 형태에 영향을 미친다. 또 다른 방식으로, 국가는 교육을 통하여 자본과 노동 간의 관계에 영향을 미친다. 즉

핵심개념으로 배우는 경제지리학

국가는 경제발전을 추진하기 위하여 고도로 숙련된 노동력을 육성하거나 유지하고자 교육에 대한 공공투자를 확대하려고 한다(5.3 제도 참조). 공간적으로 다양한 이 모든 관행을 통하여, 국가는 자본이 투자결정을 할 때 적극적으로 활용하는 노동의 공간분업 창출에 기여한다.

사회적 변화 주체로서의 조직화된 노동력

노동력은 노동조합과 단체교섭을 통한 경제변화의 능동적인 주체일 뿐만 아니라, 사회변화의 핵심적인 주도자이기도 하다. 경제지리학자들은 노동자의 집단 행위가 경제과정에 어떻게 영향을 미치는지에 대해 적극적으로 조사하고, 나아가 서비스경제와 글로벌화에 의해서 제기된 노동조합의 난제들을 검토하였다. 헤롯(Herod, 1997; 2002)에 의하면, 미국 동부해안의 항만노동조합은 국지적인 교섭체계를 메인주에서 텍사스주까지 34개의 항만을 포괄하는 단일체계로 대체하기 위해 성공적으로 투쟁하여, 컨테이너화에 따른 항만 노동자의 일자리 상실을 막을 수 있었다. 또한 NAFTA와 북미 노동조합 파편화의 확대에 직면한 캐나다 자동차노동조합은 글로벌화 과정을 핵심전략으로 채택했다(Holmes, 2004). 러더퍼드와 저틀러(Rutherford and Gertler, 2002)는 자동차산업의 노동조합원들이 적시생산(just-in-time production)에 대응하여 교섭방법을 재조정하였으나, 캐나다와 독일의 노동조합은 기업의 의사결정에 개입 정도를 달리하는 상이한 전략을 채택하였다는 것을 관찰하였다. 마찬가지로 윌스(Wills, 1998)는 글로벌화가 반드시 노동조직을 위협하는 것이 아니라, 오히려 노동의 인터내셔널리즘에 새로운 기회를 제공하기도 한다고 주장하였다.

그러나 대부분의 노동자는 항만 노동자나 자동차산업 노동자로 대표되는 전통적 산업이 아니라, 서비스산업 부문에 종사한다. 월시(Walsh, 2000)와 새비지(Savage, 2006)는 서비스 부문에 종사하는 노동자들을 조직화하는 것에 대한 과제를 연구하였다. 그런데 서비스 부문에 종사하는 노동자들은 교육, 직업, 인종·민족 그리고 성에 있어서 다양할 뿐만 아니라 포디즘 시대의 대규모 사업장에 집중되어 있기보다는 도시 전역에 공간적으로 분산되어 있었다. 글래스먼(Glassman, 2004)은 글로벌화에 의한 자본과 노동 간의 관계 변화가 미국의 노동조합에 어떻게 영향을 미치는지를 보다 잘 이해하기 위하여 그람시의 헤게모니 개념을 도입하였다. 이들은 국지적인 상황을 보다 배려해야 한다는 요구와 지방보다는 큰 공간 단위에서 자본과 대결할 수 있는 효과적인 초국지적 제도를 구축해야 한다는 요구 간의 균형을 맞추기 위해서는 결국은 조합 스스로가 결정할 수밖에 없는 조합의 지리적인 규모에 대하여 의문을 제기하였다. 노동조합에 관한 연구는 장소에 따라 자본과 노동의 관계를 상이하게 구조화하는 단체인 노동조합이 어떻게 존재하고 있는지 보여 주었다(5.3 제도 참조).

크리스토퍼슨과 릴리(Christoperson and Lillie, 2005)가 밝힌 바와 같이, 글로벌 노동 기준은 점차 국가적 규제보다도 다국적기업에 의해서 결정되고 있다. 그러나 이로 인해 다국적기업은 기업의 사회적 책임(CSR)을 강화하고자 하는 소비자운동에 영향을 받게 되었다(Hamilton, 2009). 따라서 소비자운동은 노동자 집단의 노력을 지원하고 강화할 뿐만 아니라 직장에서의 건강과 안전 기준을 책정하는 데 도움을 주고, 아동노동에 반대하기도 한다(Hughes et al., 2008; Riisgaard, 2009). 윤리적 소비운동은 생산과 소비 간, 생산적인 노동과 재생산적인 노동 간의 연계를 강조하면서, 기업이 글로벌 가치사슬의 네트워크에서 노동관행을 재고하도록 촉구하고 있다(6.3 소비, 4.4 글로벌 가치사슬 참조).

요점

- 노동은 오랫동안 경제에서 가치를 창출하는 열쇠로 개념화되어 왔다. 그러나 고전파 및 마르크스 경제학자들이 자본주의에서의 노동을 개념화하는 방식은 상이했다.
- 노동의 성격과 노동력의 모습은 세계화 과정에서 현저하게 변화하였다. 그리고 경제 지리학자의 노동개념은 성을 비롯해 다양한 숙련의 수준, 새로운 노동형태(노동의 유연화 등) 등을 고려하면서 점차 변화하여 왔다. 또한 노동력을 형성함에 있어서 국가의 역할도 변화하여 왔다.
- 노동기관은 특히 노동조합의 집단행위에서 뚜렷하게 드러나고 있다. 그러나 단체교섭의 성격은 글로벌화의 결과로 변화되고 있다.

더 읽을 거리

- 새비지와 윌스(Savage and Wills, 2004)는 『Geoforum』의 특집호에 글로벌화 시대의 노동조합주의의 역할과 전략의 변화에 관한 연구 결과를 발표하였다. 보스흐마 외(Boschma et al., 2009)는 스웨덴에 있는 공장의 실적을 조사하여 노동력의 이동성과 숙련 수준의 역할에 대하여 분석하였다.

주석

1. 노동생산(labour output)은 일반적으로 노동자 1인의 시간당 임금으로 산정되며, 노동생산성으로 전환된다. 노동생산성은 자본생산성과 결합되어 전체 요소생산성의 일부를 이루며, 이는 종종 경제성장의 지표 혹은 대리변수로 사용된다. 보다 높은 생산성은 노동착취 또는 기술변화에 의해서 발생할 수도 있다.
2. 애덤 스미스는 원시적 축적을 대체로 개인적인 인센티브와 노고에 기초한 비폭력적 과정으로 간주하였다.

1.2 기업

기업은 경제지리학에서 산업입지, 혁신, 집적, 산업네트워크 그리고 지역 발전 연구의 중심적인 분석 단위였다(3.1 산업입지, 2.1 혁신, 3.2 산업클러스터, 5.5 네트워크 참조). 경제지리학자들은 개별적·미시적 스케일에서는 창업 (business start-ups)을 연구하였고(2.2 기업가정신 참조), 글로벌 스케일에서는 다국적기업(MNCs)의 등장과, 혁신 및 지식 이전, 국가 및 지역의 경제성장, 글로벌화 과정에서의 다국적기업의 역할을 연구하였다(4.2 세계화, 4.1 중심-주변 참조). 기업은 경제체제의 주도자라는 점에서 핵심 주체이다. 특히 이러한 기업의 입지, (혁신역량을 포함하는) 기업전략 그리고 기업문화는 지난 수십 년간 연구의 주된 초점으로 부각되었다.

기업이란 무엇인가

기업은 영리 활동을 추구하기 위해서 하나의 계층(hierarchy)으로 조직된 개인들의 집합체이다. 기업은 1인 혹은 다수의 기업가에 의해서 설립되며(즉, 창업), 그 범위는 개인이나 동업자에 의해 자체적으로 운영되는 단독기업에서부터 소유자에게 다양한 수준의 책무가 부과되는 집단기업에 이르기까지 다양하다. 또한 기업은 소유권 형태에 따라서 공기업, 주식시장에서 주식이 상장되고 거래되는 (주주 소유의) 상장기업(민간기업), 주식이 거래되지 않고 일반적으로 창업자와 고위간부가 기업의 주식을 공유하는 비상장기업(사기업)으로 분류된다. 특히 산업화 초기에 (프랑스, 독일, 일본, 한국, 중국, 베트남 등의) 많은 국가에서는 공기업이 중요한 역할을 하였지만, 선진자본주의에서는 사기업이 주로 경제적 역동성을 유지하는 데 주된 역할을 담당한다.

기업을 중심으로 하는 연구는 특히 1970년대 기업지리학(corporate geography)의 등장 이후에 활발하게 이루어졌다(Dicken, 1971; 1976). 대기업은 상당한 수준의 자본과 생산 능력(예를 들어, 자동차 조립)을 갖추고 있으며, 과점이나 독점을 구축함으로써 시장에 영향을 미칠 수 있다. 기업은 완전 경쟁시장에서는 가격을 책정할 수 없으나, 일단 독점·과점을 성취하게 되면 가격을 책정할 수 있게 되어 더 많은 이윤을 획득할 수 있는 기회를 갖게 된다. 대기업은 '기업도시(company towns)'[1](Markusen, 1985)를 형성하는데, '기업도시'에서는 지역경제가 지배적인 기업의 이윤주기와 밀접하게 관련되어 있다. 이에 따라 대기업은 도시 및 지역의 성쇠에 영향을 미칠 수 있다. 복합기업(conglomerate)은 다각적인 부문의 활동(예를 들어, 제너럴 일렉트릭사의 전자 기술 및 금융 활동)에 참여하는 전형적인 거대기업이다. 또한 기업은 기업 인수합병(M&A)과 주식(equity)의 교차소유[예를 들어, 일본의 케이레츠(系列), 한국의 재벌]를 통해서 네트워크도 형성할 수 있다.

절대다수의 기업은 소기업(small business)[2]으로 분류된다. 소기업은 독과점에 대응할 수 있도록 시장에 경쟁을 부여하기 때문에 경제의 건전성에 있어서 매우 중요하다. 또한 소기업은 일자리 창출과 혁신의 중요한 원천으로 여겨지기 때문에, 많은 정부는 소기업과 신규 창업기업에게 지원과 인센티브를 제공한다. 종종 소기업은 전문화에 기반한 수평적 네트워크 내에서, 또는 계층적 조직(즉, 대기업의 하청업체로)에서 다른 기업들과 협력적 관계를 형성한다. 이탈리아 산업지구의 경우에는, 소기업 간의 적극적인 상향식 협력이 전형적으로 대기업에 의해서 조정되는 대량생산의 대안이 될 수 있다(Piore and Sabel, 1984)(3.4 포스트포디즘 참조).

기업 간 제휴가 증가하면서, 몇몇 경우에는 기업 간의 경계가 점차 모호해지고 있다(Dicken and Malmberg, 2001)(5.5 네트워크 참조). 예를 들어, 기업은 타 기업의 인수·합병과 기능의 내부화를 통하여 수직적 혹은 수평적 통합을 하고 있다.**3** 그렇지 않으면, 기업은 핵심역량에 주력하기 위하여 기존에 내부화되어 있던 기능의 외부화를 통하여 수평적 혹은 수직적 분해를 추진할 수도 있다.**4** 기업의 경계는 노동조직의 새로운 형태에 의해서 더욱 모호해지고 있다. 예를 들면, 그라프허(Grabher, 2002)는 광고기업을 사례로 기업 관행이 점차 프로젝트(프로젝트 생태계)를 중심으로 조직되고 있으며, 이는 통합되고 일원화된 경제주체로서의 기업의 개념을 약화시켰다고 주장하였다.

기업은 왜 존재하는가?

대부분의 신고전학과 경제학자들은 기업을 범위의 내부경제뿐만 아니라 규모의 내부경제**5**의 이익을 추구하는 존재로 이해한다. 규모의 경제는 생산량의 증대에 따른 단위당 비용 절감을 의미한다. 범위의 경제는 공장에 이미 투자된 동일한 자본과 노동력을 활용하여 관련된 활동을 수행함으로써 획득하는 비용의 이익을 의미한다.**6** 예를 들면, 해리슨(Harrison, 1992)은 유연적 전문화가 규모의 경제로 창출된 이익을 손실하지 않고 범위의 경제를 달성할 수 있는 수단이었다고 밝혔다(3.4 포스트포디즘 참조).

노벨 경제학상 수상자인 코스(Coarse, 1937)는 기업이 시장의 '거래비용'과 가격체계를 이용하는 비용을 절감하여 존립하며, 신고전학과 경제학에서는 이러한 비용이 불완전 경쟁의 기준 중 하나라고 주장하였다(5.3 제도 참조). 본질적으로, 기업은 거래비용이 존재하기 때문에 출현한다. 즉 거래의 내부화는 내부거래 비용이 외부거래 비용과 동일하거나 초과하는 경우에 이익이 발생한다. 따라서 코스의 기업의 제도이론에 의하면, 기업은 시장에 기반을 둔 거래에 생산을 조직화하는 대안적 수단이다.

기업과 의사결정

대부분의 초창기 연구들은 기업이 합리적 선택의 원리를 따르는 '경제인 (economic man)'으로 작동한다고 가정하였다. 또한 기업은 수익 극대화 및 비용 최소화의 원리에 의해서 작동되며, 항상 더 많은 이익을 추구한다고 가정하였다. 그러나 경제지리학자들은 오랫동안 현실과 경제인의 원리에 입각한 합리적 선택이 불일치한다는 것을 알고 있었다. 퇴른크비스트(Törnqvist, 1968), 와츠(Watts, 1980), 디킨과 로이드(Dicken and Lloyd, 1980)는 고전적 산업입지론으로 설명할 수 없는 입지결정의 왜곡을 연구하였다(3.1 산업입지 참조).

기업의 행태이론은 경영학의 조직이론에서 출현한 것으로, 조직이론도 이론과 현실 간의 불일치를 밝히고자 하였다. 사이먼(Simon, 1947)에 의해서 개발된 제한된 합리성의 개념은 조직적인 행태를 통하여 인간행동을 재평가하고 재정의하려는 최초의 시도 중 하나였다. 현실세계가 엄청나게 복잡하다는 것을 고려한다면, 의사결정 이면의 합리성은 대체로 의사결정자의 지식과 경험에 의해서 제약을 받을 수밖에 없다. 사이먼의 연구는 기업행태를 이해하는 데 최적화 원리뿐만 아니라 만족화 원리[7]를 포괄하기 위해서 가설을 확대하였다. 실제 의사결정은 훨씬 합리적으로 제한되고 맥락 의존적이다. 저명한 경영사학자 알프레드 챈들러(Chandler, 1962; 1977)의 연구는 현대 기업의 의사결정과 그것이 조직 형태에 미치는 영향에 관한 연구에 타당성을 부여하였다고 사이먼은 주장하였다. 요약하면, 인간이라는 주체는 경제인의 모델이 시사하는 것보다 예측능력과 신뢰성이 훨씬 떨어지며, 기업의 의사결정은 제한적 합리성과 기회주의에 의해서 특징지어지기도 한다.

윌리엄슨(Williamson, 1981)은 독립기업 간의 시장거래(arms-length

market transactions)에서 제한적 합리성과 기회주의의 존재를 규명함으로써 기업과 계층적 조직의 존재를 연구하였다. 그는 신고전학과 경제학자들의 기업 계층에 대한 관심 부족, 조직이론가들의 시장에 대한 경시, 독과점 기업에 대한 정책분석가들의 회의주의(scepticism), 경제사학자들의 조직적 혁신에 대한 경시 등과 같은 다양한 관점 간에는 많은 개념적 장벽이 있다고 주장하였다. 윌리엄슨은 코스의 연구를 확대하여, 기업을 거래비용을 최소화하는 거버넌스 구조로 볼 것을 제안하였다. 라이어든과 윌리엄슨(Riordan and Williamson, 1985)에 따르면, 필요한 부품이나 서비스에 대한 기업의 '생산-구매의 의사결정(make-or-buy decision)'(즉, 내부적으로 생산할 것인지 혹은 외부에서 자원을 구매할 것인지)은 그 기업의 자산 특수성에 의해서 설명되며, 그로 인해 내부 거버넌스를 유지하는 것과 시장거래에 의존하는 것 사이에 비용 차이(cost differentials)가 발생한다. 또한 스콧(Scott, 1988)은 거래비용의 접근방법을 채택하여, 기업은 투입과 산출의 시장가격에 미치는 규모효과와 범위 효과 간의 균형을 맞추고, 최적의 내부 조직을 개발하려 한다고 주장하였다.

윌리엄슨은 기업에 대한 연구가 특정한 명시적 혹은 암묵적 계약 체계하에서 이루어지는 제도적 업무에 대한 비교 연구라고 주장하였다. 이러한 관점은 순수한 경제적 관점에서 분파되어, 기업 운영의 사회·문화적인 부문을 포함한다. 기업은 거래비용을 최소화하기 위해서 명시적·암묵적 계약을 통해 신뢰를 제도화한다. 이를 통해 독과점이 거래비용을 줄이는 데 왜 효과적인가에 대한 설명이 가능하다.[8]

덴조와 노스(Denzau and North, 1994)는 사람은 사리(私利) 대신에 어느 정도는 신화, 교리, 이데올로기 그리고 '현실성 없는' 이론에 기초하여 행동한다(p.3)고 주장하였다. 그들에 따르면, 불확실한 상태에서 하는 의사결정은 집단적인 제도와 개인의 심상모델(mental model) 사이의 공진화(共進化) 과정의 결과이다. 집단적인 제도는 공식적이면서 비공식적이고, 개인의 심상모델은 학습을 통해 습득된 '공유된 주체성(shared subjectivity)'의 정도에 의해 특징지어진다. 결과적으로, 기업은 상이한 기업문화와 기업만의 내적인 사회적 역동성을 가진다고 알려져 있다(5.2 젠더 참조).

또한 기업은 전략적 존재로 이해된다. (역량기반 혹은 지식기반으로 알려진) 기업의 자원기반 이론은 기업이 새로운 시장기회를 개척할 수 있도록 하는 전략적 자원의 개발을 통해서 어떻게 지속적인 경쟁우위를 확보하는가를 이해하고자 한다(Penrose, 1959; Barney, 1991; Barney et al., 2001). 기업의 인적자본(기술 및 경영 능력), 물적자본 그리고 조직자본(무형 자산)은 지식 관리, 고객 관리, 기획과 생산을 조정하는 자원의 역할을 한다. 기업 내부에서의 조정은 언제나 암묵적 지식을 수반한다. 그러나 마스켈과 말름베르그(Maskell and Malmberg, 2001)는 기업이 지식을 효과적으로 활용하기 위해서 이러한 암묵적 지식이 결과적으로 형식적이며 보편화될 것이라고 생각했다. 특히 마스켈(Maskell, 1999)은 다른 기업과의 차별성이 기업의 중요한 경쟁 기반이 될 경우, 기업이 어떻게 학습과정을 구축하고 어떻게 지식의 저장소로서 역할을 하는가를 강조하였다. 따라서 기업은 필수적으로 특수적인 경쟁력을 위한 국지적인 역량을 창출하여야 한다(Maskell and Malmberg, 2001).

경제지리학에서 기업은 특정한 사회적 규제를 창출하는 사회·문화적 존재로 점차 인식되고 있다(Schoenberger, 1997; Yeung, 2000). 이러한 견해는 기업을 단지 이윤 극대화의 존재로 보는 기업에 대한 전통적인 경제관과는 상반된다. 쉰베르거(Schoenberger, 1997)는 록히드(Lockheed)와 제록스(Xerox) 같은 기업을 사례로 기업의 문화적 위기를 연구하고, 경영상의 정체성과 책무로부터 기업 문화가 어떻게 발현하고, 결과적으로 기업의 전략으로 이어지는가를 밝혔다. 기업이 국경을 넘어서 사무소를 설립하고 다국적기업으로 진화하면서 기업문화는 점차 복잡해진다. 경우에 따라서는 기업의 발생지(기업가)와 본사 입지지역의 문화적 속성이 기업문화에 중요한 영향을 미치는 반면에, 다른 경우에는 일단 기업이 초국적 기업이 되고 나면 기업의 국적은 점차 무관한 것으로 간주된다.

다국적기업의 등장

다국적기업(MNCs)은 다수의 국가에서 생산 및 서비스 기능을 보유하고 운영하는 기업을 말한다. 네덜란드인에 의해 설립된 무역회사인 동인도회사(East India Company)는 최초의 다국적기업 중 하나이다. 해외직접투자(FDI)가 국제무역보다 더 빠르게 증가하기 시작한 제2차 세계대전 전후까지는 무역회사가 MNCs의 대다수를 차지하였다. 주로 선진국에서 가공되는 원자재 무역을 전문으로 하는 무역회사와는 달리, 새로운 MNCs는 다양한 국가에 걸쳐 상품사슬하에서 제조활동, 즉 신국제분업(New International Division of Labor)을 수행한다(4.2 세계화 참조). 주로 저임금지역인 다른 나라로 생산설비를 활발히 이전하는 것은 1950년대와 1960년대에 시작되어 현재까지도 계속되고 있다. 이러한 과정은 아직까지도 MNCs의 존립에 대한 핵심적인 개념적 근거가 되고 있다. 그러나 오늘날의 기업들은 저임금지역으로 진출하고자 할 뿐만 아니라 특정 기술이나 신규 시장(즉, 미국에 있는 도요타자동차와 BMW, 중국에 있는 마이크로소프트와 인텔 등)에 접근하고자 한다. 이처럼 시장지향적인 MNCs는 현지 시장과 정부의 규제에 대한 지식을 획득하기 위해서 종종 현지 기업과 합작투자(joint-venture)를 한다.

왜 MNCs은 존재하는가? 거래비용의 측면에서 살펴보면, 다양한 기능의 수직적·수평적 통합은 비용우위를 창출하기 때문에 MNCs는 존속한다. 이러한 패러다임은 MNCs를 효과적인 거버넌스 구조로 보는데, MNCs는 다양한 국가에 걸쳐서 수행되는 경우에 특히 많은 비용이 드는 기능을 내부화하여 거래비용을 최소화한다. 반면에 더닝(Dunning, 1977)은 소유권(Ownership, 혹은 기업 특수적인), 입지(Location) 그리고 내부화 이익(Internalization advantages)을 포괄하는 OLI 분석틀을 통하여 MNCs의 입지행태를 설명하고자 '절충이론(eclectic theory)'을 제안하였다. 더닝은 이러한 이익의 결합은 FDI가 발생할지, 어디로 진출하며 어떻게 시장에 진입할 것인가를 결정한다고 주장하였다.

1980년대 후반과 1990년대 초반, 일자리 창출을 위해서 MNCs의 진입을 지원할 것인지(자유무역) 아니면 해외 MNCs보다 국내기업에게 인센티브를 제공함으로써 국가의 경쟁력을 지킬 것인지(관리무역)에 대한 정책적 논쟁(Reich, 1990; Tyson, 1991)이 있었다. 이러한 정책적 논쟁은 전략적 목표에 있어서 MNCs의 국적의 역할에 대한 다양한 연구로 이어졌다(Encarnation and Mason, 1994). 펠프스(Phelps, 2000)는 MNCs을 유치하기 위해서 유치국의 혁신적인 제도적 대응이 점차 요구되고 있다고 주장하였다. 다국적기업에 대한 최근의 연구는 아시아의 신흥 MNCs에 주목(Yeung, 1997; 1999; Aoyama, 2000; Lee, 2003 참조)하여 후발 산업화에서 MNCs의 역할뿐만 아니라, 기업본사(Holloway and Wheeler, 1991)와 R&D시설(Florida and Kenney, 1994; Angel and Savage, 1996)과 같은 특정 기능의 입지분석을 포함하고 있다.

오늘날의 기업들은 해외 공장을 인수하여 더 큰 역량을 확보하는 대신에 점차 외주를 택하고 있다. 즉, 기업은 그린필드 투자(greenfield investment)*나 기업의 인수합병을 통하여 생산능력을 내부화하기보다는 프로젝트 단위

(project-by-project basis) 혹은 생산 단위(product-by-product basis)별로 계약관계를 맺고 있다. 기업들은 국내의 다른 기업들에게 외주를 줄 수 있음에도 불구하고, 오늘날의 외주는 일반적으로 다른 국가의 저임금지역에 입지한 기업들과 이루어지고 있다(4.4 글로벌 가치사슬 참조). 외주는 신속성과 유연성을 높이고 재정적인 부담을 줄이며 때로는 잠정적으로 손해를 끼칠 수 있는 외주업체의 관행으로부터 격리시킴으로써 브랜드의 명성을 지킨다. 그리하여 외주는 패션 지향적인 의류나 신발 브랜드에 있어서 특히 중요한 전략으로 부상하였다. 그러나 외주는 점차 기업의 사회적 책임(CSR)을 외국의 하청업체에게 전가할 수 있는 전략으로 간주되면서 논쟁을 불러일으키고 있다. 반노동착취운동은 아동노동과 노동력 착취를 줄이기 위해서 점차 패션업체뿐만 아니라 그들의 하청업체도 노동 및 환경 기준을 준수할 것을 요구하고 있다(Donaghu and Barff, 1990)(6.3 소비 참조). 기업의 사회적 책임 운동에 관한 연구는 농식품 사업과 소매업의 MNCs까지 확대되고 있다(Hughes et al., 2007).

요점

- 기업은 경제지리학에서 연구의 중심이 되어 왔다. 그러나 최근에는 기업의 네트워크 및 문화적·제도적 관점과 같은 기업에 대한 새로운 관점이 출현하였다.
- 기업의 행태에 대한 기본적인 가정들이 변화하여 왔다. 기업의 의사결정에 영향을 미치는 제한적인 합리성, 기회주의 그리고 문화적 요소 등이 분석되고 있다.
- 글로벌화에서 기업의 공간적인 전략, 특히 MNCs의 입지결정은 광범위하게 연구되고 있다. 가장 최근에는 MNCs의 외주 관행과 입지전략이 중요한 연구 영역으로 부각되고 있다.

---

* 역주: 기업 스스로 부지를 확보하고, 공장 및 사업장을 설치하는 FDI방식으로 기존의 공장이나 회사를 구매하여 진출하는 브라운필드 투자와는 상반된 투자형태.

더 읽을 거리

• 마스켈(Maskell, 1999)은 기업의 이론을 종합적으로 개관하였다. 기업에 대한 최근의 연구로는 델컴퓨터(Dell Computer)에 대한 필즈(Fields, 2006)의 연구와 미국 자동차 제조업체의 성과가 유산비용(legacy cost)과 어떻게 관련되어 있는가에 대한 몽크(Monk, 2008)의 연구가 있으니 참조하라. 뵈겔스테이크(Beugelsdijk, 2007)는 네델란드에서 기업의 성과와 지역의 경제환경 간의 관계를 연구하였다.

주석

1. 기업도시는 경제가 단일 혹은 소수의 지배적인 기업에 크게 의존하는 도시를 의미한다.

2. [중소기업(SMEs)으로 알려진] 소기업의 정의는 국가에 따라서 상이하다. 그러나 일반적으로 소기업은 종업원 500인 이하의 기업을 말한다. 2004년 미국 센서스에 의하면, 2004년 미국의 2,540만 925개의 기업 가운데 종업원 500인 이상의 기업은 1만 7,047개에 지나지 않는다. 즉 이는 전체 기업의 99.93%가 소기업에 속한다는 것을 의미한다.

3. 새로운 기능이 동일한 상품사슬 혹은 가치사슬에 존재하는 경우에는 통합이 수직적인 반면에, 새로운 기능이 다른 생산/상품사슬에 속할 경우에는 수평적 통합이 발생한다.

4. 1990년대 초기에 경영학자들은 기업들이 경쟁력을 파악하고 신규 사업을 창출하는 '핵심역량(core competence)'에 초점을 맞출 것을 주장하기 시작하였다. 예를 들면, 프라할라드(Prahalad, 1993)는 일본 최대의 가전제품 기업인 소니(Sony)의 핵심역량이 소형화였다는 것을 밝혔다.

5. 규모의 외부경제는 일반적으로 동일한 입지에서 다수의 기업 간에 집단적으로 공유되는 규모의 수익을 말한다(3.2 산업클러스터 참조).

6. 예를 들면, 오디오 스테레오 시스템을 생산하는 기업은 새로운 설비나 근로자의 훈련에 대한 큰 추가 비용 없이 휴대용 CD 플레이어를 생산할 수 있다.

7. 만족화 원리하에서 사람들은 최적의 해결책이 아닌 적절한 해결책을 모색한다.

8. 신뢰에 대한 다양한 연구는 1990년대에 등장하였다. 예를 들면, 계산적 신뢰에 관한 윌리엄슨(Williamson, 1993)의 연구, 기업 간 신뢰와 계약적 관계의 역할에 대한 사코(Sako, 1992)의 연구 그리고 협상에 의한 충성과 학습된 합의로서의 신뢰에 대한 세이블(Sabel, 1993)의 연구가 있다.

1.3 국가

국가는 경제와 산업발전을 구조화하는 데 핵심적인 역할을 수행하며, 다양한 장소 특수적인 정치적 이데올로기, 경제제도 그리고 국가와 사회 간의 관계 속에 존재한다. 경제지리학에서는 국가에 대한 관점이 크게 두 가지로 구분된다. 첫 번째 관점은 시장실패를 바로 잡고, 경제과정을 이끌어 가기 위해 관여하는 초경제적 힘으로 국가를 보는 것이다. 두 번째 관점은 국가를 자본주의 체제와는 분리될 수 없는 존재로 보고 국가가 위치하는 지리적 맥락으로 보는 관점이다. 경제지리학자들은 다양한 자본주의가 특정 장소에서 역사적으로 어떻게 진화하여 왔는지, 국가 간 무역과 투자 협정이 어떻게 글로벌 경제를 형성하는지, 국가의 영역적 전략이 각 국가 내에서 어떻게 경제적 기회와 힘의 분포에 영향을 미치는지 등을 연구해 오고 있다.

'자본주의에서의 국가(states in capitalism)'인가, 혹은 '자본주의 국가(capitalist-states)'인가?

경제지리학자들은 국가가 자본주의 발전과 어떻게 관계되는지 또는 어떠한 영향을 미치는지를 이해하기 위하여 중요한 개념과 분석틀을 개발하였다. 글래스먼과 사마타르(Glassman and Samatar, 1997)는 세 가지 관점으로 구분하였다. 첫째는 진보적 다원주의 관점으로, 국가를 경제제도로부터 자율적인 것으로 간주하며, 자원배분, 사회기반시설의 공급, 그 외 고전적 국가기능(예를 들어, 군사결정, 사회 서비스)의 문제에 대하여 국가가 '중립적인 조정자'로 역할할 수 있다고 본다. 둘째는 마르크스주의 관점으로, 국가는 중립적이라는 관념을 부정하고, 대신에 국가를 부등가 교환과 노동력 착취의 유지를 통하

핵심개념으로 배우는 경제지리학

여 자본가들의 축적을 지속하는 데 목표를 두고 있는 주체 및 제도로 간주한다. 셋째, 신베버주의 관점은 중도적인 입장을 취하고 있다. 즉 국가가 사회경제적 제도와 강하게 연결되어 있거나 뿌리내려져 있으나, 노동자, 가족, 지역사회의 복지 수요 등과 같은 비경제적 문제에 대해서는 자주적으로 활동할 수 있다고 간주한다(5.4 뿌리내림 참조).

클라크와 디어(Clark and Dear, 1984)는 자본주의에서의 국가의 역할을 강조하는 이론과 자본주의 국가의 특정 형태가 어떻게, 어디서, 왜 진화하는가에 관련된 이론 간의 중요한 차이점을 밝혔다. '자본주의에서의 국가(states in capitalism)' 접근방법은 국가의 행위가 경제활동에 어떻게 영향을 미치는가에 초점을 두고 있다. 이들 연구는 전통적으로 국가의 역할을 (예를 들어, 교육과 군사 방위) 공공재의 공급과 시장실패를 방지하거나 바로잡기 위해서 자본주의 과정에 대한 전략적 개입으로 한정한다. 여기서 시장실패는 시장이 주도하는 활동에 의해서 자연스럽게 발생하는 부정적인 사회적, 환경적, 경제적 결과 혹은 외부효과를 의미한다(Arndt, 1988)[1]. '자본주의에서의 국가' 접근방법의 연구는 어느 정도의 국가개입이 적절한가(Lall, 1994; Manger, 2008), 국가의 경제정책이 종종 환경문제와 사회경제적 불평등을 어떻게 야기하고 악화시키는가(Hindery, 2004), 어떤 종류의 국가 개입이 고용, 지역성장과 재분배를 가장 잘 촉진시킬 수 있는가(Haughwout, 1999) 등을 핵심 논의로 다룬다.

그러나 많은 지리학자들은 '자본주의 국가'와 그 구조에 대한 연구에 더 큰 관심을 가지고 있다. 이 관점에서는 자본주의를 사회·경제적 조직의 역사적으로 우발적이고 정치적으로 치열한 형태로 간주하고 있다. 또한 현대 국가를 구성하는 우선순위와 제도는 역사적인 계급투쟁과 문화, 지리 그리고 종교적 이데올로기와 같은 맥락 특수적인 요소를 반영한다(Jessop, 1990a; Dicken,

2007). 국가와 자본주의 체제는 공진화하는 것으로 간주되기 때문에 국가와 자본주의 체제를 분리해서 시장 혹은 정부를 완전히 이해한다는 것은 불가능하다. 자본주의 국가에 대한 최근의 연구들은 자본주의 국가가 경제 세계화의 신자유주의 형태의 요구에 대응하여 제도와 경제정책을 어떻게 수정해 왔는가를 분석해 오고 있다(Jessop, 1994; Glassman, 1999)(3.4 포스트포디즘, 4.2 세계화 참조).

자본주의의 다양성

자본주의 국가에 관한 연구들은 왜 자본주의가 획일적이거나 일관된 체제가 아니라, 지리적으로 상이한 이데올로기, 제도 그리고 경제적 조직 형태들의 다양한 집합인가를 보여 주고 있다. 자본주의 국가의 다양한 형태에 관한 관심이 자본주의의 다양성(varieties-of-capitalism)에 관한 연구가 이루어지도록 자극하였다. 이러한 자본주의에 대한 연구들은 국가의 특성, 국가의 행위가 사회·문화적으로 얼마나 명료한가 그리고 특정 시장 이데올로기를 어떻게 반영하는가와 관련되어 있다(Albert, 1933; Berger and Dore, 1996; Hall and Soskice, 2001 참조). 자본주의의 다양성이라는 아이디어는 지리학자에게 국가 간, 국가의 역사적·공간적 진화 간의 차이를 그리고 시민과 다른 국가 간의 관계가 어떻게 그러한 진화를 촉발하는가를 설명하는 중요한 개념적 렌즈를 제공한다(Das, 1998 참조). 일반적으로 복지 국가, 개발 국가, 사회주의 국가, 신자유주의 국가라는 자본주의의 네 가지 유형으로 대부분의 국가를 설명한다.

케인스주의 복지 국가 혹은 사회민주주의는 사회보장, 교육, 건강보험, 국방과 같은 공공재·공공서비스를 제공하는 데 필요한 세수(稅收)의 유지, 주

핵심개념으로 배우는 경제지리학

기적인 경제침체 영향의 완화, 고용 수준의 극대화 등을 통하여 시장의 힘 (market forces)을 관리한다(Brohman, 1996). 복지 국가는 경제성장의 지속과 사회 전반에 걸친 부의 재분배를 위하여 통화 및 금융 정책을 실시한다. 일자리를 보호하고 (원자재 공급자로의) 후방연계와 (부가가치 창출자로의) 전방연계를 국내에서 확실히 유지하기 위해 국가가 금융, 철강, 자동차 제조업 등과 같은 주요 산업을 일부 소유하기도 한다.

일반적으로 일본, 한국과 같은 동아시아 경제력과 관련되어 있는 개발 국가는 수출시장을 확보하고 수입의 흐름을 엄격하게 통제하기 위하여 국내산업에 적극적으로 개입한다. 경제와 정치 엘리트 간의 긴밀한 관계는 대부분의 국가에서 크게 문제시되지만, 성공한 개발 국가에서는 주로 주식의 교차소유(cross-ownership of equity)로 특징지어지는 대규모 산업집단(일본의 게이레츠, 한국의 재벌)을 통하여 산업계와 정부가 긴밀한 관계를 맺는다. 개발 국가는 '전략산업(target industry)'을 명시하는데, 이는 국내경제에서 광범위한 전·후방연계를 가지는 전형적인 기간산업이다(Johnson, 1982). 에반스(Evans, 1995)는 한국, 인도와 같은 몇몇 개발 국가의 성공을 내재된 자율성의 결과로 설명한다. 내재된 자율성이란, 국가와 민간 부문이 산업발전이 진행되는 방식에 대해서는 동의하지만, 국가는 국가경제의 목표를 정의할 만큼 자율적인 반면에 국내기업은 효율적이고 경쟁적인 상황을 의미한다. 개발 국가는 국내에 (보건이나 교육과 같은) 기본 서비스를 제공한다. 그러나 급격한 근대화와 고도성장을 지나치게 우선시한 결과, 사회·공간적인 불평등과 민주적인 권리(예를 들어, 중국의 싼샤 댐, 1960년대부터 1980년대에 걸친 한국의 독재 정권의 역사, 일본의 성차별 등)의 훼손이라는 대가를 치러야 했다.

공산주의와 사회주의 국가는 정치권력을 중앙집권화하고, 사회계층 간의 차별을 축소하며, 자본주의 거래 관계로부터 단절된 자급자족 경제를 창출하기 위하여 철저하게 통제된다. 사회주의 국가는 재산과 생산수단을 엄격하게 통제하는 전형적인 단일정당 국가이다. 사회주의는 국가가 집단지배체제에 유리하도록 종국적으로는 그 권한을 양도하는 공산주의로 이행해 가는 데 필수불가결한 단계로 이해된다. 이러한 의미에서 국가 단위의 공산주의는 성공하지 못하였다. 그 결과, 이른바 대부분의 '공산주의' 국가는 사회주의 경제로 더 잘 묘사된다. 대부분의 사회주의 국가에서 (가격이 시장이 아닌 국가에 의해서 결정되는) 중앙집중식 경제계획과 몇몇 경우의 산업 집단화[소련식 지역생산단지에 대해서는 론스데일(Lonsdale, 1965) 참조]는 공통적인 특성이다. 이 외에 복지적 분배(welfare distribution)*와 공간적 평등은 공언된 목표(stated goals)로 상당한 주목을 받는다. 그러나 이러한 목표를 달성하는 것은 힘들다고 밝혀졌다. 순수 사회주의경제(중국, 쿠바 등)는 오늘날 거의 존재하지 않으며, 소비에트 연방의 붕괴 이후, 이전의 많은 사회주의경제는 시장경제로 전환하기 시작하였다. 이러한 전환경제(폴란드, 베트남 등)는 사회주의 하에서 보장받았던 몇몇 복지권과 사회서비스를 유지하면서 효율적인 시장체제를 발전시키기 위해 노력하는 가운데 유례가 없는 도전에 직면하고 있다.

1980년대 이후 세계경제에서 신자유주의 국가는 보편화되었다. 이 경우 국가는 국방과 몇몇 사회복지 프로그램에서는 의미가 있지만, 사회·경제적 문제에 대해서는 자유방임(즉, 불간섭주의)의 입장을 취한다. 제솝(Jessop, 1994)은 신자유주의 국가의 출현을 재정분권화, 민영화 그리고 사회복지(보장된 복지권)에서 (일한 만큼 얻을 수 있는) 노동복지 프로그램으로의 전환을 추구하는 복지 국가의 '공동화(hollowing out)'로 언급하였다(Peck, 2001). 신자유주의 국가는 개발 국가와 거의 마찬가지로 국제시장에서 특정 국가의

---

* 역주: 생산에서 기여도와는 상관없이 수요자의 요구를 충족하기 위한 분배.

비교우위를 활용하는 수출지향적 산업화(EOI)를 촉진하였다(World Bank, 1994). 복지 국가가 종종 수입대체 산업화(ISI)에 의존한다는 것을 고려한다면, EOI 전략으로의 전환은 신자유주의 국가와 케인스주의 복지 국가를 구분하는 가장 핵심적인 차이점이다. ISI는 수입재에 대한 무역 관세와 쿼터를 통하여 국내산업 보호를 목표로 한다.**2** 신자유주의 국가는 EOI를 촉진함에 있어서 해외시장에 대한 접근성을 제고하고, 세계적인 자본회전에 대한 규제를 철폐하며 외국에 투자를 할 때 기업의 재산권을 보장하기 위해서 국제통화기금(IMF)과 같은 국제금융기구(IFIs)와 협력한다. EOI 전략은 개발 국가에 의해서 채택되어 왔으며, 대부분의 개발도상국에서 이 전략은 다국 간 원조기구(예를 들어, 세계은행)에 의해서 도입된 구조조정 프로그램을 통하여 촉진되었다. 구조조정 프로그램은 자유무역을 촉진하기 위하여 국내 금융제도, 시장 그리고 규제시스템을 전환하고자 하였다. 신자유주의적 모델이 널리 보급된 이후에는, 글로벌 차원에서뿐만 아니라 많은 개발도상국 및 선진국 경제에서도 사회적 불평등이 현저하게 확대되었다(Arrighi, 2002; Gilbert, 2007).

국가 간 관계와 무역 및 투자협정

종래에 정치적으로 주도되어 온 국가 간 동맹(예를 들어, NATO)이 최근에는 경제적 목표와 우선순위에 의해 주도된다는 것을 알 수 있다. 특히 자본과 자원의 국제적인 흐름을 보다 효과적으로 관리할 수 있게 해 주는 양자 간·다자 간 무역, 지역무역과 투자협정에 참가하는 국가들이 점차 늘어나고 있다. 이러한 협정은 일반적으로 세 가지 유형으로 구분된다. 개인이나 기업의 배당금이나 이익에 대해 이중 과세를 방지하는 이중과세방지협정(DTTs), 양국 간의 투자흐름과 투자의 안전성을 제고하기 위한 양자 간 투자협정(BITs), 참여국들의 경제협력을 확대하고 시장 접근성을 제고하기 위한 특혜무역 및 투자협정(PTIAs)이 그것이다. 어떤 경우에는 PTIAs가 미국 정부의 '안데스 무역촉진 및 마약퇴치법(ATPDEA)'의 경우와 같이 경제적 문제 이상의 것을 포함하기도 한다. ATPDEA는 볼리비아, 콜롬비아, 페루와 같은 안데스지역의 국가들에게 특혜무역의 기회를 제공하여 이들 국가에서의 코카인 재배나 유통을 줄이는 데 크게 기여하였다.

유럽연합(EU), 동남아시아국가연합(ASEAN)과 같은 지역적 경제연합과 무역협정도 글로벌 경제의 거버넌스에 있어서 점차 그 역할이 확대되고 있다. 이러한 협정은 전형적으로 다양한 수준의 경제적 통합과 정치적 협력관계를 유지하며 지리적으로 인접한 국가들을 중심으로 이루어지고 있다(Dicken, 2007). 자유무역지역[예를 들어, 북미자유무역협정(NAFTA)]은 참여국 간의 무역장벽을 제거하였으나, 무역장벽과 투자장벽을 줄이는 것 이상의 정치적 또는 경제적 협력관계는 약하거나 없다. 관세동맹[예를 들어, 안데스공동시장(CAN)]은 자유무역을 가능하게 하며, 회원국들은 비회원 국가들과의 공동 대외무역정책을 추구하기도 한다. 공동시장[예를 들어, 카리브공동체(CARICOM)나 동아프리카공동체(EAC)]은 노동과 자본 같은 모든 생산요소가 회원국 간 자유롭게 이동할 수 있는 지역이다. 마지막으로 지역적 경제통합의 가장 발전된 형태인 경제연합(예를 들어, 유럽연합)이 있다. 경제연합은 높은 수준의 경제적·정치적 협조를 요구한다. 즉 참가국들은 공통의 금융시스템과 통화를 지원하고, 공통의 무역, 투자, 환경뿐만 아니라 그 밖의 규정을 확립할 것을 기대하기도 한다.

2007년 말 기준, 활동 중인 BITs는 2,608개, DTTs는 2,730개, PTIAs는 254개이다. 그림 1.3.1의 타원과 곡선이 표시하는 바와 같이, 대부분의 국가와 지역은 세계경제에 참여할 때, 양자 간, 지역 내 그리고 지역 간 PTIAs의 복잡한

핵심개념으로 배우는 경제지리학

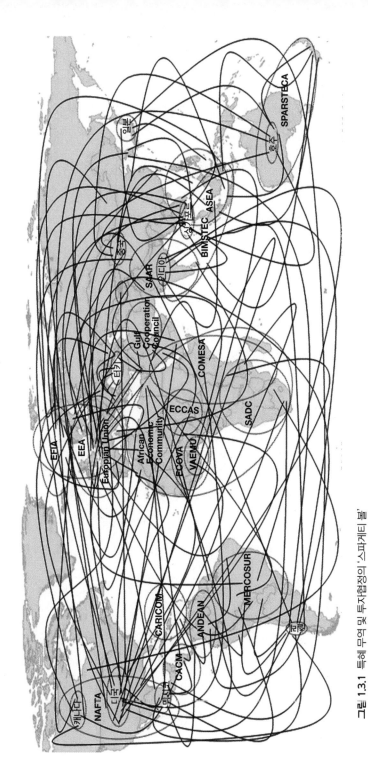

그림 1.3.1 특혜 무역 및 투자협정의 '스파게티 볼'

출처 : UNCTAD(2005), http://www.unctad.org/en/docs/iteiite200510_en.pdf © United Nations, 2005. Reproduced with permission.

(figure labels: SPARSTECA, BIMSTEC, ASEA, SAAR, Gulf Cooperation Council, COMESA, ECCAS, SADC, EFIA, EEA, European Union, African Economic Community, ECOVA, VAEMO, MERCOSUR, ANDEAN, CARICOM, CACM, NAFTA; 일본, 싱가포르, 중국, 인디아, 터키, 캐나다, 미국, 칠레, 호주)

조합에 의존한다. 어떤 학자들은 이러한 상황을 정치·경제적 동맹의 세계적인 '스파게티 볼(spaghetti bowl)'로 묘사하였다. 중요한 것은, 이러한 복잡한 관계와 상호의존성이 균등하고 자유시장이 주도하는 글로벌 무역체제의 가능성에 대한 WTO의 호언이 거짓이라는 것을 보여 주고 있다는 점이다. 무엇보다도 복잡한 관계와 상호의존성은 국가가 세계경제에서 어떻게 중요한 역할을 지속적으로 수행하고 있는가를 보여 준다.

영역성: 국가의 활동

형태나 유형에 관계없이, 모든 국가들은 다양한 공간 스케일(예를 들어, 도시·지역·국가 스케일 등)에 걸쳐 각종 규정을 정하고 실시하며, 시민의 재산과 권한을 보장한다. 또한 공공재(예를 들어, 교육, 국방, 환경)를 제공·관리하면서, 사회를 결집하고, 노동력의 재생산과 노동 생산성의 지속적인 증가를 보장하고자 노력한다(O'Neill, 1997). 이러한 과정에서 영역적 존재로서 국가는 자국의 영역 내에서뿐만 아니라 다른 나라와의 관계에서도 권력과 정통성을 제고하기 위하여 노력한다(Cox, 2002). 국가는 공식적(예를 들어, 노동법, 환경규제, 조세정책), 비공식적[예를 들어, 비도덕적인 관행, 연고주의(Nepotism)를 통해]으로 영역적 전략을 실행한다. 그리고 산업 및 지역개발 과정에 영향을 미치는 사회·경제적 환경을 조성한다.

영역적 전략에 대하여 합의를 이끌어 내는 것은 하나의 투쟁이기 때문에, 국가는 경쟁 주체들이 대안적인 경제적 비전이나 이상(imaginaries)을 표출하는 사회적 무대로 이해된다. 이러한 투쟁으로 사상, 기업, 산업, 근로자 그리고 공동체에 있어서 '승자'와 '패자'가 발생한다(O'Neill, 1997;

Peck, 2001). 강력한 주체는 국가의 영역과 또 다른 공간 스케일 모두에서 권력을 동원한다(Jones, 2001; Brenner, 2004)(4.2 세계화, 4.3 자본의 순환 참조). 지역성장연합(local growth coalitions), 국가산업진흥기구, 민관파트너십, 국제개발기구, 상공회의소 − 민간 부문의 주체와 국가공무원을 연결하는 단체 − 등은 종종 정책의 변화를 주도하거나 현 상황으로부터의 전환을 저지하는 데 핵심적인 역할을 수행한다(Cox, 2002).

요점

- 경제지리학에서 국가에 대한 관점은 크게 두 가지로 구분된다. 첫 번째 관점은 국가를 시장실패를 바로잡으며 경제과정을 이끌어 가기 위해 개입하는 초경제적 권력으로 간주한다. 두 번째 관점은 국가를 자본주의 체제와 분리될 수 없는 존재와 국가가 위치하고 있는 지리적 맥락으로 간주한다.
- 국가의 거버넌스 전략은 자본주의와 국가−사회관계의 다양성을 반영한다.
- 국가가 세계경제에서 경쟁우위를 차지하기 위해서 점차 양자 간 및 지역무역과 투자 협정을 이용하는 경향이 강화되고 있다.
- 국가는 사회경제적 조건을 창출하고 영토 내외에 걸쳐 국가의 권력과 정통성을 이상적으로 확대할 경제활동을 조직하기 위해서 영역적으로 행동한다.

더 읽을 거리

- 펙과 시어도어(Peck and Theodore, 2007)는 자본주의의 다양성에 관한 연구를 자세히 분석하고 호의적으로 비판하였다. 하비(Harvey, 2005)는 자본주의의 신자유주의 형태의 역사를 분석하고, 그 결점과 앞으로 전개될 국가−사회관계의 대안적 형태의 가능성을 지적하였다. 홀랜더(Hollander, 2005)는 설탕산업을 보호할 무역장벽과 보조금을 확보하기 위하여 연방정부의 국가안전보장기관에 호소한 플로리다의 사탕수수 재배자의 영역적 전략을 상세히 분석하였다.

주석

1. 자본주의의 시장실패는 세 가지 유형으로 구분된다. 첫째, 경쟁이 시간이 지남에 따라서 독과점으로 변화하는 경향, 둘째, 공공재(국방과 환경 등)의 관리, 규제와 관련된 무임승차 문제, 셋째, 환경오염과 고용차별 등과 같은 부정적 시장주도의 외부효과로 구분된다.
2. 개발도상국의 ISI정책의 핵심적 목표는 고용을 유지할 수 있는 산업의 유치와 육성 그리고 세계시장에서 국내 기업의 경쟁력을 강화하는 것이다.

제2장

경제변화의 핵심 추동력

경제적 역동성의 원천은 무엇인가? 이 장에서는 경제변화의 핵심 추동력으로 **혁신**(innovation), **기업가정신**(entrepreneurship) 그리고 **접근성**(accessibility)에 대해 살펴보고자 한다. 우선, 혁신과 관련하여 경제지리학에 영향을 미친 경제학의 세 가지 사조(신고전파 경제학, 슘페터 경제학, 진화 경제학)에 대해 논할 것이다. 현대사회에서 기술에 대한 의존도가 점차 높아지면서, 혁신은 그 어느 때보다 중요한 요소가 되었다. 혁신은 기술(technology)보다 상위의 개념이다. 그 이유는 혁신이 개인(기업가정신)에서 출발하여 기업, 지역 및 국가(국가혁신체계), 더 넓은 글로벌 경제에 이르기까지 다양한 스케일에서 나타나는 경제적 성과에 영향을 미치기 때문이다. 혁신은 새로운 경제 부문의 형성을 촉진하고, 기업가정신을 위한 새로운 기회를 창출할 뿐 아니라 일자리 창출에 기여하는 등 경제성장의 핵심 요소로 인식되고 있다.

경제의 역동성을 추동하는 데 기업가정신이 중요하다는 것은 누구나 공감하지만 기업가정신의 개념을 규정하는 것은 쉽지 않다. 이로 인해 기업가정신을 촉진시키는 것은 실질적으로 어려운 과제이다. 이번 장에서 논의하겠지만, 기업가정신의 목적과 특성은 다양하다. 그럼에도 불구하고, 경제지리학자들은 기업가정신이 지역(장소)과 밀접하게 연관되어 있기 때문에, 맥락, 문화, 사회적 네트워크와 경제시스템(예를 들어, 조세 및 실업 수당 등) 등 다양한 요인들이 기업가의 출현에 영향을 미친다는 데 동의한다. 혁신과 기업가정신에 대한 연구들은 현대 경제지리학에서 슘페터적 전통이 중요하다는 점을 강조하고 있으며, 경제발전정책과도 밀접하게 연관되어 있음을 보여 준다. 혁신과 기업가정신의 역할은 **산업클러스터**(industrial cluster)나 **지식경제**(knowledge economy) 등과 같은 핵심 개념들에 의해 구체화된다.

접근성(accessibility)은 아마도 경제에 영향을 미치는 가장 근본적인 지리적 개념으로, 인간의 일상적 삶에 지속적으로 영향을 미친다. 직장, 학교, 가게

핵심개념으로 배우는 경제지리학

및 집과의 일상적 접근성이 물리적 거리에 의해 규정되기는 하지만, 교통기술 및 관련 인프라의 발달이 개인의 지리적 접근가능성을 획기적으로 확장시킨 것도 사실이다. 경제지리학자들은 단순 거리 개념에서부터 지리·경제·사회적 장벽을 극복하는 거리 개념에 이르기까지 거리에 대한 개념을 점차 확대 적용하였다. 접근성은 또한 **인터넷**(internet)의 출현에 따라 새로운 의미를 부여받았다. 사이버공간*은 과거에는 접근하기 어려웠던 지역까지 접근할 수 있도록 했으나, 정보격차(digital divide)와 같이 접근성을 가로막는 새로운 장벽이 출현하기도 했다.

---

* 역주: 컴퓨터 네트워크에 의해 형성되는 가상공간.

2.1 혁신

혁신은 발명의 성공적인 상업화, 새로운 아이디어나 기술, 새로운 경제활동의 발전 및 지역경제 성장에 기여하는 마케팅 등을 포괄한다(Freeman, 1974; Dosi, 1982 참조). 혁신은 시간이 지나면서 점차 폭넓게 정의되고 있다. 과거에는 획기적 기술개발(예를 들어, 전구의 발명)에 국한시켜 혁신을 정의했다면, 오늘날에는 제품 혁신, 공정 혁신(자동차의 적기생산 등과 같이 기존 제품을 새로운 방식으로 제조하는 것), 디자인 혁신(기존 기술을 새롭게 디자인하는 것), 점진적 혁신, 그리고 서비스 혁신(예를 들어, 패스트푸드 레스토랑에서 기존의 메뉴를 팔면서도 새로운 서비스 기법을 제공하는 것) 등 혁신이 다양한 형태로 인식된다. 혁신은 또한 세계적 수준에서의 혁신(new to the world innovation)과 특정 지역적 수준에서의 혁신(new to the area innovation)으로 구분될 수 있다. 후자는 기존에 존재하던 아이디어를 새로운 지리적 맥락에 적용하는 것을 의미하기 때문에, 혁신이라기보다는 기술이전에 해당한다고 볼 수 있으나, 혁신의 공간 확산의 한 형태로 혁신이 적용된 지역에 커다란 영향을 미칠 수 있다(Blake and Hanson, 2005). 지리학자들은 초기에는 혁신의 공간 확산을 분석하는 데 집중했으나(Hägerstrand, 1967; Rogers, 1962; Brown, 1981), 최근에는 지역 및 국가 경제성장의 맥락에서 일어나는 혁신에 대해 관심을 가지고 있다. 이러한 연구들은 기술을 경제성장의 견인차로 간주하는 경제학 분과 학문들의 영향을 크게 받았다.

혁신을 측정하기는 어렵다. 혁신을 측정하기 위해 사용되는 보편적인 지표로는 연구개발 지출액, 특허권 수, 특허 인용 자료, 연구개발 인력의 규모 등이 있다. 그러나 이러한 지표들은 대개 혁신을 측정하기 위한 보조적 지표로만 사용되거나, 성공적인 혁신의 결과만을 고려할 뿐 혁신의 실패 사례에 대해서는 간과하는 문제점을 가지고 있다.

신고전파 경제학의 기술

오랫동안 신고전파 경제학자들은 기술을 생산함수[1]의 요소로 설명하지 않았다. 예를 들어, 해러드-도마(Harrod-Domar) 모형(Domar, 1946; Harrod, 1948)에서는 생산성 증가를 저축 수준과 자본축적(예를 들어, 기계장비의 추가 구매)의 결과로 인식한다. 솔로(Solow, 1957)는 그의 성장모형을 통해 기술변화를 장기적인 생산성 증가를 설명하는 변수로 보고, 자본축적만으로는 1909~1949년까지 지속된 미국의 생산성 증가를 설명할 수 없다고 보았다. 그렇지만 그조차도 기술변화를 외생적 변수로만 간주했다.

신고전파 경제학 진영에서 기술변화를 경제성장의 내생적 변수로 인식한 대표적인 학자는 애로(Arrow)였다. 그의 주장에 따르면, '학습(지식의 습득)'은 문제해결을 위한 시도를 통해서만 일어날 수 있는 경험의 산물이며, 기술변화는 생산과정을 통해 일어나고 그 결과 전반적으로 생산성이 증가된다(Arrow, 1962: 155). 따라서 실행을 통한 학습(learning-by-doing)은 기업의 생산성을 향상시키기 위해 필요한 생산경험을 축적하는 과정이다.

애로의 학습에 대한 개념화로 명시적 지식과 암묵적 지식의 구별이 이루어졌다. 명시적 지식이 외재적이라면, 암묵적 지식은 내포적이고 맥락적이며, 사회화 과정을 통해서만 공유될 수 있다. 칼 폴라니(Karl Polany)는 그의 형제인 마이클 폴라니(Michael Polany, 1967)와 함께 처음으로 암묵적 지식에 관해 개념화를 시도했다. 그는 암묵적 지식을 명확하게 말이나 글로 표현하기 어려우며 경험을 통해서 학습될 수 있는 노하우(Know-how)로 보았다. 암묵적 지식의 이러한 특성 때문에, 명시적 지식은 암묵적 지식을 완전히 대체하기 어렵다.

룬드발과 존슨(Lundvall and Johnson, 1994)은 혁신에서 암묵적 지식의 역할을 강조하기 위해서 '상호작용을 통한 학습(learning-by-interacting)' 개념을 제시했다. 그들은 암묵적 지식의 생산이 곧 암묵적 지식의 전달을 의미하는 것이라고 주장했다. 암묵적 지식의 습득을 위한 탐색은 주로 국지적 차원에서 이루어지기 때문에 결과적으로 지리는 혁신에 필요한 지식을 생산하는 데 핵심적인 역할을 한다. 경영학자들은 암묵적 지식의 생산에 있어서 기업의 역할을 강조하는 반면, 경제지리학자들은 행위의 규칙을 만들어 내는 사회경제적인 맥락에 대해 관심을 가진다. 지리의 중요성은, 궁극적으로 '실행공동체(communities of practice)'로 발전되는 신뢰와 규범 그리고 관행(conventions)의 상호 공유를 통해 더욱 강화된다(5.4 뿌리내림 참조). 여기에 더해, 저틀러(Gertler, 2003)는 룬드발(Lundvall, 1988)의 주장과 같은 맥락에서, 암묵적 지식의 생산과 교환이 생산자 간뿐만 아니라 생산자(공급기업)와 사용자(고객기업) 간에도 일어난다는 점을 지적하였다.

오스트리아 경제학파

조지프 슘페터(Schumpeter, 1939)는 그 당시의 신고전파 경제학자들과는 달리 경기순환(business cycle)에 대한 연구를 통해 경제성장에 대해 독특한 장기적인 관점을 제시했다. 그는 창조적 파괴(creative destruction) 개념을 고안하고, 창조적 파괴는 자본주의에 필수적이며, 이로 인해 자본주의는 불연속적 변화를 겪게 된다고 보았다(Schumpeter, 1928; 1943). 슘페터에 따르면, 발명이 언제나 혁신으로 연결되는 것은 아니며, 진정한 혁신은 고정자본의 투자를 통해 생산성 향상에 지대한 영향을 미쳐야 하며 새로운 기업과 산업의 출현을 이끌어 내야만 한다. 기업가는 자본가와 달리 위험을 감수하는 내생적 경제주체이자 자본주의에 불안정성을 주입하는 주체이다. 환경변화에 민첩하게 대응하는 기업가적 소기업들은 산업의 새로운 리더십을 창출한다. 기업가는 혁신을 통해 단기적인 독점 이익의 획득을 추구한다. 이것은 곧 기업가들 사이에서 유사 행동을 이끌어 동시다발적으로 수많은 기업들이 시장 경쟁에 뛰어들도록 만듦으로써, 결과적으로 새로운 산업이 창출되고 경제성장이 확대된다(2.2 기업가정신 참조). 슘페터(Schumpter, 1942)는 독점주의 성향에 따라 혁신이 점차 대기업의 연구개발 조직에서 일어나게 되는 것을 우려했다. 대기업은 창조적 파괴에 필요한 과정을 저해하는 특정한 기술체제와 루틴화된 혁신을 양산하는 경향성이 있기 때문이다.

슘페터 경제학은 1970년대 세계경제 침체기에 부활되었는데, 이 무렵 과거 몇몇 경기순환 이론들도 다시 주목받기 시작했다. 그 대표적 이론가로는 콘드라티예프(Kondratieff)와 쿠즈네츠(Kuznets)를 들 수 있는데, 두 이론가는 역사적으로 경제 성장과 쇠퇴가 주기적으로 반복된다는 것에 주목하고 이를 예측하고자 하였다. 쿠즈네츠 이론은 순환주기가 14~18년 주기로 나타나는 국가의 투자패턴에 의해 유발된다고 본 반면, 콘드라티예프 이론은 경제성장이 54~57년 주기로 나타나는 주요한 기술혁신 파동에 의해 유발된다고 보았다(Kuznets, 1940; Kondratieff, 1926; 1935). 이론가들은 정보통신 혁명에 의해 유발된 제5차 콘드라티예프 파동이 2010년대에 막을 내릴 것으로 예측했다(Hall and Preston, 1988).

진화경제학

넬슨과 윈터(Nelson and Winter, 1974)는 솔로(Solow)의 기술변화 및 경제

성장 모형과 슘페터 이론을 통합하여, 소위 진화경제학으로 불리는 경제학파를 창시했다. 그 목적은 행태적 기업 이론에 기초하여 동태적 균형 모델을 개발하는 것이었다(1.2 기업 참조). 이 모델은 미시적 행위자인 기업의 의사결정이 제한적 합리성에 기초하고 있다고 가정하고, 기업의 의사결정은 이질적이면서도 의사결정 행태에 있어서 반복적인 특성(즉, 루틴화된 의사결정)을 나타낸다고 보았다. 기술변화의 내적 작동원리는 1) 기업이 보다 나은 기술을 개발하기 위한 국지적 탐색(search) 과정과 2) 시장 선별(selection) 과정이 결합된 이중적 과정으로 이해할 수 있다. 이러한 탐색과 선별 과정은 기술변화의 경로를 창출하는 만족화 원리*와 결합된다.

아서(Arthur, 1989)와 데이비드(David, 1985)는 기술변화의 경로의존성 개념을 토대로, 시장이 항상 최고의 기술이나 가장 효율적인 기술을 선별하지는 않는다고 주장했다. 데이비드(David, 1985)는 의도적으로 고장이 나지 않게 타이핑의 속도를 늦추도록 정교하게 고안된 키보드 자판 배열 기법인 QWERTY 자판의 사례를 통해, 기존 기술의 문제점을 보완한 새로운 기술이 개발되었다 하더라도 기존의 기술에 맞게 형성된 규범과 습관 그리고 관행으로 인해 시장에서 새로운 기술이 채택되기는 쉽지 않다는 것을 보여 주었다. 이러한 경로의존성은 관행의 형성을 촉진하는 습관, 관습, 조직(예를 들어, 타이피스트 양성기관) 간의 '기술적 상호관련성'에 의해 강화된다. 이 사례연구를 통해, 데이비드는 투자의 유사비가역성(quasi-irreversibility),** 규모의 경

---

* 역주: 인간은 최적의 기준에서 선택하는 것이 아니라 일정 수준 이상이 되면 선택한다는 논리이다.
** 역주: 전환비용(switching costs)으로도 불린다. 전환비용은 생산자나 소비자가 기존의 기술·서비스를 새로운 기술·서비스로 전환하는 데 드는 비용을 말한다. 이와 관련하여, 고착효과(lock-in effect)는 전환비용으로 인해 새로운 서비스나 기술이 출현해도 현재 사용하는 기술과 서비스를 계속 사용할 수밖에 없는 상황을 가리키는 개념이다.

핵심개념으로 배우는 경제지리학

제, 변화와 역사적 사건 등이 어떻게 기술 발전을 형성할 수 있는지 설명했다.

표준의 설정은 기업의 중요한 경쟁전략이 되었다. 왜냐하면 일단 표준이 설정되면, 사용자들이 기술을 교체하는 데 드는 비용은 점차 높아지고, 이로 인해 이미 확립된 기술궤적은 더욱 강화되기 때문이다. 아서(Arthur, 1989)는 이과정을 고착(lock-in)이라는 용어로 표현했다. 아서는 기술변화에 관한 동태적 접근에서, 역사적으로 우연한 사건이 결과(지배적 기술)를 결정할 수 있음을 의미하는 비측도가측성(non-ergodicity)과, 하나의 결과(지배적 기술)가 시간이 흐를수록 점차 고착화되는 과정을 뜻하는 비유연성(inflexibility)을 강조했다. 대표적인 예로, 마이크로소프트사와 애플 매킨토시가 컴퓨터 오퍼레이팅시스템(OS) 시장 선점을 두고 벌인 치열한 경쟁과 1970년대의 VCR 표준 경쟁을 들 수 있다.

진화경제학 이론가들에게 있어서, 성공적인 혁신의 창출은 기회(기술 지식의 원천), 인센티브의 존재, 기업의 능력, 실행 메커니즘 등 다양한 요인들에 달려 있다(Dosi, 1997). 진화경제학은 기술과 산업구조의 역사적 공진화를 설명하는 산업수명주기이론(Utterback and Abernathy, 1975)을 뒷받침하고 있을 뿐만 아니라, 경제적 자연 선별을 통해 지배적 디자인이 어떻게 다양성을 무너뜨리고 경로의존성 메커니즘을 강화하는지를 설명하기 위한 이론적 토대를 제공한다. 진화경제학은 경영학 분야에서도 기술경제 패러다임이 출현하는 데 영향을 미쳤다(Dosi, 1982). 기술경제 패러다임에서, 기술은 노하우, 수단과 방법, 절차, 물적 장비, 성공과 실패의 경험 등을 포함하는 지식의 집합체로 정의될 뿐만 아니라 실천적 해결 및 이론적 적용을 위한 도구로 기능한다. 기술궤적은 다양한 기술옵션들이 채택·기각되는 과정에 의해 나타나는 것으로 간주되며 경제적(기업의 새로운 이윤 창출 기회 탐색)·문화적·제도적(산업조직, 규제) 요인들에 의해 형성된다. 예를 들어, 프리먼(Freeman,

1988; 1985)은 국가혁신체계(national system of innovation) 개념을 개발했
는데, 그는 기술이전의 조정 및 촉진에 있어서 공식적 및 비공식적 제도의 역
할과 함께 국가혁신체계에서의 기술궤적을 검토하였다. 그는 1970년대 일본
과 구소련 간의 국가혁신체계 특성을 비교 분석하고, 세계화의 경향에도 불구
하고 혁신에 있어서 국가의 제도는 여전히 근본적인 역할을 한다고 주장했다.

진화경제지리학

진화경제지리학은 진화경제학에서 개발된 개념들을 공간적 차원에서 적용
한다. 보스흐마와 람보이(Boschma and Lambooy, 1999)는 국지적인 집단
학습 과정, 지역의 쇠퇴, 그리고 특정 지역에서 새로운 산업의 출현 등을 이해
하는 데 진화론적 사고가 어떻게 기여하는지를 처음으로 고찰하였다. 그러나
진화경제지리학은 신생 학문분야이기 때문에 연구의 접근법과 방법론이 확
립된 상태는 아니다. 이와 관련하여, 에슬레츠비힐러와 릭비(Essletzbichler
and Rigby, 2007)는 경로의존성, 루틴, 고착, 공진화 등과 같은 진화경제학의
다양한 개념이 경제지리학에서 폭넓게 적용되고 있긴 하나, 진화경제지리학
의 이론적 틀은 여전히 명확하게 정립되지 못한 상태라고 주장했다.

진화경제지리학자들은 기술변화와 경제지리학의 상호작용에 관해서는 공
통적으로 관심을 두고 있음에도 불구하고 진화경제지리학의 주요 논점에 대
한 해석에 있어서는 조금씩 차이를 보인다. 보스흐마와 마틴(Boschma and
Martin, 2007)에 따르면, 진화경제지리학은 신기성(novelty)* 및 적응의 과정
과 메커니즘이 생산과 유통 그리고 소비의 지리를 어떻게 형성 또는 저해하는

---

* 역주: 창의성의 주요한 특성으로서 예상했던 것이 아닌 독특함을 의미한다.

핵심개념으로 배우는 경제지리학

지에 대해 주로 초점을 두고 있다. 마틴과 선리(Martin and Sunley, 2006)는 경제 행위자의 미시적 행태가 어떻게 자기조직화 상태에 도달하게 되는지, 또한 경로 창출과 경로의존의 과정이 경제발전의 지리와 어떻게 상호작용하는지에 대해서 주목하였다. 에슬레츠비힐러와 릭비(Essletzbichler and Rigby, 2007), 프리먼(Freeman, 1991)과 같은 학자들은 생물학과 사회과학 사이의 상호작용의 긴 역사를 주장하면서 진화론의 다원론적 관점을 재도입했다. 즉, 이들은 자연적, 제도적 환경을 포함하여 다양한 선택환경의 역할에 대해 초점을 두었다. 특히 에슬레츠비힐러와 릭비(Essletzbichler and Rigby, 2007)는 경쟁이 미시적 행위자의 행태를 형성하는 경쟁의 역할을 강조하고, 경제 행위자와 지역은 독특한 지리적 경관을 형성하며 공진화한다고 주장했다.

한편, 진화경제지리학과 제도경제지리학 간의 시너지가 점차 커지고 있다 (Essletzbichler and Rigby, 2007). 혁신과 암묵적 지식의 이전에 있어서 학습 (learning)을 중요한 요소로 강조하는 경제지리학의 혁신 연구는 점차 제도적 측면에 주목하는 추세이다. 스토퍼(Storper, 1997)는 혁신과 제도를 '공진화 과정'의 필수적 측면으로 간주했다. 펠드먼과 마사르(Feldman and Massard, 2001)는 지식 스필오버(knowledge spillovers)를 불러일으키는 데 대학과 공공정책의 역할이 중요하다고 강조했다. 제도적 다양성(institutional variety) 과 국지적 학습(localized learning)은 혁신과 경제발전의 경로가 다양하다는 점을 설명해 준다. 따라서 21세기에 접어들어 혁신 연구가 제도적 측면을 통합하고, 제도 분석이 경로의존성을 포괄하기 위해 진화경제지리학이 제도경제지리학을 받아들였다(5.3 제도 참조).

혁신 연구의 새로운 동향

혁신의 추동력에 대한 이론은 '수요견인(demand-pull) 이론'과 '기술주도 (technology-push) 이론'으로 구분된다. 수요견인 이론은 시장이 혁신을 견 인하는 힘이라고 보는 반면, 기술주도 이론은 기술을 창출하는 원동력은 지식 이며, 기술은 반(半)자율적으로 출현한다고 본다. 오늘날, 주도의 혁신을 통하 여 사용자의 혁신 능력을 활용하는 것에 대해 산업과 기업의 관심이 고조되고 있다. 사용자와 생산자 간의 상호작용에 대한 연구는 오랜 역사를 가지고 있 으나(예를 들어, von Hippel, 1976; Lundvall, 1988), 인터넷은 사용자-생산 자의 상호작용이 혁신을 유발하는 방식에 근본적인 변화를 일으켰다. 그 대표 적인 사례로, 제품에 대한 전문적 식견을 가지고 트렌드를 주도하는 역할을 하는 얼리어답터 소비자가 제품수명주기의 초기단계에 있는 제품을 구매하 는 경우를 들 수 있다(Porter, 1990). 인터넷은, 오픈소스 소프트웨어 개발 사 례(예를 들어, 리눅스)에서 전형적으로 나타나듯이, 사람과 사람 간의 직접적 인 상호작용을 가능하게 만들었다. 기업은 잠재 수요와 연구개발비를 줄일 수 있는 잠재적 가능성을 예측하고 포착하기 위해 고객들을 더 적극적으로 끌어 들이려고 노력한다(von Hippel, 2007). 기업들은 고객을 혁신 과정에 끌어들 임으로써 제품의 다양성을 추구하면서도 실패의 위험을 최소화할 수 있다. 예 를 들어, 그라프허 외(Grabher et al., 2008)는 독일과 미국의 기업들에 대한 경험적 사례 연구를 바탕으로 고객이 포함된 공동개발의 유형을 제시하였다.

요점

• 혁신에 관한 아이디어는 수십 년 동안 극적으로 진화를 거듭해 왔다. 오늘날, 혁신의 정의는 급진적 혁신(radical breakthroughs)뿐만 아니라 점진적 혁신(incremental innovations)까지 포괄하는 개념으로 확대되었다. 게다가 혁신의 범주도 제품 혁신뿐만 아니라 공정 혁신까지 포함하는 것으로 확대되었다.

- 지난 수십 년간, 혁신에 있어서 지리의 역할에 대한 연구 또한 혁신의 공간 확산에서부터 경제성장의 핵심 요소로써 학습에 대한 관심에 이르기까지 상당한 변화를 보이며 전개되었다. 혁신은 경제적 요인뿐만 아니라 사회·제도적인 요인에 의해 형성되는 고도로 맥락적인 활동으로 간주된다. 또한 혁신은 누적적이며, 경로의존적일 뿐만 아니라 맥락특수적인 것으로 여겨진다.
- 진화경제지리학은 기술변화와 경로의존성 그리고 경제성장의 지리, 이 세 가지 측면의 상호작용에 초점을 둔다. 제도적 다양성은 국지적, 지역적 및 국가적 수준에서 기술궤적을 형성한다.

더 읽을 거리

- 암묵적 지식에 대한 보다 상세한 논의에 대해서는 Gertler(2003)를 참조하라. 진화경제지리학에 대한 최근의 논의에 대해서는 Martin(2010), MacKinnon et al.(2009), Grabher(2009), Hodgson(2009), Esseltzbichler(2009)를 참조하라.

주석

1. 생산함수는 산출량과 생산요소의 투입량과의 관계를 나타내는 함수를 뜻한다.

2.2 기업가정신

많은 학자들은 새로운 기업의 창업에 요구되는 기업가정신(entrepreneur-ship)을 혁신의 원동력이자 지역성장과 경제변화의 핵심 요소로 인식한다. 기업가정신에 대한 연구는 다학문적인 성격을 가지고 있어서, 경제지리학뿐만 아니라 경영학, 경제학, 사회학에서도 관심을 둔다. 기업가정신에 대한 폭넓은 연구는 기업의 창업과 성장을 이해함에 있어서 맥락, 특히 지역(장소)의 중요성을 점차 인정하고 있다. 이는 곧 기업가정신의 연구에 있어서 경제지리학의 역할이 커지고 있음을 보여 준다. 이 절에서는 기업가정신의 정의, 기업가정신과 지역, 기업가적 네트워크 그리고 기업가의 사회적 정체성을 핵심 주제로 논의하고자 한다.

기업가정신이란?

기업가정신이 불확실성과 위험요소를 내포하고 있다는 사실은 명확하지만, '기업가'와 '기업가정신'의 정의에 있어서는 학자들 간에 의견이 엇갈린다. 기업가정신에 대한 관점이 학자마다 다르기 때문이다. 예를 들어, 액스와 오드레치(Acs and Audretsch, 2003: 6)는 모든 신생기업은 그 규모나 업종과 상관없이 기업가정신이 발현된 결과라고 보았다.[1] 하지만, 다른 학자들은 기업가정신이라는 용어는 혁신적인 기업에만 국한해서 사용해야 한다고 주장했다[블레이크와 핸슨(Blake and Hanson, 2005)은 '혁신적'이라는 용어 또한 명확히 정의하기 어렵다고 주장했다]. 이러한 관점에서 보면, 타 기업의 제품이나 서비스 또는 사업 모델을 모방한 기업들은 진정한 의미에서 기업가적이라고 볼 수 없다[기업가정신에 대한 개념 정의의 어려움에 대해서는 Gartner and Shane(1995)을 참조]. 이러한 관점은 슘페터(Schumpeter, 1942)의 연구에서 비롯되었는데, 그는 기업가정신이 혁신적인 신생기업의 형태로 자본주의에 필수적인 '창조적 파괴'를 핵심적으로 추동한다고 보았다.

슘페터(Schumpeter, 1936)에 따르면, 기업가들이 만들어 내는 신기성(novelty)은 기업가적 과정의 핵심으로, 혁신은 1) 새로운 제품이나 서비스의 개발, 2) 새로운 생산공정의 개발, 3) 새로운 산업조직 방법의 도입, 4) 새로운 지리적 시장의 창출, 5) 신소재의 발견 등을 통해 가치사슬의 5가지 활동에 변화를 일으킨다. 슘페터(Schumpeter, 1942)는 또한 그러한 혁신은 조직의 유연성이 높은 중소기업에서 가장 잘 창출될 수 있다고 믿었다. 그는 대기업의 관료주의적 속성은 기업가정신과는 배치되는 것이며, 조직적 경직성을 일으켜 종국적으로 자본주의를 파멸에 이르게 할 것이라고 보았다. 사실, 액스 외(Acs et al., 1999)는 소기업의 생성과 사멸에 의해 나타나는 역동성은 그것이 혁신적이든 아니든 간에, 국가의 경제성장과 상관관계가 있음을 밝혔다.

기업가정신과 혁신에 관해 오랫동안 해결되지 못한 이슈는 기회의 인지와 활용에 관한 것이다(예를 들어, Kirzner, 1973; Stevenson, 1999). 사라스바티 외(Sarasvathy et al., 2003: 142)는 시장에 존재하지 않는 미래의 상품과 서비스 개발을 가능하게 만드는 아이디어와 신념 그리고 행위를 통칭하여 기업가적 기회(entrepreneurial opportunity)라고 정의하였다. 이들은 기업가적 기회를 세 가지 유형으로 구분하였는데, 각각의 유형은 서로 다른 시장 역동성에 기초한다. 첫 번째 유형인 **기회 인지**(opportunity recognition)는 기업가가 분배과정으로서 시장을 이용하고 수요와 공급을 일치시킴으로써 기존의 시장을 활용하는 것이다. 두 번째 유형인 **시장 발견**(opportunity discovery)은 기업가가 기존에 없던 수요나 공급을 인지하기 위해서 (부분적으로 장소 고착성을 가지고 있는) 정보의 비대칭을 활용하는 것이다. 세 번째 유형인 **기**

회 창출(opportunity creation)은 기업가가 타 기업가와의 상호작용을 통해 수요와 공급을 모두 창출하는 것이다. 이 마지막 과정은 기업가정신이 지속적인 사회적 상호작용에 배태되어 있을 뿐만 아니라 지속적인 사회적 상호작용에 내생적인 것으로 인식한다. 사라스바시 외(Sarasvathy et al., 2003)는 세 가지 기업가적 기회의 유용성은 각각에 맞는 상황적 조건에 따라 결정된다고 보았다.

기업가정신과 지역

기업가정신은 어디에서 비롯된 것일까? 셰인과 에크하르트(Shane and Eckhardt, 2003)에 따르면, 기업가적 활동의 원천에 대한 초기의 연구들은 기업가의 위험감수 성향, 즉 기업가의 개인적 특성에 초점을 두었다. '개인적 특성 분석(trait approach)'으로 불리는 이 관점은 개인이 보유한 정보의 차이보다는 개인 차에 따라 기업가정신이 다르게 나타난다고 인식하기 때문에, 기업가정신의 발현을 효과적으로 설명하기 어렵다(Shane and Ekhardt, 2003: 162). 이에 따라, 기업가정신을 창업이나 기업 경영에 필요한 의사결정의 맥락에서 분석하는 학자들이 늘어나기 시작했다(예를 들어, Schoonhoven and Romanelli, 2001; Acs and Audretsch, 2003; Sorenson and Baum, 2003).[2] 비록 '맥락(context)'이 항상 지리적인 의미로 쓰이지는 않지만 기업가정신과 지역 간의 관계에 대한 연구들은 기업가가 새로운 비즈니스를 주로 자신의 생활터전에서 시작하는 경향이 있다는 점에 주목했다(Birley, 1985; Reynolds, 1991; Stam, 2007). 개인의 특성보다는 지역적 맥락에 초점을 두는 관점은 지역 경제성장의 기초로 기업가정신을 촉진하려는 정책의 가능성을 열어 준다. 이 정책이 실효성을 가지기 위해서는 기업가정신과 지역의 관계에 대한 확고

핵심개념으로 배우는 경제지리학

한 이해가 전제되어야 한다.

경제지리학자들은 기업가정신이 어떻게 지역성장을 추동할 수 있는지에 대해 관심을 가져 왔다. 실질적으로 모든 신생기업들은 소기업이라는 점에서, 경제지리학자들은 종사자 500인 이하의 중소기업에 주로 관심을 두었다. 버치(Birch, 1981)는 미국에서 새롭게 창출된 일자리의 대부분이 중소기업의 고용에 의한 것임을 처음으로 밝혔으며, 액스 외(Acs et al., 1999: 11)는 중소기업들이 미국 노동력의 절반 이상을 고용하고 있다고 지적했다. 이들의 연구 결과에 따르면, 1994년의 중소기업은 민간 부문 총 고용의 53%, 총 매출의 47%, 총 부가가치의 51%를 차지했다. 2004년에는 미국에서 500인 이하 규모의 중소기업이 차지하는 비율은 99%를 상회하는 것으로 나타났다. 그리고 이러한 비율은 중소기업들의 지속적인 시장 진입(과 퇴출)을 통해 유지되고 있다(US Census Bureau, 2009). 신생기업의 대다수는 대기업에서 스핀오프(spin-off)된 기업으로, 이 기업가들은 대기업에서의 경험을 활용한다. 이와 같은 스핀오프 과정은 유사하거나 보완적인 경제활동의 집적화에 기여한다 (3.2 산업클러스터 참조).

최근 들어, 기업가정신과 지역의 관계에 대한 연구는 다양한 지리적 스케일에서 이루어지고 있다. GEM(Global Entrepreneurship Monitor)은 1999년 이후 매년 세계 각국의 기업가정신에 대한 자료를 수집하고 있다(자료 수집 대상 국가는 1999년에 10개 국가에서 2006년에는 56개 국가로 증가했다). GEM은 여러 국가 연구들과 특별한 주제를 다루는 연구들(예를 들어, 젠더, 기업가정신)에서, 기업가정신의 국가별 수준, 기업가정신이 국가성장에 미친 영향, 국가 수준의 맥락적 변수와 기업가정신 수준 간의 관계 등을 평가하기 위해 각 국가별로 대표적인 표본 자료를 사용했다. 경제지리학자를 비롯한 다수의 학자들은 GEM의 장기적인 데이터를 활용하여 연구를 수행하였다(예를 들어, Bosma and Schutjens, 2007; 2009). 이 연구들에 따르면, 기업가정신의 수준은 국가별로 현저한 차이가 있으며, 투자회수율, 위험감수 문화, 유망한 기업가의 아이디어와 그 아이디어의 실행과 관련된 규제의 국가별 차이 등이 그러한 결과가 발생한 요인이다. 2008년 기준, 선진국 중에서 기업가정신 수준이 가장 높은 국가는 미국이며, 그다음으로 아이슬란드, 한국, 그리스 순인 것으로 나타났다(Bosma et al., 2009).

경제지리학자들은 창업, 특히 첨단산업 부문의 창업과 관련해서 하위국가 단위의 지리적 측면에 대한 이론화를 주도해 왔다(Malecki, 1994; 1997).**3** 대표적으로 치니츠(Chinitz, 1961)는 경쟁시장을 가진 지역보다 과점이 지배하는 지역에서 기업가정신이 발현되기 어렵다고 주장했다. 최근에 키블과 워커(Keeble and Walker, 1994)는 영국에 대한 사례연구를 바탕으로, 창업에 영향을 미치는 요인으로 소득성장, 인구밀도 등의 수요측면의 변수와 고용 및 업종 구조, 기업 규모, 자본 가용성 등의 공급측면의 변수가 있다고 밝혔다. 또한 기업 규모가 제조업과 서비스업의 창업에 상이한 영향을 미친다고 설명했다. 제조업의 경우에는 지역 내 소기업들의 집적 여부가 중요하지만, 전문 서비스업과 사업 서비스업의 창업성장에는 지역 내 대기업의 존재 여부가 중요하다. 지역 내 창업기업에게 자본과 비즈니스 컨설팅을 제공하는 벤처캐피털의 존재 여부 또한 창업 및 신생 기업의 성공에 영향을 미치는 중요한 요인이다(Zook, 2004). 말레키(Malecki, 1997)는 기존 연구에 대한 고찰을 통해 혁신적인 기업가정신이 발현되는 데 필요한 지역적 요인으로 지역의 이업종(異業種) 간 결합, 산업집적, 숙련 노동력의 존재, 기술과 자본에 대한 접근을 가능하게 만드는 네트워크의 존재 등을 꼽았다.

정량적으로 측정하고 분석하기는 어려우나, 지역문화 또한 기업가정신과 밀접히 관련되어 있는 지리적 측면이라고 할 수 있다(5.1 문화 참조). 캘리포니아주의 실리콘밸리와 매사추세츠주의 루트 128의 사례를 비교연구한 색스니언(Saxenian, 1994)은 비즈니스 관행, 규범, 관심 및 신념 등과 같은 독특한 문화적 특성들의 조합이 실리콘밸리에서 작동하는 기업가정신의 역동성을 유발하는 요인임을 제시했다. 그녀는 특히 사업 실패를 용인하는, 이른바 '위험을 감수하는 문화(risk culture)'는 실리콘밸리의 혁신문화가 구축되는 데 핵심적인 역할을 했다고 밝혔다.**4** 플로라 외(Flora et al., 1997)는 기업가정신을 촉진하는 지리적 조건을 파악하기 위해서 '기업가정신의 사회적 하부구조(ESI: Entrepreneurial Social Infrastructure)' 개념을 제시했고, 기업가정신의 사회적 하부구조가 잘 갖추어진 지역들은 위험 감수와 벤처 창출을 촉진하는 다양한 민간 조직(정부기관보다는)들을 보유하고 있다는 것을 밝혔다. 아오야마(Aoyama, 2009)는 일본의 두 지역에 대한 비교연구를 통해 각 지역에 형성되어 있는 독특한 문화적 유산(특히, 외지인에 대한 개방성)이 어떻게 정보기술 산업 부문의 기업가정신을 만들어 내는지 고찰하였다. 연구 결과, 두 지역 모두 지역문화 형성에는 공식적·비공식적 제도가 크게 기여하는 것으로 나타났으며, 이 지역문화는 기업가정신을 촉진했다(5.3 제도 참조).

사람들은 개인적으로 친숙한 지역에서 사업을 시작하는 경향이 있다는 데에는 학자들 사이에 이견이 없다. 그런데 정작 기업가정신과 지역의 관계를 명시적으로 분석한 경험적 연구는 미흡한 편이다. 이에 대한 연구들은 지역사회와 개인 간의 다면적인 관계가 중요함을 강조하고 있다(Birley, 1985; Reynolds and White, 1997; Kilkenny et al., 1999; Jack and Anderson, 2002; Stam, 2007). 그린바움과 티나(Greenbaum and Tina, 2004)는 미국 다섯 개 대도시지역의 근린 단위(neighbourhood scale)에서 벤처창업에 대한 범죄의 영향을 분석한 연구를 토대로, 창업에 있어서 지역사회의 환경이 중요하다고 강조했다. 이들의 연구에 따르면, 과거에는 범죄율이 낮았던 지역에서 범죄율이 높아지자 창업률이 현저하게 떨어진 반면, 과거부터 범죄율이 높았던 지역에서는 창업률 변화가 거의 없는 것으로 나타났다.

초국적 기업가정신에 대해 고찰한 영(Yeung, 2009)은 환경과 지역 간의 관계에 대해 고찰한 많은 연구들이 평면적 존재론(flat surface ontology)에 근거하고 있음을 비판하고, 네트워크를 통해 유지되는 기업가적 관계에 초점을 둔 관계적 존재론(relational ontology)을 옹호했다. 레이놀즈와 화이트 (Reynolds and White, 1997)는 창업의 주체는 장소가 아니라 사람이며 지역이 아니라는 점에 근거하여 창업에서 개인적 수준과 맥락적 과정 간의 상호작용을 고찰하는 접근법을 옹호했고, 손턴(Thornton, 1999)이나 네이캄프 (nijkamp, 2003) 등과 같이 이러한 관점을 견지한 다수의 후속 연구들이 나타났다. 이러한 관점들은 모두 기업가정신의 연구에 있어 네트워크(networks)의 중요성을 강조했다.

네트워크와 기업가정신

다른 경제 주체와 마찬가지로, 기업가와 잠재적 기업가는 사회·제도적 관계 네트워크의 일부이다. 이러한 관계는 기업가정신을 촉진시킨다. 왜냐하면 이러한 관계는 정보와 자원에 대한 접근 통로 역할을 하며, 신뢰를 기반으로 창업과 경영에서 수반되는 위험을 경감시켜 주는 역할을 하기 때문이다. 개인적 관계의 네트워크는 기업가들에게 때때로 자산이 된다. 즉, 네트워크는 폭넓은 공간 스케일에 걸쳐서 일상생활의 다양한 영역들을 연결하고 확대하는 역할을 한다. 네트워크는 경계를 초월하는 관계적 자산이기 때문에 그 관계는 개인적인 것일 수도 있고 직업적인 것일 수도 있다. 따라서 '비즈니스 관계' 만을 중심으로 네트워크를 고찰하는 것은 다소 추상적일 수 있다. 쇼(Shaw,

1997)는 글래스고에서 그래픽 디자인 회사를 경영하는 기업가들의 네트워크에 대한 조사를 통해, 경영주들은 친구 관계를 맺을 수 있는 사람과 사업하기를 원한다는 것을 밝혔다(5.5 네트워크 참조).

그럼에도 불구하고, 기업가적 네트워크에 대한 연구들은 사업 관계(예를 들어, 고객, 공급자, 하청업체, 법률·회계 기업 등)에 초점을 두었고 개인 간 네트워크보다는 기업 간 네트워크에 초점을 두는 경향이 있었다(예를 들어, Bengtsson and Soderholm, 2002; Schutjens and Stam, 2003; Kenney and Patton, 2005). 이러한 연구들을 통해 갖게 되는 질문은 기업가정신이 어느 정도까지 지역화되었는지를 알기 위한, 기업가적 네트워크의 지리적 범위에 대한 것이다. 스티언스와 스탐(Schutjens and Stam, 2003)은 네덜란드 신생기업들의 비즈니스 네트워크에 대한 연구를 통해, 기업들은 설립 이후부터 지역 외 네트워크의 비중을 줄이고 지역 내 네트워크의 비중을 늘리기 시작하여, 설립 후 3년이 지나면 대부분의 사업 네트워크가 지역 내에서 형성된다고 하였다. 그리고 사업 네트워크에 초점을 두고 있음에도 불구하고 대상 기업들의 1/3만 사회적 관계를 바탕으로 한 것이라고 밝혔다(p.131). 칼란타리디스와 조그라피아(Kalantaridis and Zografia, 2006)는 영국 컴브리아주의 기업 네트워크 관계의 속성, 기간, 위치, 강도 등을 조사하여, 기업가정신이 국지적(로컬) 과정인지 아닌지에 관한 질문의 답은 '국지(local)'라는 용어의 개념 정의에 달려 있다고 하였다. '국지'가 인접지역을 의미한다고 답을 한 경우, 그 지역 출신의 기업가(대부분은 장인 노동자)들은 그들의 인접 지역 내에서 긴밀한 연계관계를 가졌다. 반면에 '국지'가 네트워크 근접성을 의미한다고 답을 한 경우는, 컴브리아를 벗어난 원래 살았던 지역과 강한 연계관계를 가지는 외지 이주민들(대부분은 전문직 및 관리직)이 대부분이었다. 이들뿐 아니라 헤스(Hess, 2004)와 영(Yeung, 2009) 또한 네트워크 뿌리내림은 국지적 범위를 초월해 비국지적 네트워크 관계를 가지는 경향이 크다고 주장했다(5.4 뿌리내림 참조).

네이캄프(Nijkamp, 2003)는 기업가가 성공하기 위해서는 네트워크를 효과적으로 구축·관리해야만 한다고 주장했다. 하지만 기업가적 네트워크와 기업가적 성과의 관계에 대해 고찰한 연구는 극소수에 불과하다. 예외적으로 네트워크가 기업 입지에 미치는 영향에 대한 연구는 일부 존재한다. 팔야레스바베라 외(Pallares-Barbera et al., 2004)는 스페인의 카탈루냐 농촌지역에 대한 사례연구를 통해 기업가들의 오래된 가족관계와 사회적 관계가 어떻게 지역 내 창업과 식품, 섬유, 기계산업 부문 기업들의 집적을 견인한 공간충성도를 창출했는지 고찰하였다. 스탐(Stam, 2007)은 네덜란드에서 빠르게 성장하는 신생 제조업 및 서비스 업체들에 대한 조사를 통해 기업가적 네트워크가 기업 입지에 미친 영향에 대해 고찰하였다. 이 연구에 따르면, 창업 후 5~11년 된 기업의 55%가 입지를 이전했으나, 이들 기업 중 단지 4%가 반경 50km를 넘어선 타 지역으로 이전했다. 즉, 대부분의 기업들은 개인적 네트워크를 유지하기 위해서 50km 떨어진 지역으로 이전하지 않기로 결정했다(p.46). 그러나 창업 후 기간이 지남에 따라, 기업의 입지 이전 요인으로서의 개인적 네트워크의 중요성은 감소하는 것으로 나타났다. 이와는 다른 맥락에서, 머피(Murphy, 2006)는 탄자니아 므완자의 가구산업에 종사하는 기업가들을 대상으로 한 연구를 통해, 기업들은 시장 분할에 기초하여 상이한 입지 전략과 네트워크 전략을 구사한다는 점을 밝혔다. 구체적으로 보면, 저가의 대량생산 기업들은 개인적 네트워크와 신뢰관계에 대한 의존성이 낮고, 접근성과 가시성이 좋은 도시지역에 주로 입지하는 것으로 나타났다. 이에 반해, 고가의 소량 생산 기업들은 핵심 고객과의 신뢰관계에 기초한 개인적 네트워크에 의존하고, 입지 또한 눈에 잘 드러나지 않는 장소를 선호하는 경향이 있는 것으로

핵심개념으로 배우는 경제지리학

나타났다.

지역, 네트워크 그리고 기업가의 사회적 정체성

기업가적 네트워크에 대한 초점은 네트워크가 사람들의 사회적 정체성 속에서 그리고 그것을 통해서 형성되는 실제 현상에 대한 관심을 불러일으켰다. 기업가정신은 노동시장과 마찬가지로 성(性)이나 민족에 따라 분리되기 때문에, 특정 지역 기업가적 네트워크는 성별에 따라, 인종과 민족 집단에 따라 상이하게 작용한다(Blake, 2006; hanson and Blake, 2009)(1.1 노동력 참조). 여성과 이민자 그리고 소수민족은 동일한 집단의 구성원과 네트워크를 가지는 경향이 있고, 주류집단 네트워크(영미권의 경우에는 백인)에 쉽게 편입되지 못한다. 따라서 이들 소수집단 구성원들이 네트워크를 맺는 지역이나 창업 양상은 백인 남성 기업가와는 상이하다.

예를 들면 미국의 경우에는 소수민족 및 이민자 인구와 관련하여 구축되어 온 제도구조로 인해, 미국의 도시들에서 특정 민족 집단의 인구 비율이 특정 집단의 사업체 소유 비율에 영향을 미친다(Wang and Li, 2007). 1970~1980년대에 많은 사회학자들은 미국 도시 소수민족 기업(ethnic firms)의 공간적 집적 현상에 대해 주로 고찰했다(예를 들어, Waldinger et al., 1990). 그러나 조우(Zhou, 1998)는 로스앤젤레스의 중국계 생산자서비스에 대한 연구를 통해, 모든 중국계 기업들이 소수민족 집단주거지(ethnic enclave)에 집적하는 것은 아니라고 결론 내렸다. 즉, 기업 소유주의 민족적 정체성뿐만 아니라 산업 부문도 기업의 입지에 영향을 미친다는 사실을 밝혔다. 이와 유사한 맥락의 연구로는 민족적 뿌리내림에 기초한 기업가적 네트워크가 인도네시아 기업가들의 비즈니스 선택에 영향을 미친다는 연구(Turner, 2007)와 민족적 뿌리내림에 기초한 기업가적 네트워크가 베냉(Benin)의 여성 사업가들의 기업가적 관행, 특히 그들의 이동성에 영향을 미친다는 연구(Mandel, 2004)를 들 수 있다.

요점

- 기업가정신은 혁신과 지역성장 그리고 경제변화의 핵심 요소로 간주된다. 기업가정신에 대한 정의는 크게 두 가지로 구분된다. 그중 하나의 관점은 모든 형태의 창업을 기업가정신의 결과로 바라보며, 다른 하나의 관점은 기업가정신을 급속히 성장하는 혁신적 기업에만 국한해서 바라본다.
- 경제지리학자들은 기업가정신과 지역의 관계에 대해 관심을 두고 있으며, 기업가적 활동과 관련해서 나타나는 지리적 특성을 강조한다. 숙련 노동력의 가용성, 지역산업 및 직업 구조(특히 기업 규모의 관련해서), 지역문화 등이 기업가정신의 결과에 영향을 미친다.
- 기업가적 네트워크는 기업가정신의 과정에 핵심적인 역할을 하기도 한다. 기업가적 네트워크의 특성과 지리적 범위는 기업 입지에 영향을 미치며, 기업가의 성공에도 영향을 미친다. 네트워크의 형태와 기능은 집단의 특성에 따라 다르기 때문에, 기업가정신에 대한 연구는 민족 집단 네트워크와 젠더 네트워크의 역할에 대해 관심을 두고 있다.

더 읽을 거리

- 손턴과 플린(Thornton and Flynn, 2003)은 기업가적 네트워크와 지역에 대해 고찰하였다. 왕(Wang, 2009)은 미국의 대도시 지역에서 지역맥락적 요인들이 특정 민족 집단 및 젠더 집단의 자영업 창업률에 어떠한 영향을 미치는지에 대해 연구하였다. 초국적 기업가 네트워크의 구조와 그 영향에 대해서는 색스니언(Saxenian, 2006)을 참조하라. 데소토(de Soto, 1989)는 페루에서의 기업가정신에 대해 논하였다.

주석

1. 실질적으로 모든 신생 기업들은 역동적이라는 점에서, '역동적'이라는 의미를 명확하게 정의하여야 한다.

핵심개념으로 배우는 경제지리학

2. 기업가정신을 연구하는 학자들 가운데 비지리학자들은 '맥락'을 지역이 아닌 산업적, 부문적 혹은 시간적 맥락의 의미로 주로 사용한다.

3. 네이캄프(Nijkamp, 2003)가 지적했다시피, 기업가정신과 지역에 관한 연구들은 신생기업의 설립에 대해서만 강조하고 있을 뿐, 기업 설립 이후에 존립 및 성장을 가능하게 하는 시공간적 과정에 대해서는 간과하고 있다.

4. 최근에 색스니언(Saxenian, 2006)은 미국의 중국계 이민자와 인도계 이민자들이 귀국해서 창업하면서 실리콘밸리의 '기업가정신' 문화를 어떻게 효과적으로 전파했는지를 분석했다.

2.3 접근성

일반적으로, 접근성(accessibility)은 목적지 도달의 용이성으로 정의된다. 이 용어는 병원, 학교, 상점, 직장 등 사람들이 가고자 하는 지역에 대한 접근 용이성으로 사용된다. 또한 접근성은 사람들이 한 지역에서 다른 지역으로 가고자 할 때 어떻게 가야 하는지를 설명하기 위한 거리의 척도로도 사용될 수 있다. 경제지리학이 학문으로 성립되기 시작한 초기에는 정주체계의 공간조직(Christaller, 1966)과 산업입지(Weber, 1929)를 구성하는 핵심 개념의 하나인 단순한 거리로 접근성을 개념화하였다. 하지만 접근성은 상호작용을 촉진시키는 교통·통신 네트워크에 따라 달라지기도 한다.

경제변화의 견인차이자 그 결과로서, 접근성은 기업, 주거지, 그리고 산업의 입지뿐만 아니라 사회경제 발전에 있어서도 중요하다. 접근성이 열악하면 사람이든 지역이든 생존하기 어렵고 발전할 수도 없다. 도시를 마비시키는 눈보라와 태풍이 우리의 일상생활에 어떠한 영향을 미치는지 이해한다면, 접근성이 사회경제적 삶에 얼마나 중요한 영향을 미치는지를 잘 알 수 있다. 접근성이 없다면 생산활동은 물론이고 소비활동도 불가능하다. 따라서 접근성은 경제지리학에 있어서 '지리'의 핵심 개념이라 할 수 있다.

접근성과 이동성에 대한 연구는 경제지리학의 인접 학문인 교통지리학의 핵심 과제이다(예를 들어, Leinbach and Bowen, 2004; Aoyama and Ratick, 2007). 게다가 경제지리학자들의 연구는 사회학에서 관심을 가지는 접근성의 사회적 측면에 대한 연구와도 연관되는 부분이 있다(예를 들어, Cass et al., 2005). 더욱이 몇몇의 경제지리학자들은 접근성 연구에서, 접근성을 이해하는 데 질적분석을 보다 많이 사용하는 방법론적 변화에 주목하고 있다(Goetz, 2009). 접근성에 대한 경제지리학자들의 관점은 지난 50년간 크게 변

핵심개념으로 배우는 경제지리학

화했다. 즉, 과거에는 접근성을 주로 단순한 물리적 거리와 이동성을 통해 그 거리를 극복할 수 있는 능력으로 이해했다. 하지만 최근에는 정보, 지식, 사람 간을 연결하는 능력의 관점에서 이해하고 있다. 이에 따라 접근성에 있어서 거리의 중요성은 당연한 것이 아니라 최근 연구의 초점이 되고 있다.

접근성과 이동성

전통적으로, 접근성은 이동성(mobility)과 밀접하게 관련되어 있지만 다른 의미를 가지고 있다. 접근성이 목적지 도달의 용이성을 의미한다면, 이동성은 장소 간 이동 능력을 의미한다. 접근성은 집, 직장, 가게, 학교 등과 같은 활동 장소의 공간적 배치와 밀접하게 관련되어 있다면, 이동성은 도보, 자전거, 말, 자동차, 버스, 지하철, 비행기 등의 어떠한 교통수단을 이용하든 이들 장소 간의 이동 능력에 의존한다. 또 다른 측면에서는 이동성은 출발지와 목적지를 분리하는 거리마찰을 극복하기 위해 에너지를 요구한다. 인터넷은 접근성과 이동성의 관계를 근본적으로 변화시켰다.

전자통신이 등장하기 전에는, 접근성은 도보나 그 외 교통수단을 이동하든 지 간에 두 지역 간의 이동 능력에 달려 있었다. 우리는 물리적으로 이동하지 않고 멀리 떨어져 있는 치과나 도서관 서비스를 이용할 수 없었다. 명백히 토지이용 패턴은 이러한 종류의 접근에 영향을 미친다. 만약 학교 외에 의료서비스나 도서관서비스, 직장, 공원, 가게 등이 집에서 걸어서 갈 수 있는 곳에 있다면, 우리는 이동을 위해 들이는 시간과 비용을 낭비하지 않고 일상생활에 있어서 좋은 접근성을 향유할 수 있다. 하지만 많은 미국의 주거지에서 가장 가까운 식료품가게나 우체국에 가기 위해서는 수 마일을 이동해야 하듯이, 상이한 토지이용이 서로 근접해서 입지하지 않는다면, 주로 자동차를 이용한 상당한 이동성이 요구된다.

이동성이 점차 커지면서 접근성도 높아지고 있다. 미국에서 승용차의 연평균 주행거리는 점진적으로 증가했는데, 2005년의 연평균 주행거리는 1970년의 연평균 주행거리보다 2.5배 증가했다(Transportation Research Board, 2009). 세계적으로도 연평균 주행거리는 1960년부터 1990년까지 4배 이상 증가했고, 2050년까지 또다시 4배 증가할 것으로 전망된다(Schafer and Victor, 2000). 세계 곳곳에서 자동차의 보급에 따른 이동성의 증가로 인해 접근성 또한 높아졌다. 그러한 이동성은 석유에 의존하고 있고 온실가스 배출에 영향을 미치기 때문에, 접근성과 이동성 간의 관계에 대한 학문적 및 정책적 관심이 높아지고 있다. 경제지리학 및 도시계획학에서 오랫동안 관심을 가져온 주제는 이동성을 증가시키지 않으면서 접근성을 높이는 방법에 관한 것이다. 그러한 방법 중의 하나로 제시된 것이 취락의 밀도와 토지이용 패턴을 변화시키는 것이다(Transportation Research Board, 2009).

다양한 유형의 전자통신, 특히 인터넷의 이용은 이동성을 증가시키지 않고 접근성을 최소화하는 방법이다. 하지만, 인터넷을 통해 접근성을 높이는 방법은 재화와 서비스의 유형에 따라 달라진다. 예를 들어, 대부분의 도서관 서비스는 인터넷을 통해서 접근 가능한 반면, 이빨을 뽑는 의료서비스를 위해서는 아직도 치과병원을 방문해야만 한다. 케언크로스(Cairncross, 2001)는 '거리의 종말', 즉 전자통신 기술의 발달에 따라 거리마찰이 극복되고, 그 결과 물리적 이동의 필요성이 감소했다는 주장을 했다. 하지만 위에서 언급된 자료들에 따르면 이동성이 급격히 향상되고 있음에도 불구하고 거리가 소멸되었다고 말하기는 어렵다. 이동성을 수반하는 접근성(accessibility with mobility)과 이동성을 수반하지 않는 접근성(accessibility without mobility) 간의 관계는 급속히 변화하고 있다. 이 주제에 대한 학문적 관심 또한 고조되고 있으며, 이에 대해서는 다음 절에서 논의될 것이다.

경제지리학자들은 접근성이 단순히 거리극복 능력 이상의 의미를 내포하고 있다는 사실에 주목하고 있다. 예를 들면, 언어장벽, 교육, 문화, 법률 등이 접근성을 제약하는 요인으로 작용한다. 다음은 1) 접근성 측정 방법, 2) 접근성에 있어서 네트워크의 역할, 3) 이동성과 고용 접근성, 4) 사이버 접근성과 실질 접근성 간의 상호작용에 대해 논의하고자 한다.

접근성 측정 방법

접근성을 측정하는 대부분의 방법들은 접근성 향상을 위해서 이동성 강화가 수반되어야 한다고 가정하고 있으며, 접근성을 높이기 위해 수반되는 시간과 비용에 초점을 둔다. 사람과 장소의 접근성 수준을 측정하는 방법은 둘 다 지도를 가지고 시작한다는 점에서 유사하다. 즉, 사람과 공간의 접근성 측면에 있어서는 경관상의 인간활동의 공간적 배치가 중심적 역할을 한다. 어떤 사람이 병원을 찾는다는 가정하에 사람의 접근성 측정 방법은 일반적으로 의료시설과 같은 한 가지 목적지에 초점을 두고 출발지인 집과의 거리가 상이한 다양한 시설을 고려해서 가장 가까운 시설을 선택하는 것이다. 이를 수식으로 표현하면 다음과 같다.

$$A_i = \sum_j O_j \, d_{ij}^{-b} \tag{1}$$

A_i는 사람 i의 접근성이고, O_j는 사람 i의 집으로부터 거리 j 사이에 존재하는 기회의 수(즉, 병원의 수)이며, d_{ij}는 i와 j 사이의 거리 지표(예를 들어, 거리는 km, 교통비는 달러, 소요시간은 분으로 측정)를 의미한다. 음의 지수 b의 크기는 특정한 시간과 장소에서 나타나는 접근성의 제약을 나타낸다. 만약 b

의 값이 커지면 교통비는 증가하게 된다. 이 방정식은 병원의 규모에 따라 달라질 수 있다. 그것은 같은 거리에 있더라도 규모가 큰 병원이 보다 많은 의료 서비스를 제공하기 때문에 더 많은 고객을 끌 수 있는 가능성을 반영한다.

이 방정식은 다양한 지역 혹은 장소 간의 상대적인 접근성 수준을 파악하기 위해서 국가 혹은 센서스 단위지역과 같은 지역들의 집계 자료를 활용하여 변형·적용할 수 있다. 이 경우, A_i는 센서스 표준지역 i의 접근성이고, O_j는 지역 i에 있는 병원과 같은 기회 수, d_{ij}는 i와 j 사이의 거리 단위를 의미한다. 개인 혹은 지역을 막론하고 이러한 접근성 측정 방법은 특정 입지로부터 다양한 거리에 존재하는 기회의 수를 총합하여 접근성을 측정하는 지표 중 하나에 불과하다는 점을 인식해야 한다.

여기에서 언급한 바와 같이 접근성 측정 방법은 오랫동안 주로 지역 간의 접근성 측정에 보편적으로 사용되어 온 방법이기는 하다(Black and Conroy, 1977). 그러나 사람과 사람 간의 접근성을 측정하는 데에는 한계가 있다. 때때로 기회의 특성을 나타내는 자료가 적절하지 않은 경우가 있다. 예를 들어, 고용 기회에 대한 접근성을 측정한다고 하자. 그렇다면 방정식에는 개인별 숙련도 수준을 나타내는 자료가 사용되어야 하나, 이에 대한 상세한 정보를 이용할 수 없다. 특정 지점의 입지 자료와 교통망의 상세한 거리 자료와 같은 자세한 자료를 이용할 수 있더라도, 이러한 방법으로는 하나의 특정 출발지로부터의 접근성만을 포착할 수 있다. 그러나 사람들은 하루 동안 여러 곳으로 이동해서, 기회에 대한 접근은 사람들이 어떻게 이동하느냐에 따라 바뀐다. 특히나 쇼핑같이 비경제활동에 대한 접근을 측정할 때 이러한 점이 현저히 드러난다. 콴(Kwan, 1999)은 이러한 다중 목적지에 대한 접근성과 하루 동안의 장소 이동, 이동시간 등을 측정하기 위해 네트워크 기반 GIS 분석 기법을 사용하였다. 이러한 분석 기법은 개인의 접근성을 측정하는 보다 현실적인 방법이다.

교통 네트워크와 접근성

네트워크상에서의 이동은 비네트워크 이동에 비해 쉽기 때문에, 네트워크는 접근성에 중요한 영향을 미치고, 이동비용에 영향을 미치는 네트워크의 변화는 경제활동 입지에 영향을 미친다. 예를 들어 개리슨 외(Garrison et al., 1959)의 초기 연구에 의하면, 워싱턴 주 서부의 고속도로가 확충되면서 접근성이 향상되어 이동비용이 감소했고, 그로 인해 교통 네트워크상에 위치하는 대도시는 성장한 반면에 소도시들은 쇠퇴하였다. 물론 교통 네트워크의 발달이 접근성을 오히려 떨어뜨리는 경우도 있다(예를 들어, 교통체증, 홍수나 테러리스트의 공격에 의한 교량 및 터널의 파괴, 항공 서비스의 중단). 접근성에 의한 경제 성장 및 쇠퇴는 네트워크 조건과 주어진 네트워크 내에 있는 개인이나 장소의 입지와도 밀접하게 관련되어 있다.

하나의 네트워크상의 특정 결절(도시나 소도읍)의 접근성의 총합은 그곳의 경제활동량을 예측할 수 있는 좋은 지표이다. 이러한 이유로 철도망, 주 간 고속도로시스템, 항공 허브-스포크시스템, 인터넷망 등의 구축에 관한 의사결정은 그에 따른 지역경제의 파급효과가 매우 크기 때문에 뜨거운 감자로 부각되곤 한다.

네트워크가 확대되고 개선됨(예를 들어, 2차선 도로를 4차선 고속도로로 대체)에 따라, 사람들은 같은 시간에 더 멀리 여행할 수 있게 되었다. 이에 따라 지역 간 연결성이 강화되어 소위 시공간 수렴을 야기했다(Janelle, 2004). 글로벌 스케일에서, 이동비용의 감소는 국제무역의 확대를 견인했고 예를 들면, 중국 수출산업의 성공을 뒷받침했다. 유가 상승에 따라, 가구, 철강 등과 같이 운송비의 비중이 큰 제품산업의 입지가 시장에 가까운 지역으로 이동함에 따라 제조업의 경제지리는 변화하고 있다(3.1 산업입지 참조).

교통 네트워크에 의해 부여된 물리적 접근성은 제조업의 입지 요인으로 여전히 중요하지만, 전자통신망이 발달함에 따라 서비스업 등의 기타 경제활동의 입지에서는 그 중요성이 떨어진다. 그러나 사이버 거래를 비롯한 그 어떠한 형태의 상호작용이라 하더라도 네트워크 연결성은 여전히 중요하다.

접근성과 불평등: 일상 통근

공간적 과정상의 대한 불균등의 관계는 경제지리학의 오랜 관심사로(도입 참조), 주거입지와 고용입지, 일상 통근을 통한 직장과의 접근성 간의 상호관련성에 대한 연구 중심이었다. 그간의 많은 연구들은 노동자의 특성에 따라 통근시간과 거리에 대한 수용력이 달라질 수 있음을 보여 주었다. 소득, 고용형태(풀타임 고용 혹은 파트타임 고용), 성(gender) 등이 통근시간과 통근거리에 영향을 미치는데, 소득 수준이 상대적으로 높은 풀타임 노동자와 남성은 소득 수준이 상대적으로 낮은 파트타임 노동자나 여성에 비해 통근시간 및 거리가 긴 것으로 나타났다(예를 들어, Madden, 1981; Hanson and Johnston, 1985; Blumen and Kellerman, 1990; Crane, 2007). 결혼 상태는 남성과 여성의 통근 패턴에 상이한 영향을 미치는데, 결혼은 여성의 통근시간과 거리를 단축시키는 반면, 남성의 통근시간과 거리는 증가시키는 것으로 나타났다(예를 들어, Song Lee and McDonald, 2003; Crane, 2007). 비슷한 맥락에서, 노인이나 아동을 돌봐야 하는 경우에는 통근시간과 거리가 줄어드는 것으로 나타났다(Song Lee and McDonald, 2003).

이러한 연구에서는 통근시간과 거리를 어떤 지역의 노동자의 일자리 탐색 및 고용 기회에의 접근 가능성을 판단하기 위한 지표로 간주한다. 즉, 통근시간과 이동거리가 짧은 소도시에서는 구직자가 찾을 수 있는 일자리의 수가 상대적으로 적을 수 있는 가능성이 크다. 그러나 이러한 연구들은 센서스 자료와 같은 대량의 2차 자료에만 의존하였기 때문에, 사람들의 통근시간과 이동거리가 개인적인 선택의 결과인지 구조적 제약의 결과인지 파악하지 못한다. 따라서 이러한 정보의 부족으로 인해서 통근거리와 시간에 대해서 해석하기 어려우며, 그것이 선택에 의한 것인지 아니면 제약에 의한 것인지를 고찰하는 것이 경제지리학의 주요 과제이다.

장거리 통근을 어떻게 해석할 것인가에 대한 문제(즉, 광범위한 고용 선택에 대한 접근 지표로 볼 것인지 혹은 불충분한 접근을 보여 주는 부담으로 볼 것인지)는 인종과 민족이 고용에 대한 접근에 미치는 영향을 평가할 때 특히 중요하다. 경제학자 존 케인(Kain, 1968)은 초기 연구에서, 미국에서 교외화가 시작되던 시기의 제조업 입지와 당시 대다수가 중심도시에 살았던 아프리카계 미국인 남성 제조업 노동자의 거주지 간의 공간적 부조화를 규명한 바 있다. 교외 주택 시장에서의 인종 차별은 이들이 교외지역으로 이주하는 것을 막았으며, 교외지역 노동자들이 중심도시로 이동할 수 있게 하는 대중교통체계는 중심도시에 살며 자가용을 보유하지 못한 실업자들의 이동 수요를 충족시키지는 못했다. 중심도시에 거주하는 이 노동자들은 교외지역의 공장에서 일자리를 가지더라도 원거리 통근을 감내해야 했다. 케인의 연구는 주거입지와 주거이동성(의 제약)이 소수민족의 일자리에 대한 접근성을 제약하는 요소라는 점을 강조한다.

케인의 연구가 발표된 이후, 여러 경제지리학자들이 상대적으로 고정된 주거입지를 가지고 있는 노동자들의 고용에 대한 접근성의 맥락에서 인종과 민족(그리고 성)에 대해 분석했다. 맥클라퍼티와 프레스턴(McLafferty and Preston, 1991)은 뉴욕시에서 서비스직에 종사하는 라틴계 및 아프리카계 미국인 여성들이 남자친구 또는 남편과 같은 거리를 통근하며, 백인 여성보다 훨씬 먼 거리를 통근한다는 사실을 발견했다. 이러한 연구 결과는 여성의 통근거리가 남성보다 짧다는 기존의 백인 중심 연구들과 비교된다(예를 들어, Hanson and Johnston, 1985; Crane, 2007). 존스턴-아뉴모노(Johnston-Anumonwo, 1997)에 따르면, 뉴욕주 버펄로시에서 저임금 일자리에 종사하는 아프리카계 미국 여성들은 다른 인종 및 젠더 집단과는 달리 통근거리가 짧은 경우와 통근거리가 먼 경우가 공존했다. 중심도시에서 교외지역으로 장거리 통근을 하는 여성들은 저임금 직장을 위해 장거리 통근을 기꺼이 감수했다. 이러한 사례를 통해 보았을 때, 장거리 통근이 좋은 일자리에 대한 접근을 의미하는 지표라고 간주하기는 어렵다.

팍스(Parks, 2004a)는 로스앤젤레스의 미국 태생 흑인 여성과 이민자 여성에 대한 연구를 통해, 일자리에 대한 높은 공간적 접근성은 미국 태생 흑인과 일부 이민자 집단들의 실업률을 낮추는 효과가 있다는 사실을 규명했다. 그녀의 또 다른 연구(2004b)는 특정 국가 출신의 이민자들이 같은 국가 출신의 이민자들을 대상으로 하는 직업에 종사하는 경향이 있으며, 이는 공간적 접근성과 관계가 있음을 밝혔다. 이 연구에 따르면, 소수민족 집단 거주지에 거주하는 것은 민족 특수적 직업에 종사하는 것과 관련되어 있으며, 이민자 여성은 이민자 남성에 비해 민족 특수적 산업에 종사할 가능성이 높다. 즉, 이들은 보다 높은 수준의 노동시장 분리(segregation)를 경험한다. 이 연구 결과는 여성이 남성에 비해 민족적 네트워크를 통해 일자리를 찾는 경향이 강하다는 점을 시사한다. 구직 및 노동시장 분리의 형성과 지속에 있어서 네트워크의 역할에 대한 그 외의 연구로는 Hanson and Pratt(1991), Hilbert(1999), Wright and Ellis(2000) 등이 있다(5.5 네트워크 참조).

노동자의 이동성에 대한 이상의 연구들은 (많은 노동자들이 고도로 제한되어 있는) 주거입지와 (시간, 돈, 이동수단, 사용가능한 시설 등에 의해 제약받는) 통근에 관한 노동자들의 의사결정이 이들의 고용에 대한 접근에 어떻게 영향을 미치는지를 보여 준다. 인터넷에 대한 접근은 보다 평등한 고용에 대한 접근 기회의 불균등을 해소해 줄 수 있을까?

사이버 접근성과 실제 접근성 간의 상호작용

인터넷과 같은 전자통신 수단은 진정으로 거리마찰을 소멸시키고 물리적 이동성이 사라지게 할 수 있을까? 인터넷을 통한 접근은 이동을 통한 접근을 대체할 것인가? 초고속 정보기술의 출현은 장거리 조정을 가능하게 하고, 이를 통해 효율성을 증대함으로써 많은 경제활동 조직을 변화시켰다. 콜센터, 백오피스, 컴퓨터 프로그래밍과 같은 일부 경제활동의 국제화가 산업입지에 있어 일정 수준의 공간적 근접성을 요구하는 물리적 접근성의 필요성을 감소시키고 있다는 주장이 제기되었다(Malecki and Moriset, 2008).[1]

그러나 일부 학자들은 인터넷의 시대에서도 여전히 물리적 근접성이 중요하다고 주장한다. 예를 들어, 재택근무가 일상 통근의 비중을 크게 감소시킬 것이라는 주장은 아직까지 증명되지 않고 있다. 사실, 대부분의 연구들은 IT의 이용이 물리적 이동성을 대체하기보다는 보완하는 쪽에 가깝고, 어떤 경우에는 물리적 이동성을 증가시키기도 한다고 본다(Mokhtarian and Meen-akshisundaram, 1999; Mokhtarian, 2003; Janelle, 2004). IT가 이동성을 대체할 경우(예를 들어, 도서관을 가는 대신에 인터넷을 이용하거나 미팅을 하는 대신에 이메일을 이용하는 경우) 개인의 이동성에 대한 시공간 제약은 완화될 수 있다(Kwan and Weber, 2003). 그러나 콴과 베버(Kwan and Weber, 2003)는 사람마다 IT에 접근하는 시간과 IT를 이용하는 시간이 다르며, IT를 이용하기 위해 사용되는 시간은 다른 활동을 위해 사용할 수 없다는 점을 지적했다.

사이버 접근성과 실제 접근성 간의 상호작용에 관한 또 다른 연구로는 기업 내 및 기업 간의 대인관계의 다양한 양식에 대한 분석을 들 수 있다. 쿡 외(Cook et al., 2007)는 런던의 금융 서비스산업에 대한 최근의 연구를 통해, 대면접촉은 중요한 상호작용 양식으로 여전히 선호되고 있으며, 이메일이나 화상회의는 대면접촉을 보완하는 수단이지 대체하는 수단은 아님을 밝혔다. 지식집약적 산업의 노동자들에게 있어서 이동성은 일자리에 접근하기 위해서 여전히 중요하다.

그러나 일부 비즈니스 거래에서 (보통 대면접촉을 통해) 일단 신뢰가 조성되면, 관계적 근접성(relational proximity)은 공간적 접근성보다 중요해진다(5.5 네트워크 참조). 관계적 근접성은 대인관계의 질과 행위 주체들 간에 형성된 신뢰의 수준으로 정의된다(Bathelt, 2006; Murphy, 2006). 이러한 관점에서, 접근성을 제약하는 장벽은 공간적인 것이라기보다는 관계적인 것이라고 할 수 있다. 인터넷을 통한 접근은 행위 주체들이 긴밀한 상호작용을 통해 신뢰관계를 형성한 경우에는 대면접촉을 대체하는 수단이 될 수 있다.

관계적 근접성의 개념은 접근성에 영향을 미치는 물리적 거리보다 더 많은 요소를 강조한다. 첫째, 고용 접근의 불균등 사례에서 밝혔듯이, 지도 이면에 있는 많은 요소들이 개인의 이동성에 영향을 미친다. 그 예로는 자동차 소유 여부, 지역 방언과의 친숙성, 부양가족 수 등이 있다. 둘째, 경제지리학자들은 오래전부터 접근은 물리적 접근성 그 이상의 용인에 의존한다는 것을 인정했다(Woman and Geography Study Group, 1984). 예를 들어 어떤 사람은 물리적으로 클럽과 같은 장소에 갈 수 있는 시간이 있더라도, 연령, 성, 인종, 소득 등의 요인에 의해 입장이 거부될 수 있다. 미국에서 건강보험 미가입자들은 지불능력에 따라 병원 접근이 제한된다. 셋째, 비록 인터넷이 수많은 사람

핵심개념으로 배우는 경제지리학

들이 이용하는 접근수단이긴 하나, IT 기기에 대한 접근과 IT 이용능력은 정보격차로 알려진 것처럼 사람과 지역에 따라 매우 불균등하게 나타난다. 와프(Warf, 2001)는 세계적 및 지역적 스케일에서 나타나는 정보격차의 규모에 대해 고찰한 반면, 길버트(Gilbert et al., 2008)는 보다 미시적인 스케일에서 일어나는 정보격차의 성격과 범위에 대해 설명하고 있다. 1장 3절의 국가와 4장 4절의 글로벌 가치사슬에서도 언급되고 있듯이, 교역에 대한 제도적 장벽은 물리적 접근과 사이버 접근을 막론하고 접근을 저해한다. 이러한 비공간적 요인들과 IT의 이용을 접근성의 측정 수단으로 어떻게 잘 통합할 것인가는 경제지리학자들에게 남겨진 중요한 과제이다.

요점

- 접근성은 목적지 도달의 용이성을 의미한다. 지난 수십 년 동안 경제지리학자들은 사람과 지역을 분리하는 거리의 측면에서만 접근성 문제를 바라보았으나, 최근에는 정보와 지식 그리고 사람을 연결할 수 있는 능력의 측면에서 바라보기 시작했다.
- 접근성은 지역성장과 개인의 구직능력 등과 같은 경제적 과정의 핵심 추동력이다.
- IT가 등장하기 전까지, 접근성은 어떠한 형태로든 물리적 이동성을 수반해야 했다. 오늘날 경제지리학자들은 이동성을 포함한 접근성과 이동성을 포함하지 않는 접근성(IT를 통한 접근) 간의 관계변화를 고찰하는 데 초점을 두고 있다. 또한, 경제지리학자들은 관계적 접근성(신뢰에 기초한 접근성)과 공간적 근접성 간의 관계에 대해서도 관심을 가지고 있다. 언어, 인종, 법적 제약 등과 같은 문화적 및 제도적 요인들 또한 접근성에 영향을 미친다.

더 읽을 거리

- 아오야마 외(Aoyama et al., 2006)는 물류산업을 사례로 사이버 접근성과 현실에 기반을 둔 접근성 간의 관계에 대해 고찰했으며, 쉬와넨과 콴(Schwanen and Kwan, 2008)은 개인의 일상적 이동의 맥락에서 분석했다. 말레키와 웨이(Malecki and Wei, 2009)는 해저 케이블의 새로운 지리학과 그 안에서의 접근성의 의미에 대해 논의했

다. 교통연구위원회(Transportation Research Board, 2009)는 미국의 에너지 소비 측면에서 접근성과 토지이용에 대한 연구동향을 비판적으로 고찰했다.

주석

1. 그러나 말레키와 모리셋(Malecki and Moriset, 2008)은 의류 제조업과 같은 몇몇 성숙 산업에 서도 공간적 근접성은 여전히 중요한 역할을 한다는 점을 강조했다.

제3장

경제변화에 있어서 산업과 지역

지역의 경제상황들은 왜 서로 다르고, 그런 차이는 왜 생겼는가? 제3장에서는 경제변화에서 산업과 지역의 역할을 이해하는 데 필요한 핵심 개념 네 가지를 다룬다. 경제의 공간적 변이의 원천을 설명하는 일은 오래전부터 경제지리학자들이 해 오던 것으로, 보이지 않는 시장의 논리가 어떻게 경제경관에서 나타나는지를 밝히려는 다양한 이론들이 있었다.

산업입지 절에서는 경제지리학의 '아버지'라고 할 수 있는 19세기 학자들의 업적을 다룰 것이다. 초기의 입지 모델들은 엄격한, 그래서 비현실적인 가정들에 기반을 두었는데, 그러다 보니 점차 경제지리학 개론 강의에서 경시되는 경향이 있다. 그러나 경제지리학에 대해서 조금이라도 알려고 하는 모든 학생은 적어도 이 장에서 다루는 산업입지론은 경제지리학의 기본에 해당하는 것이므로 알아 두어야하지 않을까 한다. 더욱이, 고전 산업입지론의 기본 논리와 원리는 여전히 유효하다. 실제로, 자신들을 지역과학자(regional scientist)라고 여기는 경제지리학자들은 그러한 전통을 여전히 유지하고 있으며, 고급 컴퓨터 기술을 이용하여 점점 더 정교한 모델들을 발전시키고 있다. 반면에 그 외의 다른 경제지리학자들은 더 정량화하기 어려운 문화적, 사회적, 제도적 요인들로 전환하고 있다(제5장 경제변화의 사회문화적 맥락 참조).

산업클러스터는 최근 학자들은 물론이고 정책입안자들 사이에서 인기 있는 주제이지만, 여기에서는 이 개념의 역사적 근원까지 다루고자 한다. 산업집적을 이해하는 데 있어서 반드시 알아야 하는 경제적 개념, 집적으로부터 오는 이익과 비용 그리고 이 개념이 정책에 적용되어 온 과정을 함께 논의할 것이다. 또한 글로벌화의 원심력에도 불구하고 집적이 사라지지 않는 이유와 집적과 글로벌화라는 동시적 과정을 설명하는 이론적 틀을 경제지리학자들이 어떻게 정립해 왔는가에 대해서도 설명할 것이다.

지역격차(regional disparity)는 정책적으로는 오래된 주제이지만, 여전히 학문으로서의 경제지리학의 중심적인 동기이다. 부의 공간 분포는 왜 불균등한가, 또 왜 이러한 불균등은 지속되는가? 도시와 도시 경제가 어떻게 유지되고 그 배후지로부터 지원받는가를 이해하는 데 있어서 지역은 중요한 분석 단위이다. 한 나라의 지역 불균형 성장은 경제적 비효율성의 지표(자원의 저활용)로 이해되거나 사회적 부정의로 여겨졌다. 지역격차의 의미를 둘러싸고 이념적 논쟁이 이루어지기도 했다. 어떤 학자는 격차를 균형으로 가기 전에 일시적으로 존재하는 상황이라고 보기도 했으며, 다른 학자는 시장 힘으로 자연스럽게 생긴 영구적이고 누적적인 결과로 보기도 했다. 이러한 논쟁은 세계의 여러 지역에서 지역개발정책을 시행할 때 중요한 영향을 미쳤다.

전반부의 세 절과 달리, 4절의 포스트포디즘은 1970년대에 생겨난 비교적 새로운 개념이다. 산업조직론, 즉 기업과 산업이 어떻게 조직되어야 생산성이 올라가는가에 관한 논의는 1960년대부터 시작되었는데, 이 시기는 미국의 산업 생산성이 떨어지고 있을 때이다. 20세기 대부분을 풍미한 미국의 과학적 관리론은 그때부터 점차 힘을 잃기 시작했다. 1970년대 경제위기의 근원을 검토하는 과정에서, 경제지리학자들은 점차 테일러리즘, 포디즘, 포스트포디즘과 같은 복잡한 산업체제 개념들에 빠져들었다. 나아가 노동자들은 자신들의 지위를 위협하는 기술의 변화와 수치제어기계의 등장을 지켜봐야만 했다. 4절에서는 자동차산업을 사례로 지배적인 산업조직 형태의 역사적 궤적을 살펴보고자 한다.

3.1 산업입지

초기 입지이론은 주로 19세기 독일에서 만들어졌는데, 경제지리학을 떠받치는 기둥 중 하나다. 산업입지이론가들은 공간구조 배후의 경제원리를 규정하기 위해 특정 활동이 왜 거기에 입지해 있는가를 설명하는 일반화된 틀을 찾아내려 했다. 그러한 이론들은 경제적 이익(이윤)을 극대화하려는 합리적 행위자('경제인')를 가정하고(1.2 기업 참조), 그들의 결정이 사회나 문화적인 요인에 영향을 받지 않는다고 전제한다. 그러한 모델의 결과는 다소 비현실적이었지만, 그 가정들을 통하여 입지이론들이 운송비와 노동비의 영향을 분리해 낼 수 있었다. 오늘날 산업입지이론의 기본 전제들은 광범위하게 적용 가능하며 공간경제**1**의 구조를 이해하는 데 적절하다. 이 절에서는 초기 입지이론들의 주요 목표와 가정, 그리고 그 이후의 확장까지 검토하고자 한다.

입지지대와 토지이용 분포

초기 산업입지이론은 튀넨(Thünen, 1826)의 이론에 많이 기댔는데, 그의 농업 토지이용 모델에 따르면, 토지이용의 공간적 차이는 시장으로부터의 거리에 의해 설명될 수 있다. 튀넨 모델이 가정하는 것은, 1) 하나의 중심도시(시장)와 그것을 둘러싼 동질적인 농업용 토지로 이루어진 고립된 국가가 있다는 것, 2) 농부들은 동일한 생산비와 시장가격에 직면하는 합리적인 극대 이윤 추구자이며, 3) 운송비는 거리에 비례한다는 것이다. 튀넨은 이 모델을 통해 경제지대(economic rent) 개념(간혹 '입지지대'라고도 함)을 발전시켰는데, 그것은 농부가 한 단위의 토지를 입찰할 수 있는 가장 높은 지대를 말한다(생산비와 운송비는 작물의 시장 판매 수입에서 제외됨). 입찰지대곡선은 시장으로부터의 거리가 특정 토지에서 재배하는 작물의 유형과 집약도를 결정하는 방식을 보여 준다(그림 3.1.1). 어떤 작물이 시장에서 높은 수입을 올리지만 손상되기 쉽다면(그래서 운송비가 더 비싸다면), 입찰지대곡선은 가파르게 될 것이다. 반대로, 어떤 작물이 시장에서는 수입이 낮지만 쉽게 운반할 수 있다면(운송비가 싸다면), 해당 입찰지대곡선은 완만할 것이다. 다양한 작물의 입찰지대곡선을 같은 그래프에 그리면, 가장 높은 입찰가를 제시하는 작물이 시장으로부터의 특정 거리에서 농업용 토지 이용을 지배할 것이다. 튀넨의 모델은 시장이 중심에 있고, 그 중심으로의 접근을 위해 지불하는 입지지대를 갖는 동심원적인 농업 토지이용 패턴을 예측한다. 입찰지대곡선은 또한 '경작의 한계'도 나타내는데, 시장으로부터 거리가 일정선을 넘으면 총운송비가 시장에

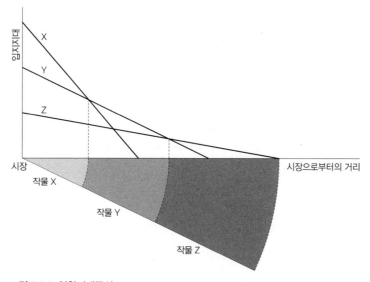

그림 3.1.1 입찰지대곡선

세 작물의 입지지대는 튀넨의 모델로 예측할 수 있다. 작물 X는 손상이 쉬운 작물이고(예를 들어, 토마토), 가파른 입찰지대곡선을 갖는다. 작물 Z는 손상이 어려운 작물로서(예를 들어, 감자) 완만한 입찰지대곡선을 갖는다.

서의 총수입보다 커져서 농부들이 어떤 판매용 작물도 재배할 유인을 갖지 못한다.

입찰지대곡선은 도시 토지이용의 상이한 유형들이 갖는 접근성에 대한 지대 지불 의사를 설명하는 데에도 사용되었는데, 그 지대는 도심에서 가장 높다(Alonso, 1964). 도시의 경우에는 입찰지대의 기울기가 상업적 용도에서 가장 가파르다. 이것은 상업시설이 공업이나 주거 용도의 토지이용보다는 잠재 고객에 대한 접근성에 더 많은 가치를 부여하기 때문이다. 그래서 상업시설이 중심도시에서 최고가 입찰자이며, 그곳의 경관을 지배한다. 그다음이 공업의 입찰지대곡선이고, 주거용 입찰지대곡선은 그다음이 된다. 그 결과 알론소의 모델에서 주거용 토지이용은 도시의 주변 지역에 가장 탁월하게 나타난다.

고전적 산업입지이론

유명한 독일 사회학자 막스 베버(Max Weber)의 동생인 알프레드 베버(Alfred Weber)는 경제지리학에서 일반적 산업입지이론의 아버지로 알려졌다. 베버(1929[1909])의 저술은 최소비용 입지이론의 효시이다. 그의 모델은 최소비용의 생산입지를 밝히는 것을 목표로 한다. 그의 입지이론의 많은 원리들은 오늘날에도 아직 유효하며, 기업의 입지를 폭넓게 설명하기 때문에 그의 업적은 여전히 중요하다.

베버의 산업입지 모델은 제조업체가 원료 산지(R)와 시장(M) 사이 어딘가에 입지한다고 가정한다. 모델은 임금, 원료 운송비, 그리고 제품 운송비를 고려한다. 이때 생산에 필요한 원료(R)는 특정 입지에서만 구득할 수 있으며, 소비의 중심지 또한 정해져 있다. 노동력도 특정한 입지에서만 이용할 수 있고 임금도 일정하다. 이러한 입지에서는 노동의 이동은 없으며 무제한으로 공급된다고 가정한다. 더욱이 생산성은 공간상에서 동일하며 기후, 문화, 정치체제, 경제제도 등 생산성에 영향을 미치는 다른 요인들도 일정하다고 가정한다. 자본, 지대, 설비비용 역시 공간상에서 동일하며 운송비는 거리에 비례한다고 가정한다.

그러므로 최소비용 입지는 인건비가 낮은 입지뿐만 아니라 완제품 대 비원료의 운송비(무게와 손상가능성에 의해 결정됨)를 계산하여 찾을 수 있다. 베버 모델에 의하면, 벌목과 광업 같은 채취 산업(extractive industries)은 초기 공정에서 최대의 중량 손실이 발생하므로 원료 산지 근처에 입지한다. 반면에, 빵과 같이 손상가능성이 큰 제품을 생산하는 산업은 제품 운송비가 많이 들기 때문에 시장 근처에 입지한다. 그리고 운송비 추가분이 임금 절감분과 같아지는 지점인 임계 등비용선(critical isodapane) 안에서는 공장이 임금 절감 지역에 입지하게 된다(그림 3.1.2).

베버는 집적 이익과 집적 불이익에 대해서도 알고 있었다. 그래서 그 요인들을 분석에 포함시켰다(3.2 산업클러스터 참조). 집적 이익(다른 공장과 근접 입지를 통한 비용절감)은 특화된 노동력 풀, 지원서비스(회계·금융서비스) 등과 같은 자원을 공유하면서 발생한다. 집적 불이익은 교통 혼잡, 높은 지대 등으로 발생할 수 있다. 그래서 공장들이 모두 임계 등비용선 안에 있는 경우에 집적함으로써 더 많은 이익을 얻을 수 있다.

베버의 가정에서 수요가 일정하다는 것과 노동력은 이동하지 않는다는 것이 가장 큰 문제이다. 수요 불변이란 생산된 제품은 모두 소비되며, 특정 제품에 대한 수요의 변동이나 감소가 없다는 것을 의미한다. 또 문제가 되는 것은 노동입지가 임금 차이에 반응하지 않는다는 가정이다. 실지로 노동입지는 시공간상에서 변화한다. 미국 노동시장의 경우, 사람들이 일자리를 찾아 서유럽보다 더 먼 곳에서부터도 기꺼이 이동해 왔다. 또한 운송비도 지난 세기 동

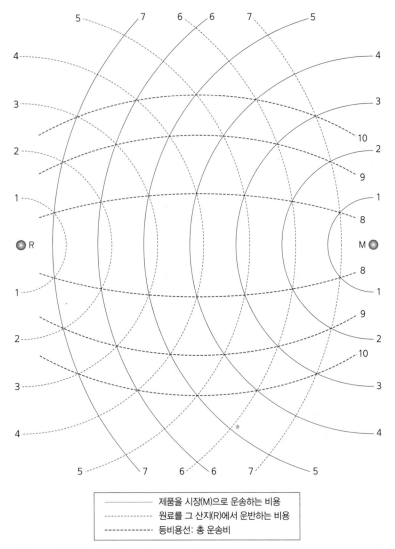

그림에서 기호들:
- 숫자 5, 7, 6, 6, 7, 5 (상단)
- R (원료 산지), M (시장)
- 숫자 10, 9, 8 (우측)

legend:
────── 제품을 시장(M)으로 운송하는 비용
─ ─ ─ ─ 원료를 그 산지(R)에서 운반하는 비용
------- 등비용선: 총 운송비

그림 3.1.2 임계 등비용선(Critical isodapane)

운송비가 거리에 비례하고 운송 과정에서 중량 감소가 없다면 공장의 입지는 총 단위운송비가 8 이하인 R(원료 산지)과 M(시장) 사이에 위치한다.

* 역주: 그림의 제목은 '임계(critical) 등비용선'이라고 되어 있는데, 오히려 '등비용선'이라고 했어야 했다. 그림에는 임계 등비용선이 명시되고 있지 않기 때문이다. 임계 등비용선은 특정 절감 지점의 절감액과 최소 운송비지점으로부터 그곳으로의 이동으로 인한 운송비 증가액이 같아지는 지점을 이은 선이다. 그러므로 최소노동비 절감 지점이나 집적 이익 지점과 같이 최소 운송비 지점과 비교할 만한 대상이 주어져야 정의될 수 있다.

핵심개념으로 배우는 경제지리학

안 크게 감소했다. 이 점도 베버 모델의 적용성을 낮춘다. 문제를 더 복잡하게 하는 것은 오늘날 많은 기업들이 단일 공장만을 갖지 않는다는 점이다. 기업들의 구조가 복잡해져서 제조과정은 저임금 국가에서 이루어지고, 연구개발(R&D)은 중요한 시장 또는 본사 근처에 입지한다. 그러나 각 공장에서는 베버의 원리가 여전히 대체로 적용될 수 있다. 그래서 경제지리학에서 그의 영향은 '보편적'인 것으로 평가되고 있다(Holland, 1976).

뢰쉬(August Lösch, 1954[1940])는 튀넨과 베버의 아이디어를 확장하여 그 기본 원리들을 종합하는 한편, 크리스탈러(Christaller)의 업적도 받아들였다(6.3 소비 참조). "다른 모든 것이 같다면"(ceteris paribus)이라는 조건을 활용하여, 뢰쉬는 총 수입과 총 비용의 차가 최대인 지점을 최적입지로 정의했다. 이때 각 생산자는 자신의 '시장 지역(market area)'을 극대화하며, 크리스탈러(Christaller, 1933)의 중심지 이론에서와 같은 육각형 형태의 시장 지역 배치가 나타난다. 뢰쉬는 도시를 역동적인 집적 경제가 작동하는 시장이 아니라 다수의 시장 지역의 중첩으로 간주하였다. 그래서 뢰쉬는 수요(가격)와 비용의 변동을 인정하고 소매업의 입지 전략을 설명할 수 있는 보다 종합적인 산업입지 모델을 개발하였다.

뢰쉬는 지역성장에 영향을 주는 다양한 주요 요인으로 규제, 이주, 기업가정신 등이 있다는 것을 인정했지만, 이러한 요소들을 모델에 포함하지 않았다. 베버의 모델에서는 원료와 시장의 입지가 중요했지만, 뢰쉬는 그것들은 어디에나 있다고 생각하여 모델에서 제외하였다. 그 결과 처음으로 훌륭한 일반균형이론을 제출하는 데는 성공했지만 동시에 실제와 너무 동떨어졌다는 비판을 받았다. 그는 일반균형이론을 적용하기 위해 철저히 연역적으로 접근했고, 베버가 한 것보다 더 엄격한 일련의 가정을 설정하였다.

지역과학(Regional Science)과 계량혁명

지역과학의 아버지로 알려진 아이사드(Walter Isard)는 지역과학학회(RSA: Regional Science Association)를 창립하고 학회 발전에 크게 기여하였다. 아이사드(Isard, 1956)는 동태적 과정(dynamic process)을 도입하고 공간탄력성(spatial elasticity)을 고려하여 공간경제이론을 확장하려 하였다. 당초 그의 문제의식은 국제무역의 일반균형이론의 비판에서 비롯되었다. 그의 표현에 따르면, 국제무역의 일반균형이론은 '무차원의 들판'을 헤매고 있었다(Isard, 1949: 477). 그는 한 지역의 진화에 대한 기술적 분석을 일반화된 이론 분석으로 끌어올려 '분절적인 입지이론들을 하나의 일반적인 법칙'으로 종합하려 하였다(Isard, 1956: 23). 예를 들어, 뢰쉬 모델에 대한 아이사드의 해결책은 부분적으로 '튀넨-뢰쉬-베버의 통합 이론'이라는 절충적 접근을 개발하는 것이었다(Isard, 1956: 19). 그의 작업의 중요성에 대해 이의를 달 사람은 거의 없지만, 역시 비현실적인 뢰쉬 모델로 시작했다는 점과 규모의 경제를 고려하지 않은 것과 같은 매우 엄격한 가정으로 많은 비판을 받았다. 그는 선형계획법과 투입-산출 분석[2]에 많이 의존하여 그 업적은 기법 의존적이라거나 기법에 의해 제약받아, 그의 모델은 잘해야 정태적이고, 최악의 경우 효과가 없다는 비판을 받고 있다. 아이사드가 지역과학을 정통 경제학과 밀접하게 제휴시켜 두 학문 간의 소통이 가능하도록 하는 데는 성공했을지 모르지만, 그의 모델에서 설명되지 않은 부분이 너무 많기 때문에 많은 경제지리학자들은 여전히 불만족스러워한다.

가장 계량적인 형태의 입지이론은 대서양의 양안에서 인문지리학을 에워싼 '계량혁명'기인 1950~60년대에 윌리엄 개리슨(William Garrison, 워싱턴대학교 재직)과 피터 하깃(Peter Haggett, 케임브리지대학교 및 브리스틀대학교 재직)의 주도하에 활발히 전개되었다. 산업입지이론은 경영학의 OR (opera-tion research)의 출현으로 관심의 대상이 되었고, 많은 연구자들이 산업입지의 단일시설 입지(single-facility location)와 복수시설 입지(multi-facility location) 모델의 구축을 시도하였다(예를 들어, Kuhn and Kuenne, 1962; Hoover, 1967). 방법론은 선형계획법에서 확률과정 모델에 이르기까지 다양한데, 전자는 자원극대화—비용최소화에 초점을 둔 것이고 후자는 행태적 접근을 채택한 것이다. 행태적 접근은 경제인 가정을 완화하여 입지 결정에서 다양성을 허용한 것이다(1.2 기업 참조).**3** 확률과정 모델(stochastic model)은 입지 결정에 확률을 도입하였다는 점에서 몬테 카를로 시뮬레이션을 포함한 모의실험 모델(stimulation model)의 원조이다.

결국, 산업입지이론에서 기법의 한계는 이론의 한계가 되었다. 1960년대에 보다 활발해진 사회적 각성과 정치적 행동주의로 경제인에 기반한 모델이 다른 대안으로 전환되고, 계량적 방법에 대한 불만이 생겨났다. 지역과학은 결국 지적인 막다른 골목(cul-de-sàc)에 이르렀다(Holland, 1976; Barnes, 2004). 최근에는 고전 입지이론의 원리들이 여전히 적용가능성이 있다는 점이 널리 인정되지만, 현재의 방법론적 도구들이 결국 산업입지에 관해 우리가 이미 알고 있는 것을 크게 넘어서지 못한다는 것도 잘 알려져 있다. 그 대신에 입지이론은 뚜렷이 세 가지 경로로 나누어지게 되었다.

입지이론을 넘어서

오늘날 경제지리학에서 입지이론의 패러다임은 적어도 세 가지 갈래로 구분된다. 첫째, 신고전 패러다임하에서 입지이론은 지리경제학(geographical economics)으로 재탄생하였다. 이는 주로 크루그먼(Paul Krugman)과 같은 국제무역 이론가들이 주도하고 있다. 크루그먼은 주류 경제학에 공간을 다시 도입하여 2008년 노벨상을 받았다. 그는 무역이론과 입지이론을 결합하여, 수익 체증의 공간적 영향에 대하여 주로 공헌하였다. 여기서 말하는 수익 체증이란 일정 비율의 투입량에 비해 산출량의 비율이 클 경우를 말한다. 그는 수익 체증이 전문화의 중요한 원인이고 이것이 무역 패턴과 산업입지에 영향을 미친다고 보았다(3.3 지역격차 참조).

둘째, 미국과 영국이 가장 크게 경험한 1970년대의 경제적 재구조화로 입지 연구에 대한 구조적 접근이 활발해졌다. 재구조화는 주로 자본주의의 위기로 이해되며, 프랭크(A. Frank, 1967)와 월러스타인(I. Wallerstein, 1979)의 구조주의 발전 이론(structural development theories)에 의해 이루어졌다(4.1 중심-주변 참조). 지역성장과 쇠퇴를 넓은 틀에서 이해하는 데 점차 그들의 구조주의 패러다임이 채택된 것이다(Massey, 1979; Storper and Walker, 1989) (3.3 지역격차 참조). 그러나 구조주의 패러다임은 권력 관계의 인과에만 관심을 가지고 경제활동의 특정한 입지선정에는 관심을 두지 않기 때문에, 과거의 산업입지이론과는 괴리가 있었다.

셋째, 경영학자들과 함께 경제지리학자들은 국제 비즈니스, 제도경제학, 국제분업론과 제품수명주기이론을 포함하는 조직 행동론 등의 이론을 통하여 해외직접투자(FDI)의 패턴과 다국적기업(MNEs)의 입지선택을 보다 잘 이해하기 위한 다양한 연구를 수행하고 있다(4.2 세계화 참조). 이러한 연구들은 오늘날 국내·외적인 일자리 창출의 불균등과 해외이전(역외화)의 지리에 관한 관심을 보여 준다.

더욱이, 오늘날 많은 새로운 요인들이 산업입지에 영향을 미치는 것으로 밝혀지고 있다. 노동이 특히 단지 임금과 노동자 수가 아니라 숙련 노동력의 질 측면에서, 중요하게 취급되고 있다(6.1 지식경제 참조). 어떤 학자는 오늘날의 기업은, 특히 선진국의 고숙련 노동자를 필요로 하는 경우에는 노동자를 따라 다닐 수밖에 없다고 주장한다. 이러한 노동자들은 고용기회 이외에도 기후, 문화, 레저, 엔터테인먼트 기회와 같은 어메너티(amenity)를 제공하는 입지를 선호한다. 기술발전으로 먼 거리에서도 서로 협력이 가능하지만, 혁신 활동은 고도로 복잡해졌다. 이러한 조건은 집적 이익을 더 중요하게 하며, 특히 정부 연구소나 대학과의 근접성을 중요한 요소로 만들었다(3.2 산업클러스터).

요점

• 고전 산업입지론은 비현실적인 가정을 다수 포함하지만, 일반적인 원리는 여전히 오늘날도 유효하다. 해외입지나 클러스터 현상도 넓게 보면 고전이론으로 설명할 수 있다.
• 지역과학은 산업입지이론의 확장으로 볼 수 있으며, 오늘날 어려움에 직면해 있다. 그래서 어떤 학자는 지역과학은 경제지리 내에서 더 이상 통용되기 어렵다고 주장하기도 한다. 방법론적 한계와 기업 및 시장 데이터 구득의 어려움 증가 등으로 더욱 그러하다.
• 오늘날, 산업입지를 설명하는 데 있어 경제지리학의 관심이 점차 비정량적인 요인 쪽으로 옮겨 왔다. 지역문화, 개인 및 사업 네트워크, 숙련 노동자의 혁신성 등이 그것이다. 어떤 학자는 이제 사람이 일자리를 찾아다니는 것이 아니라, 일자리가 사람을 찾아다닌다고 할 정도다. 물론 이에 반대하는 학자도 있다.

더 읽을 거리

• 입지이론에 대한 역사적 개관과 오늘날의 발전을 이해하기 위해서는 브륄하르트(Brülhart, 1998)의 책을 참조하라. 무역이론의 관점에서 입지이론을 새롭게 해석한 것으로는 크루그먼(krugman, 1991)이 있다. 글로벌 산업입지에 대한 경제지리학자의 평가에 대해서는 테일러와 스리프트(Taylor and Thrift, 1982), 딕킨(Dicken, 2007)을 참조하라. 산업입지가 여전히 일자리를 찾아다니는 사람들에 의해 결정된다는 관점을 살펴보려면 스토퍼와 스콧(Storper and Scott, 2009)을 참조하라.

주석

1. 공간경제(space-economy)는 독일어 Raumwirtschaft에 대한 영어 번역어이다. 그리고 이것은 입지론의 독일 학파와 관련된 경제의 공간구조를 의미한다(Barnes, 2000).

2. 투입-산출 분석은 부문 간 공급과 수요효과를 밝히는 데 유용하지만, 산업화와 그에 따른 경제성장과 관련된 두 가지 핵심적 요소인 규모의 경제와 혁신을 통합하는 데는 효력이 없다.

3. 예컨대 앨런 프레드(Allan Pred, 1967)는 산업입지 결정의 행태 행렬을 개발했는데, 극대화원리 대신에 만족자원리를 채택했다.

핵심개념으로 배우는 경제지리학

3.2 산업클러스터

산업집적(또는 산업지구나 산업클러스터)은 경제활동의 지리적 집중이다. 전통적으로 집적은 비용절감 결과로 이해되어 왔는데, 공간적 근접으로 생산이나 서비스의 평균비용이 줄어들 수 있다는 것이다. 이러한 비용절감은 규모의 외부경제로 알려져 있다. 여러 연구에 의하면, 산업지구의 다양한 유형이 존재하지만 이러한 유형은 이념적인 형태라고 하겠다. 산업집적은 불균등 발전과 전문화의 측면인 동시에 일자리 창출과 혁신의 중요한 현장(locale)이기도 하다.

집적: 경제성과 외부성

산업집적에 대한 이해에서 근본적인 것은 규모의 외부경제(external economies of scale) 개념이다. 규모의 경제란 어느 정도의 규모에 이르렀을 때 단위 투입당 비용이 절감되는 것을 의미하는데, 내부적인 것도 있고 외부적인 것도 있다. 외부적인 규모의 경제에서 비용절감은 해당 지역의 다수 업체들에 의해 집단적으로 발생한다. 전형적인 경우가 사회간접자본 개발에 따른 이점을 공유하는 경우나 전문화된 노동 풀의 형성이다.

규모의 외부경제는 일부 긍정적인 외부성(positive externalities)에 의해 생성된다고 여겨진다. 외부성은 시장실패의 세 조건 중 하나인데(나머지 둘은 독점과 공공재), 회계상의 비용이나 이익을 넘어서는 이익(긍정적)이 되기도 하고 비용(부정적)이 되기도 한다. 집적의 불경제를 유발하는 부정적인 외부성(negative externalities)의 예로는 (정부 규제가 없는 경우 발생하는) 공장에 의한 대기오염을 들 수 있다. 직접 경제를 유발하는 긍정적인 외부성의 사례로는 (탐색비용을 줄이는 특정 숙련 노동의 풀과 같은) 요소 투입의 공유를 들 수 있다. 긍정적인 외부성이 부정적인 외부성을 초과하면 산업집적은 성장하고, 집적 경제의 이점은 집적 불경제가 더 이상의 성장을 가로막을 때까지 향유된다. 산업집적은 '우회생산(roundaboutness of production)'[1]을 확장하면서 강화되기도 한다(Young, 1928; Scott, 1988).

두 가지 유형의 집적이 있다. 하나는 도시화 경제(urbanization econo-mies)로부터 이익을 얻는 것이고 다른 하나는 국지화 경제(localization economies)로부터 이익을 얻는 것이다. 국지화 경제는 특정 산업 부문에 전문화된 집적을 발생시킨다(Marshall, 1920[1890]). 도시화 경제는 큰 도시 지역의 입지를 통한 이점, 즉 대규모이면서 이질적인 시장의 이점이다(Hoover, 1948). 도시화 경제는 제이컵스의 외부성(Jacobian externalities)이라고도 하는데, 주로 활동의 다양성과 시장의 규모가 결합하여 모르는 사람들이 조우할 기회를 만들어 내는 데서 발생하는 것이다(Jacobs, 1969). 플로리다(Florida, 2002)는 지멜(Simmel, 1950)을 참조하여 도시의 다양성이 창조성을 불러일으킨다고 주장했다.

반면, 국지화 경제는 전문화된 산업 부문에 거의 독점적으로 영향을 미치는 이익을 의미하며, 이는 산업지구와 관계된다. 이러한 유형의 집적은 주로 경제지리학자들이 거론해 온 것인데, 그러한 산업지구는 궁극적으로는 국제적으로 경쟁력 있고 경제적으로 회복력을 가지도록 하는 기술혁신과 생산성 확대를 유발하는 장소로 이해되었다. 기업의 공간조직에서 혁신의 중요성이 점점 중요해지기 때문에, 오늘날 집적에서 가장 중요한 외부성으로서 기술 이전(technological spill-over)은 최근 중요한 연구 주제이다(2.1 혁신 참조).

마셜리안 집적과 산업지구

마셜(Marshall, 1920[1890])은 동일 업종에서의 개별 공장의 이익에 초점을 두었다. 그 이익은 토지, 노동, 자본, 에너지, 폐기물, 운송, 부대 서비스, 생산 노하우 등 요소 투입의 공동 풀의 공유를 통해 발생한다. 이러한 투입재의 전문화에 따라 공유 풀이 임계치에 도달하면 장기적으로 공장의 생산성은 향상된다. 그럼으로써 해당 산업지구에 특수한 '산업적 분위기'가 조성되는데 이는 쉽게 이전되거나 재생되지 않는다. 19세기 랭커셔 지방의 섬유산업과 같은 마셜리안 집적의 특징은 해당 산업 부문 내에서 한 가지 기능에만 전문화된[염색, 제사(thread manufacturing)와 같이] 소규모 기업 간의 수평적·수직적 협력이다. 소규모 기업들은 서로 완전한 신고전적인 의미의 경쟁을 하게 되는데, 가격변화에 반응하고 서로 대등한(arms-length) 관계를 유지한다. 중간재를 공급하는 업체는 지역시장을 지향하고, 완제품 업체는 외부지향적일 수 있다. 마셜 산업지구는 제품의 종착지로서 기능하는 시장과 달리 산업지구 외부 업체들과의 연계나 상호작용을 최소화한다.

산업집적에서 새로운 관심사는 유연적 전문화(flexible specialization) 논쟁이다. 그것은 피오르와 세이벨(Piore and Sabel, 1984)이 주장한 것으로, 한가지 기능에만 전문화되고 지역적으로도 뿌리내린(embedded) 중소 규모 기업체들로 구성된 산업조직은 서로 협력하고 소량생산, 수요견인생산[2]을 지향한다는 것이다(3.4 포스트포디즘 참조). 이 같은 주장은 탈공업화, 공장 폐쇄, 해외이전으로 점차 어려움을 직면하고 있는 산업과 지역에 희미한 희망을 주었다.

스콧(Scott, 1988)은 제도경제학에서 거래비용 분석을 도입하여 입지 과정과 축적체제 변화 결과(3.4 포스트포디즘 참조)와의 상호보완적 분석 시점의 필요성을 주장했다(1.2 기업 참조). 신산업 공간들은 고도의 집적 경제로 특징 지어지며 새로운 유연적 축적체제하에서 형성된다. 스콧은 기업체들이 수직적 통합(vertical integration)을 선택할지 수직적 분리(vertical disintegration)를 선택할지는 생산비에서의 규모의 경제와 범위의 경제 간의 결합 양상에 달려 있다고 지적했다. 수직적으로 통합된 생산은 기업도시를 형성하고, 수직적으로 분리된 생산은 산업지구를 형성한다.

제3이탈리아 산업지구

마셜의 집적론은 독립된 경쟁자들의 집합으로서의 기업집단의 신고전 경제학적 개념화에 의존한다. 반면에 제3이탈리아 산업지구는 기업 간 상호의존, 협력적 경쟁, 산업지구 내 경제주체 간의 신뢰의 중요성을 강조한다(Bagnasco, 1977; Brusco, 1982; Russo, 1985). 산업지구의 제3이탈리아 모델은 협동과 협력의 정도에 의해 또는 아민과 스리프트(Amin and Thrift, 1992)가 말한 '거버넌스의 집단화'에 의해 마셜 산업지구와 구별된다. 제3이탈리아 모델에서 기업들은 소기업 간 협동의 정도가 높으며, 보통 의류, 제화 산업 부문에서는 장인 형태의 노동조직에 기반을 두고 있다. 경쟁을 하더라도 기업들은 매우 전문화되어 있어 직접적 경쟁의 정도는 약한 편이다. 산업조합(industrial cooperative)과 같은 비기업 조직은 산업지구 내 기업들을 위한 다양한 활동을 조정한다. 예컨대 공동의 부대서비스 개발, 인프라 구축 협의, 전시회(trade fair) 후원, 노동자 훈련 프로그램 제공, 융자 보증 형태의 자본공급 등이 포함된다.

해리슨(Harrison, 1992)은 1990년대의 논쟁이 지리-경제 관점에서 사회적 요소의 중요성을 인정하는 새로운 해석을 제공하였다고 주장함으로써 마셜

핵심개념으로 배우는 경제지리학

산업지구와 제3이탈리아 산업지구 간의 논쟁에 보다 선구적인 통찰력을 제시하였다. 그는 그래노베터(M. Granovetter)의 뿌리내림(embeddedness) 개념을 도입하여 신뢰(trust)의 중요성을 강조했다. 그에 따르면 신뢰는 공식·비공식적인 인간적 접촉을 통해 시간이 지나면서 축적되는 것으로, 이때 지리적 근접성이 신뢰 형성에 중요하다(5.4 뿌리내림 참조). 개인적인 접촉은 다양한 사회적 관계(친족 관계, 친구 관계 등)를 통하여 생겨나고, 산업지구 내 사교 모임이나 교회, 기타 비즈니스 관련 모임에서 나타나는 공통의 종교 혹은 지방정치동맹을 통하여 성숙된다.

혁신의 지리

혁신환경(innovative milieux)은 산업지구의 유형이면서 동시에 혁신의 입지에 관한 분석틀이기도 하다. 특정 산업지구는 혁신환경에 해당한다는 주장을 처음 제출한 것은 파리의 GREMI(유럽의 혁신환경 연구그룹, Groupe de Recherche Européen sur les Milieux Innovateurs)이다. 특히 GREMI의 일원인 아이달로(Aydalot, 1986)는 '창조적 파괴'를 통한 자기재생산적인 산업지구를 처음 분석한 학자 중 한 명이었다. GREMI는 혁신환경을 공간을 형성하는 공간으로 생각했다(이른바 '활동 공간' 접근). 그리고 생산의 공간 형성에 있어서 내생적인 기술 궤적의 역할에 주목했다(Ratti, 1992).

경제학자들은 혁신클러스터에서 기술(혹은 지식) 이전의 역할에 주목해 왔다(Glaeser et al., 1992; Feldman, 1992; Audretsch and Feldman, 1996). 기술·지식 이전은 외부성의 한 유형인데(Marshall-Arrow-Romer 외부성, 즉 MAR 외부성), 기업의 범위를 넘어, 집적 내에서 형성된 지식으로 국지적 생산자가 가장 잘 얻을 수 있는 것으로 여겨지고 있다. 그러나 MAR의 전문화 외부성이 제이컵스의 다양화 외부성보다 강한가에 관한 연구가 있다는 것도 주목할 필요가 있다(Feldman and Audretsch, 1999; Harrison et al., 1996; van Oort, 2002 참조).

마셜리안 집적과 이탈리아 산업지구는 둘 다 국가의 지원 없이 자연발생적으로 성장해 온 것으로 이해되고 있다. 그래서 테크노폴이나 과학도시처럼 국가가 주도한 산업지구와는 대비된다. 대만의 신주 과학도시, 프랑스의 소피아 앙티폴리스, 일본의 쓰쿠바 과학도시가 국가 주도의 산업지구에 대한 대표적인 사례이다(Castells and Hall, 1994 참조). 또한 산업지구는 제조업 부문에 국한되지도 않는다. 예컨대 할리우드나 런던의 금융지구도 산업지구의 관점에서 분석된 바 있다(Clark, 2002; Scott, 2005).

색스니언(Saxenian, 1994)은 실리콘밸리와 보스턴의 루트 128이라는 전자산업 분야의 두 개의 산업지구를 비교하면서 서로 상이한 지역문화(5.1 문화 참조)가 기업가 정신(2.2 기업가정신 참조)을 촉진하는 핵심적 역할을 수행한다는 것을 밝혔다. 이들 지역의 제도들은 특수한 맥락에 뿌리내려져 시간이 지나면서 발전하고, 지원과 인센티브뿐 아니라 기업가에 대한 도덕적 지원도 제공한다. 실리콘밸리는 기업의 실패를 긍정적인 경험으로 받아들이는 독특한 지역이며, 일생 동안 새로운 비즈니스를 여러 번 시도해 본 기업가들이 많이 선호하는 지역이라고 색스니언은 주장했다.

산업집적에 대한 최신의 이론은 지역혁신체계(regional innovation system) 이론이다(Cooke and Morgan, 1994; Asheim and Coenen, 2005). 에스헤임과 코에넨(Asheim and Coenen, 2005)은 지역혁신체계를 '특정 지역의 생산구조에 혁신을 지원하는 제도적 인프라'로 정의했다(p.1177). 지역혁신체계는 그 혁신체계에서 사용된 지식이 분석적이냐 종합적(공학)이냐에 따라 지역적 뿌리내림형, 지역적 네트워크형, 지역화된 국가혁신체계 등으로 구분할 수 있다. 혁신에 대한 이러한 영역에 기반을 두는 관점은 정책 입안자들이 혁신정책에 지리적 요소를 포함하도록 하였다.

포터의 산업클러스터

산업클러스터라는 용어는 미국 경영학의 권위자인 마이클 포터(Michael Porter, 2000)가 대중화시킨 것이다. 포터는 클러스터를 '서로 관련된 회사, 전문 서비스업자, 연관 산업 업체, 관련 제도(예를 들어, 대학, 의정기관, 동업자 단체협회 등) 등의 지리적 집중'이라고 정의했다(p.15). 또한 그는 산업클러스터를 '특정 비즈니스 영역에서 현저한 경쟁적 성공의 임계질량'이라고 했다 (p.15). 클러스터는 미시경제적 비즈니스 환경으로 정의되고 혁신, 생산성 향상, 신규 비즈니스 창출에 영향을 미친다. 또한 포터는 어떤 클러스터는 혁신과 성장의 온상이기도 하지만, 고착과 쇠퇴를 겪는 경우도 있다고 지적했다 (5.4 뿌리내림 참조).

포터가 말하는 입지적 경쟁우위(locational competitive advantages)의 원천은 그가 심혈을 기울인 '다이아몬드' 모형에 근거한다. 이 모형은 요소(투입) 조건, 수요 조건, 관련 및 지원 산업, 그리고 기업 전략 및 경쟁자의 맥락으로 구성된다. 이러한 네 가지 요소는 상호작용하여 산업클러스터를 형성한다. 경제지리학자들은 포터의 연구가 새로운 명제를 제시한 것이 아니기 때문에 실용적인 것으로 간주한다. 반면에 포터는 정책 입안자와 기업 경영자에게 집적의 중요성을 확신시키는 데 기여했다. 포터는 클러스터의 번영이 회사의 번영에 중요하다고 주장하면서, 클러스터가 보다 나은 국제 경쟁력을 위한 정책이 수립되도록 하는 분석 단위가 될 수 있다고 주장했다(p.16). 그러나 포터의 클러스터 이론은 새로움과 독창성에 있어서 의문의 여지가 남아 있다. 마틴과 선리(Martin and Sunley, 2003)는 포터의 클러스터 이론이 실제적이라기보다는 분석적 창작물에 가깝다고 주장하면서 포터의 절충주의, 특수성(특히 사회적 차원)과 맥락성(즉, 클러스터를 보다 광범위한 산업과 혁신 역동성에 위치시키는)의 결여를 비판했다.

로컬 버즈와 글로벌 파이프라인

스토퍼(Storper, 1995)는 국지화된 역량특성과 지역 특수적 자산을 거래적 상호의존과 비시장적 상호의존으로 구분했다. 전자는 물적 거래를 강조하고 후자는 정보의 거래를 강조한다. 또한 그는 기업가정신과 유연성(공공재의 국지적 정의), 노동관행, 수직적·수평적 기업 관계, 경쟁의 성격(개방적인가 회원제인가), 그리고 기업 관계의 성격(호혜성, 사회적 변화 등)을 포괄하는 다차원적인 분석을 제안했다(Storper, 1997). 바텔트 외(Bathelt et al., 2004)에 따르면 '버즈'(buzz, 시끌벅적함)는 자발적이고 유동적인 정보와 소통의 생태를 의미한다. 이것은 주로 같은 산업과 장소, 지역 내에서 사람과 기업의 대면접촉, '같이 있음'(co-presence), '같은 자리에 있음'(co-location)에 의해 창출된다(p.38). '같은 자리에 있음'을 통해 기업들은 공동의 언어, 기술, 태도를 공유함으로써 로컬 버즈(local buzz)를 의미 있고 유용한 방식으로 이해할 수 있다. 또한 특정한 '실행공동체'를 반영하는 제도를 구축할 수도 있다(Brown and Dugid, 1991; Wenger, 1999; Amin and Cohendet, 2004)(5.4 뿌리내림 참조).

스토퍼와 베너블(Storper and Venables, 2004)은 대면접촉에 의해 창출된 로컬 버즈의 중요성을 강조하였다. 대면접촉은 고유의 행태적, 의사소통적 특성도 포함하므로 다른 의사소통 양식에 비해 특별한 이점을 제공한다. 더욱이 대면접촉은 '실행을 통한 학습'(learning by doing)과 '암묵적 지식'(tacit knowledge)의 이전에 있어서 핵심적 양식이다(2.1 혁신 참조). 대면접촉이 갖는 고유한 특성 때문에 집적은 인터넷이 널리 보급된 상황에서도 여전히 경제활동의 공간조직에 중요한 역할을 하고 있다(Leamer and Storper, 2001).

마커센(Markusen, 1996) 및 아민과 스리프트(Amin and Thrift, 1992)는 산업지구 논의에서 학자들이 국지적인 것에 몰두해 있다고 비판하고, 산업지구의 존속에 있어서 글로벌 네트워크의 역할을 강조했다. 마커센은 산업지구의 몇 가지 유형을 발견하였는데, 그중에서 국지적인 강점을 외부와의 연계와 결합하는 '허브-스포크' 유형을 제안하였다. 이 유형은 글로벌체제에서 사회적 상호작용의 중심으로 기능한다는 점에서 아민과 스리프트는 '마셜의 결절(Marshallian nodes)'이라고 불렀다. 이러한 '결절'은 다중적인 역할을 수행하기 때문에 존립하고 성장한다. 그 다중적인 역할이란 소속감이라는 상징적 가치뿐 아니라, 그 지식기반, 역외 기업과 시장에 대한 접근성을 제공하는 것이다. 아민과 스리프트는 생산의 국지화와 수직적 분리는 네트워크의 글로벌화와 밀접한 관련성을 가진다고 주장했다.

바텔트 외(Bathelt et al., 2004)는 지식의 국지적 원천과 외부적 원천 간의 차별성과 보완성에 주목하여, 로컬 버즈를 암묵적 지식과 동일시하고 글로벌 파이프라인을 명시적 지식과 동일시하는 단순한 견해를 비판하였다. 그 대신에 그들은 지식의 역외 흐름이, 즉 '글로벌 파이프라인'이 국지적인 루틴에 새로운 지식을 주입하는 중요한 역할을 할 수 있으며, 그것을 통해 기업들의 혁신역량이 향상될 수 있다고 주장했다. 그래서 기업들은 오늘날 글로벌 경제에서 생존하고 번영하기 위하여 국지적, 비국지적 지식의 이익을 얻게 된다. 따라서 이것들은 매우 상호보완적이다(2.1 혁신, 5.5 네트워크 참조).

요점

- 산업집적, 산업지구, 산업클러스터는 경제지리학자들의 핵심 과제이다. 이러한 개념들은 기술혁신, 생산성 향상, 그리고 궁극적으로는 성공적인 국제 경쟁력으로 이어지는 전문화된 경제활동의 지역을 의미한다.
- 산업집적의 유형은 다양하며, 외부 연계성의 의미도 다양하다. 산업집적의 원인 또한 공통의 요소투입의 공유, 사회적 관계에서 지역의 제도와 문화에 이르기까지 다양하다.
- 인터넷은 기술 혁신과 기술 이전의 가능성을 근본적으로 변화시켰지만, 산업집적, 산업지구, 산업클러스터는 사라지지 않고 있다. 이것은 실행에 의한 학습과 암묵적 지식의 이전에 있어서 대면접촉이 여전히 우월한 의사소통 양식이기 때문이다.

더 읽을 거리

- 클러스터에 관한 최근의 개관을 위해서는 바텔트(Bathelt, 2005)를 참조하라. 최근 스토퍼(Storper, 2009)가 다양한 집적의 유형을 분석적으로 구분하였다. 톰 프리드먼(Tom Friedman)의 '세계는 평평하다'에 대한 비판을 위해서는 『Cambridge Journal of Regions』와 『Economy and Society』(2008)의 특집호 1권 3호를 참조하라.

주석

1. '우회생산'의 확장이란 판매에 이르기까지의 노동 과정에서 시간과 복잡성이 증가하는 것을 의미한다.
2. 수요견인생산은 공급압출생산과는 대비된다. 수요견인생산에서는 주문 후에 상품이 생산된다.

3.3 지역격차

지역은 무엇인가? 그리고 지역 경제활동 간의 차이는 무엇으로 설명하는 가? 1950년대 중반, 노스(North, 1955; 1956)와 티붓(Tiebout, 1956a; 1956b)은 '이상적'인 지역은 없다고 선언했는데, 이 견해는 21세기 초에도 여전히 유효하다. 제이컵스(Jacobs, 1969)는 지역을 도시와 그 배후지로 구성되는 자립적인 실체로 개념화하였다. 여기서 도시는 시장과 교역 장소이고 배후지는 도시가 유지되도록 농산물을 공급하는 곳이다. 최근에는 과거와 같이 자연 자원에 기반을 두는 패러다임에서 벗어나 수출 기반, 운송 접근성, 기업 내 및 기업간 관계, 지역 및 국제무역 등과 같은 다른 지표에 기반을 두고 있다.

지역이란 무엇인가?

오늘날 지역은 대부분 대도시 지역으로 개념화된다. 대도시 지역은 비즈니스 간 관계와 통근을 통해 서로 연결되는 장소들로 이루어진다. 유럽에서는, 지역이 지역발전의 가장 중요한 정치·행정적 단위와 일치한다. 유럽연합 (EU)에서는 지역 간 격차가 가장 중요한 정책적 고려 대상 중 하나이기 때문에, 유럽에서는 지역에 관한 연구가 활발하다. 특히 EU는 새로운 나라를 가입시키기 때문에 더욱 그러하다. 그런데 미국에서는 기능 지역과 행정 지역이 반드시 일치하는 것은 아니기 때문에 지역정책이 늘 논란거리였다. 기능 지역과 행정 지역의 불일치는 도시나 카운티 경계를 가로지르는 개발사업을 조정하기 어렵게 하고, 이는 종종 정치적 경쟁과 자원 부족으로 귀결되고는 했다. 몇몇 예외 중의 하나가 애팔래치아지역위원회(Appalachian Regional Commission)이다. 이것은 여러 주에 걸친 지역개발 계획을 조정하였다. 그리고 대도시지역계획기구(MPO: Metropolitan Palnning Organization)는 전미 대도시 지역에 대한 교통계획을 조정하도록 연방정부가 지정한 기구이다.

지역은 또한 여러 국가들을 포괄하는 지역을 의미하기도 한다. 예를 들어, 싱가포르 중심의 성장 삼각지역(Growth Triangle)은 말레이시아 조호르바루(Johor Bahru), 인도네시아의 바탐(Batam), 빈탄(Bintan) 섬을 포함한다. 다국적기업들(MNCs)이 이 지역에 끌리는 이유는 임금 차이의 이점을 취하면서도 본사기능(싱가포르), 중간 수준 제조업(조호르바루), 낮은 수준의 제조업(바탐)을 가까이에 입지시킬 수 있기 때문이다. 또한 지역무역 블록(NAFTA나 EU 등)을 지역이라고 하기도 한다. 이 지역무역 블록은 지역 간 교역을 위한 정책을 조정하면서, 지역 내 무역을 위한 특혜협약을 맺고 있다.

경제지리학자들에게 지역은 오랫동안 불균등 발전(uneven development)을 이해하는 데 핵심적인 분석 단위였다. 다음 절에서부터 논의하겠지만, 불균등 발전은 사회정의에 해로우면서 경제발전에도 비효율적이라는 견해가 있으나, 경제발전을 위해서는 불가피한 과정이라는 견해도 있다. 산업혁명 이래로 산업화가 모든 지역에 걸쳐 균등하게 이루어지지 않아 왔다는 것은 잘 알려져 있다. 지역 불평등(regional inequality)은 다양한 방법으로 측정할 수 있다. 한 가지 방법은 투자나 노동력과 같은 요소 부존을 측정하는 것이고 다른 하나는 생산성이나 소득분포 같은 경제적 결과를 측정하는 것이다. 지역별 또는 경제별 소득분포를 측정하는 데는 지니계수(GINI coefficient)가 가장 널리 사용되는 지표이다(박스 참조).

지니계수

지니계수는 이탈리아 사회학자이자 통계학자인 코라도 지니(Corrado Gini)가 고안한 것이다. 인구에 따른 소득분포를 측정하여 그 값이 0(완전한 평등 분포)과 1(극단적인 불평등 분포) 사이에 오도록 한 지수이다. 그래프로 보면, 이 계수는 한 지역의 누적인구비율을 나타내는 X축과 누적소득비율을 나타내는 Y축에 표시된다. 그리고 완전 평등 분포를 의미하는 45도선과 실제 소득 분포인 로렌츠 곡선 아래의 면적(B)으로 비를 구하여 계산된다. A의 면적이 클수록 계수가 커지고 그만큼 소득 불평등이 높아진다.

미국은 창업비율이 높고, 소득세가 낮으며, 혁신을 촉진하는 경향이 있다. 그러나 소득 분포는 매우 불평등하다. 지난 수십 년간 서구의 많은 나라들보다 지니계수가 더 높았다.

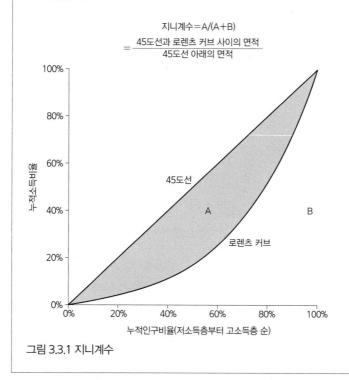

그림 3.3.1 지니계수

데이터를 보면, 미국경제는 여러 나라들의 산업 노동자의 평균 임금에 비해서 경영진에게 가장 높은 보상을 제공했다. 더욱이, 미국의 불평등은 1960년대에 감소하다가 1970년대에 후반 U턴하였다(Harrison and Bluestone, 1988).

세계적으로 가장 가난한 나라들은 전형적으로 지니계수가 높다. 그런데 지난 10년간 중유럽과 동유럽 같은 탈사회주의 국가들과 중국이나 인도 같은 신흥국에서 지니계수가 급격하게 상승하였다. 이러한 상황에 대해 어떤 학자들은 기업가의 기회의 증가로 이동성이 상승하여 일어난 일이지만, 곧 '파급 효과'가 나타나 그 나머지 국가들에게 혜택이 돌아갈 것이라고 해석한다. 그러나 다른 학자들은 이러한 경향이 사회분열을 악화시키고 공동체를 파괴할 것이라고 말한다. 어쨌든, 이들 두 입장 중 하나에 포함되지 않는 연구는 없다.

지역 간 균형론과 불균형론

지역성장과 지역격차를 설명하려고 시도해 온 이론가들은 크게 두 집단으로 구분된다. 첫 번째 그룹은 지역 간 완전한 요소 이동을 통해 각 지역의 성장 전망이 자연스럽게 균형을 이루게 되어, 지역격차는 최소화될 것(균형)이라고 믿는 학자들이다. 두 번째 그룹은 지역을 시장의 힘에 맡겨 두면 지역 간 불평등은 자연적으로 더욱 확대될 것(불균형)이라고 믿는 학자들이다. 첫 번째 그룹은 기업들이 최소비용 지역에 입지함으로써 이윤을 극대화하고, 노동자들은 더 나은 고용 기회를 찾아 이동함으로써 임금을 극대화할 것이라고 가정한다(1.2 기업, 3.1 산업입지 참조). 올린(Ohlin)의 지역 간 무역 이론(1933)은 상이한 지역의 전문화(노동숙련) 외에 요소 이동성의 불완전성이 지역 간 무역을 촉진하고, 장기적으로는 지역 간 가격 균형으로 귀착된다고 주장했다. 올린은 요소 이동성과 무역은 서로 대체 가능하며, 공간마찰 때문에 지역 간 무역이 발생한다고 생각하였다.

균형론자는 지역을 요소 이동에 장애가 없는 이상적인 자본주의 시스템의 일부로 간주한다. 반면 불균형론자는 지역격차를 자본주의 경제성장에 내재적인 것으로 본다. 지역 간 불균형은 자본과 노동 이동성의 비대칭성과 제약 때문에 발생한다. 역사적–구조적 관점에서 본다면 불균형론자는 자본주의의 효율성 추구가 기술 발전과 맞물려 과거의 분산된 가내 수공업적 생산을 규모의 경제를 추구하는 대규모 공장 생산으로 전환시켰다는 점에 주시했다. 그들의 견해에 따르면, 이익, 투자, 일자리 창출이라는 자본주의 축적의 한 사이클이 주로 비자발적인 이촌향도(離村向都)를 야기하였고 마르크스가 '산업 예비군'이라고 부른 현상이 초래되었다. 뮈르달(Gunnar Myrdal, 1957)은 이러한 과정을 순환·누적적 인과관계(circular and cumulative causation)로 설명했다. 이 개념은 미국의 인종불평등 연구로부터 나온 것이다. 뮈르달은 사회적 관계뿐 아니라 지역 경제변화를 보다 명확하게 설명하는 분석틀을 정립하면서, 자본주의하에서 시장의 힘이 부의 지리적 분포의 불균등을 완화하기보다는 오히려 심화하는 경향이 있다는 점을 강조하였다. 누적적 인과관계는 승수효과를 통하여 경제발전의 선순환이 나타나는 '상향나선(upward spiral)'으로 나타날 수 있다. 승수효과란, 새로운 경제활동 또는 경제활동의 확장이 가계의 구매력을 증가시키고 일자리를 창출하여 재화·서비스 수요를 증가시키며, 사업 확장 및 고용의 추가적인 성장 기회를 창출하는 과정이다. 사람과 기업이 늘어나고 인프라가 개선되면 그 지역의 비즈니스 매력도가 높아진다. 그렇지만 누적적 인과관계는 지역쇠퇴로 귀결되는 경제발전의 '하향나선'으로도 나타날 수 있다.

　불균등 발전은 한 지역이 경제발전에 필요한 부존요소(더 많은 자본, 노동)를 견인하는 반면에 다른 지역은 그것들을 상실할 때 발생한다. 이 과정을 허쉬만(Hirschman)은 '분극화(polarization)'라고 불렀고 뮈르달은 '역류

(backwash)'라고 불렀다. 그러나 그 반대 경향도 있는데, 기업이 저임금, 저 혼잡, 그리고 저지대 지역을 찾아 이전하는 경우이다. 이러한 반대 경향을 뮈 르달은 '파급(spread)' 효과, 노스(D. North)는 '스필오버(spillover)', 허쉬만은 '낙수(滴下, trickling down)'라 했는데, 이것에 의해 결국 전 지역에 걸친 경 제활동은 균형화하는 방향으로 작동하게 된다. 역류 및 분극화 경향이 강하면 경제활동의 지역 간 불균형은 점차 커지게 된다. 알론소(Alonso, 1968)는 지 역발전 과정이 집중화와 탈집중화의 반복 속에서 진행된다고 주장했다.

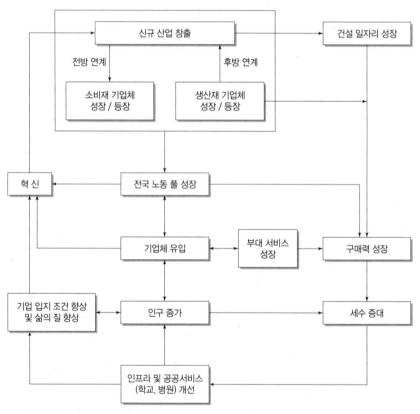

그림 3.3.2 순환·누적적 인과관계

핵심개념으로 배우는 경제지리학

크루그먼(Krugman, 1991)의 "수확체증과 경제지리(Increasing Returns and Economic Geography)"라는 독창적인 논문은 많은 경제학자들을 초기 입지이론가(크리스탈러, 뢰쉬, 후버)들의 작업으로 안내했는데, 뮈르달(Myrdal, 1957)과 같은 다른 전통의 경제학자나 또는 아서(Arthur, 1989)와 같은 지리경제학을 주장하는 학자들도 관여하게 하였다. 역사학자들이나 경제지리학자들은 이미 제조업의 집적과 그 요인(즉, 개선된 교통인프라와 결합한 대량생산)을 인식하고 있었다. 크루그먼이 더 나아간 부분은 규모의 경제와 운송비의 상호관계에 기반한 일반균형모델을 만든 것이었다. 그 모델은 두 지역과 농업과 공업이라는 두 부문을 가정했다. 농업 부문은 토지 규모에 따른 수익비율이 일정하고 운송비는 0이며[1] 노동력은 이동하지 않는다고 가정했다. 반면에 공업 부문은 규모의 경제, 빙산 운송비(iceberg transport cost),[2] 이동하는 숙련 노동력의 존재를 가정했다. 운송비가 비싸고 규모의 경제가 약한 지역의 경제활동은 주로 농업에 기반을 두게 되며, 반대로 운송비가 싸고 규모의 경제가 강한 지역에서는 순환적 인과관계로 공업이 집중될 것이라고 크루그먼이 주장했다.

나아가 크루그먼은, 금전적 외부성(pecuniary externalities)에 의해 노동자가 두 지역 중 한 지역에 집중하는 것이 균형이라고 주장했다. 금전적 외부성이란 (한 제조업체의 행위가 다른 제조업체 제품 가격에 영향을 미치는 현상으로), 특정 제조업 부문 내에서 수요 및 공급이 연계에 의해 발생한다. 노동자가 현재 살고 있는 지역에 계속 머무를 것인가 아니면 다른 지역으로 이주할 것인가를 결정할 때, 아마도 실질임금(제조업 부문의 금전적 외부성에 어느 정도는 영향을 받는다)과 운송비도 고려하게 된다. 그래서 노동자들의 결정으로 제조업 부문의 집중과 분산 간의 경계가 설정된다. 크루그먼의 가장 중요한 공헌은 지역 불균등을 설명하는 수리 모델의 구축이었다. 그의 모델은 매우 추상적이고 기업과 노동자 행동에 관한 대담한 가정하에 구축된 것이지만 설득력 있는 것으로 밝혀져서 많은 지리 경제학자들과 지역과학자들에 의해서 확장되어 왔다(Lanaspa and Sanz, 2001; Combes et al., 2008).

지역발전의 수출기반이론

노스(North, 1956)는 클라크(Clark, 1940)나 후버와 피셔(Hoover and Fischer, 1949) 등의 경제학자에 의해 독자적으로 개발된 경제부문이론에 대한 비판으로 수출기반이론(export-base theory)을 개발하였다. 경제부문이론에 따르면 주요 고용 부문은 1인당 실질 소득이 성장함에 따라, 1차 부문(농림어업, 광업)에서 2차 부문(공업, 건설, 전기·가스·수도)으로, 그리고 마지막으로는 3차 부문(도소매, 유통, 교통·통신, 사업서비스, 개인서비스)으로 이행한다. 이러한 이행은 (기계화를 통한) 농업에서의 노동 생산성 향상의 결과로 발생하는데, 그 결과 다른 부문에 대한 잉여노동을 제공한다. 그리고 공업에서의 노동분업(전문화)과 기계화(궁극적으로 완전 자동화)를 통해 노동 생산성이 상승하면, 서비스 부문에 잉여노동을 제공한다. 서비스 부문이 그 잉여노동을 흡수하는데, 서비스 부문은 기계화하기 어렵고 노동 생산성도 낮기 때문이다.

노스는 이러한 후버와 피셔의 주장이 유럽 중심적이라고 지적하면서, 북미에서의 지역발전은 자급자족 경제로부터 점진적인 부문 간 이행보다는 주로 수출을 통해서 이루어졌다고 주장했다. 이것은 외부 자본을 끌어들이고 목재와 같은 제품을 원거리 시장에 수출하여 성장한 태평양 연안 북서부 지역에서 두드러졌다. 이와 같이 노스의 수출기반이론은 공업화 없이도 외부 시장에 기대어 지역은 성장할 수 있다고 주장했다. 그는 하나의 수출 기반이 다양화될 수 있고, 지역성장을 이끌 수 있다고 제안했다. 노스는 후버와 피셔의 세 번째 단계*로의 이행은 수요 변화나 신기술발전(운송, 생산 면에서)에서 정부 지원, 전쟁뿐만 아니라 다른 지역과의 경쟁 등 수많은 요인들에 의존한다고 강하게 주장하였다.

티붓(Tiebout, 1956a; 1956b)은 노스의 이론이 특정 소규모 지역에서 더욱이 단기 수준에서나 적용될 수밖에 없다고 주장하며 노스의 수출기반이론에 이의를 제기했다. 티붓은 지역성장을 유인하는 것은 수출기반산업이 아니라 오히려 강력한 '역내수요산업(residentiary industry)'이라고 보았다. 이 산업은 비용을 줄여 수출기반부문의 경쟁력을 강화함으로써 지역성장을 가능하게 한다는 것이다. 그러나 노스는 외부로부터의 자본과 노동의 유입(수출기반), 정부 지원, 이주 등이 수입 대체 과정을 통하여 '역내수요 부문'을 창출할 수 있다고 주장했다.

지역발전과 정책

경제부문이론은 정책 입안자들이 부문과 지역별 우선순위를 어떻게 설정할 것인가에 대해 중요한 문제를 제기한다. 우선부문(priority sector)은 기본적으로 확장과 생산성의 성장이 가장 기대될 정도로 매우 혁신적인 부문이다. 허쉬만(Hirschman)은 그러한 우선부문이란 가장 긴밀한 투입−산출 관계를 가진, 특히 후방 연계가 중요한 부문이라고 주장하였다.[3] 이러한 부문이 승수효과가 높고(자동차 조립 등), 지속가능한 지역성장의 목표에 유효하다. 쿠클린스키(Kuklinski, 1972)는 구소련 북미, 동서유럽을 포함하는 국제적인 자료

---

* 역주: 지역경제발전의 5단계 중 수출지향의 농축산업이 발전하는 단계.

를 분석하여 화학 및 금속 공업이 우선부문이라고 주장했다. 그런데 쿠즈네츠(Kuznets, 1955)는 지역발전에 있어서 혁신의 중요성을 강조했다(2.1 혁신 참조). 보다 최근에는 서비스 부문이 지역발전을 선도하는 효과에 대한 논의가 다루어지고 있다(6.1 지식경제 참조).

지리적 우선순위(geographical priorities)도 역시 지역개발 연구에서 다루어지고 있다. 페루(Perroux, 1950)는 '성장극(growth pole, poles de crois-sance)' 개념을 개발하였다. 성장극은 전후방 연계가 강하고 빠르게 성장하는 지배적인 산업인, 선도산업(propulsive industry)에 의해 추동된다(Hirschman, 1958). 성장극은 원래 비공간적인 것으로, 산업이나 기업체 집합을 의미했는데, 지역발전정책의 수단이 되면서 공간적 함의를 가지게 되었다. 프랑스는 이 정책을 통해 파리 대도시권에 집중된 경제활동과 인구를 분산시키기 위해 툴루즈, 스트라스부르, 보르도, 마르세유, 리옹과 같은 지역에 선도산업을 입지시켜 지역성장을 촉진하고자 했다. 그러나 성장극 전략은 지역 수준에서 작동하는 규모의 외부경제를 기업 수준에서 작동하는 규모의 내부 경제에 비해 지나치게 강조하는 경향이 있다(1.2 기업 참조). 더욱이, 정부 인센티브만으로는 기업을 입지조건이 불리한 지역에 유치시키기가 어려울 뿐만 아니라, 자생적인 성장을 촉진할 수 없다.

그럼에도 불구하고, 자본주의 경제성장의 분극화 경향을 조정하는 데 국가는 매우 중요한 역할을 한다는 것은 잘 알려진 사실이다(1.3 국가 참조). 예를 들어, 서유럽의 복지 국가는 전후에 지역 간 경제적 균형성장을 위해서 막대한 자원을 투입하고 규제계획을 추진하였다. 국가는 자원을 특정 지역에 집중시킴으로써 지역의 성장을 촉진할 수도 있다. 예를 들면, 미국은 전통적으로 산업입지정책을 통하여 민간 부문활동에 개입하는 것을 피해 왔지만, 마커센 외(Markusen et al., 1991)는 미국 국방정책(군사시설, 연구 실험실, 민간 부문과의 방위상의 계약 등을 포함한)이 미국 중서부의 경제적 침체와 캘리포니아와 뉴잉글랜드의 첨단산업 성장에 기여했다는 흥미로운 제안을 했다. 카스텔스과 홀(Castells and Hall, 1994)은 전 세계의 다양한 과학도시 중에서 많은 도시가 국가에 의해 계획·운영되고 있다고 보고하였다(3.2 산업클러스터 참조). 그러나 자본의 세계화와 다국적기업의 독점력으로 국가의 영향력은 크게 약화되었거나 적어도 각 국가는 초국적 자본을 유치하기 위해 각종 인센티브를 제공하면서 경쟁하는 처지가 되었다(4.2 세계화 참조).

요점

- 지역 간 불평등의 원인은 경제지리학에 있어서 성장과 쇠퇴에 대한 이론적 논의의 중요한 출발점이다. 물론 그러한 논의는 강력한 정책적 함의를 포함할 수밖에 없다.
- 불평등의 원인에 대한 결과는 채택된 가정의 유형에 따라 다양하다. 대표적인 가정으로 내·외부 시장, 자본과 노동의 이동성, 누적적 인과관계, 기업 간 연계 등을 들 수 있다.
- 지역격차에 대한 논의는 일반 이론을 수립하는 데 초점을 둘 수도 있고, 현실을 설명하는 데 초점을 둘 수도 있다. 경제지리학자들은 신고전 경제학, 역사적(경제 부문적) 관점, 마르크스주의 사회이론 등을 포함하여 다양한 개념과 도구를 활용해 왔다.

더 읽을 거리

- 홀랜드(Holland, 1976)의 책은 지역의 성장 균형이론과 불균형이론을 종합적으로 개관하고 있다. 지역발전과 정책에 관한 최근의 해석을 보려면 파이크 외(Pike et al., 2006)와 허드슨(Hudson, 2007)을 참조하면 된다. 지역 간 균형개발의 가정에 기반한 세계개발보고서(World Development Report, 2009)를 참조하라.

주석

1. 이 가정은 두 지역의 농업소득이 동일하다는 것을 상정하고 있다.
2. 저명한 경제학자인 새뮤얼슨(Samuelson)이 제안한 '빙산 운송비(iceberg transport cost)'란

상품의 일부가 목적지에 도달하기 전에 녹아 없어진다는 생각을 언급한 것이다. 따라서 곧 운송비는 무게와 거리에 비례하여 선형으로 증가한다. 경제지리학자들은 빙산 운송비 관점이 현실을 반영하지 않는다고 비판했다.

3. 그림 3.3.2에서 보는 바와 같이, 후방 연계(backward linkage)란 생산과정에서 원료 방향의 연계를 말한다. 반면 전방 연계(forward linkage)는 시장 방향의 연계이다. 예를 들어, 자동차 조립 공장의 경우에 제강업과의 연계는 후방 연계이고 자동차 판매점과의 연계는 전방 연계이다.

핵심개념으로 배우는 경제지리학

3.4 포스트포디즘

포디즘·포스트포디즘 논쟁은 주로 선진국 경제의 지배적인 산업조직 양식과 경제성장에서의 산업조직 양식의 역할에 대한 이해의 변화와 관련된다. 포디즘(Fordism)이란 말은 미국 포드자동차에서 처음으로 도입된 엄격한 노동분업을 통한 능률적인 조립라인(대량생산) 생산방식을 일컫는다. 포디즘은 그 시작인 1913년에서부터 그 마지막인 1960년대에 이르기까지 지배적인 고효율 생산조직이었다. 그리고 미국 제조업 부문의 극적인 성장의 주된 요인이기도 했으며, 미국경제를 20세기 산업의 견인차로 만들기도 했다(Best, 1990). 포스트포디즘(Post-Fordism)은 조절학파로 불리는 프랑스 마르크스주의 경제학자들과 미국 노동 경제학자들이 1970년대와 1980년대에 널리 주장한 것으로, 미국경제 절대우위의 종언과 뒤이은 위기를 포디즘 생산양식의 종언으로 설명하려는 개념이다.

수공업에서 포디즘 생산양식으로

포디즘은 테일러리즘과 교환가능부품(interchangeable parts)을 통한 생산의 뒤를 이어 점진적으로 등장했다. 그 후 포드자동차의 헨리 포드가 대량생산의 조립라인을 구축하면서 완성되었다. 교환가능부품의 생산방식은 정밀측정기기의 혁신에 의한 특정 부품의 기계디자인의 개선으로 가능하게 되었고 19세기 중반에 뉴잉글랜드의 무기제조창에서 완성되었다(Chandler, 1977; Best, 1990). 교환가능부품 생산방식은 혁명적인 변화였다. 왜냐하면 그 전까지의 제조업 부문은 전체 생산과정에 관하여 장기간의 도제제도를 통해 암묵적 지식을 획득한 숙련된 기능보유자에 의존하였기 때문이다. 그러한 수공업에 기초한 유럽 방식과 달리, 교환가능부품은 정확하게 동일한 부품을 대량으로 재생산할 수 있어 숙련공의 수작업 없이도 누구나 부품들을 조립할 수 있게 되었다. 이러한 공정 혁신은 작업조직에 중대한 영향을 미쳤다. 즉, 전문 기계를 설계하고 작동하는 데 필요한 숙련 노동의 수요는 늘어났고, 동시에 조립을 위한 미숙련 노동자에 대한 수요도 창출되었다(2.1 혁신 참조).[1]

테일러(Taylor, 1911)는 원래 효율성 운동에 참여한 산업 공학자로 새로운 경영관리시스템을 제안하였다. 새로운 시스템이란 노동자의 모든 동작의 상세한 시간 관리와 계획 그리고 생산량에 기초한 성과급 임금제도를 결합한 시스템이다. 포드자동차는 1913년에 미국식 교환가능부품 시스템과 '조립라인'이라고 알려진 일괄 생산라인을 결합하여 생산성을 극적으로 향상시켰다.

포드주의 생산양식은 대량의 동일한 제품을 효율적으로 만들어 냈기 때문에 대량생산(mass production)이라고 알려졌다. 이러한 생산양식은 수요가 예측가능하고 동시에 점점 늘어나는 가운데 소비자들은 차별적인 소비에 거의 관심이 없고 기본적인 요구와 수요를 충족하려고 하는 경제환경에서 성공하였다. 더욱이 포디즘하에서의 생산조직은 미국의 노동력과 그 다양성에 더 적절하였다. 예를 들어, 1915년 포드사의 하이랜드파크 공장은 노동자가 7,000명이었고, 대부분 농민 출신이거나 이민자였다. 그래서 사용하는 언어가 50가지가 넘을 정도로 다양했고 영어를 아는 사람이 많지 않았다(Womack et al., 1990). 그럼에도 불구하고 공정의 전문화를 통한 노동조직이 최소한의 훈련만 필요로 했기 때문에 그들은 제품을 효율적으로 생산할 수 있었다.

더욱이, 포드는 두 가지 이유로 생산의 많은 부문을 내부화하여 수직통합을 실행하였다. 그 이유는 첫째, 포드공장에서의 생산은 그 부품 생산자보다 훨씬 효율적이며, 둘째 부품 생산자들은 본질적으로 신뢰받기 어렵기 때문이다(Womack et al., 1990). 그 결과 20세기 대부분의 기간 동안 미국식 과학적 관리가 유럽의 수공기반공업을 대체하여 가장 지배적인 생산시스템이 되었다. 산업혁명기의 가내 공업에서 대규모 공업으로의 이행으로 지역경제에 있어서 중요한 함의를 가지는 노동의 기술적·사회적 분업이 발생하였다.

포디즘과 1970년대의 경제위기

20세기 중반까지 포디즘은 미국식 산업조직에서 현대적 효율성의 상징이었다. 그러나 1970년대의 글로벌 경제위기 동안 미국의 산업적 우위는 흔들리기 시작하면서 처음으로 이목을 집중시켰다. 이 기간 동안 미국과 영국경제는 탈산업화, 일자리 상실, 스태그플레이션[2]이라는 유사한 징후로 고통을 받았다. 공업 부문의 생산성이나, 미국의 세계무역 비중, 미국의 다국적기업 비중 등과 같은 다양한 지표들이 하향 추세를 보여 주었다(Bluestone and Harrison, 1982).

그 결과 효율적인 생산조직으로서의 포디즘을 재검토하게 되었다. 특히 이러한 재검토는 고정 환율과 미 달러의 금 태환성(1944~1971)에 기반을 둔 브레턴우즈체제의 종언, 서구와 일본으로부터의 경쟁 격화, 신흥공업국(NIEs)의 출현,[3] 그리고 1970년대의 두 번의 석유파동과 같은 거시경제 환경의 변화의 관점에서 이루어졌다. 특히 브레턴우즈체제의 종언은 중대한 전환점이 되었다(6.2 금융화 참조). 이는 한편으로 (오늘날 유럽연합으로 발전한 유럽 공동체와 같은) 지역 무역블록의 출현을 촉발시켰고, 다른 한편으로는 안정적인 통화 환경에 의존하는 포디즘 생산양식에 대한 투자를 약화시켰다(Piore and Sabel, 1984). 그 결과 대부분의 서구 산업경제가 마이너스의 GNP 성장을 경험하는 1980년대 초반의 세계적인 경기후퇴가 나타났다.

조절학파

처음으로 포디즘의 종언을 선언한 것은 프랑스 조절학파(regulation school)였다. 조절학파는 1970년대 이후 일부 프랑스 거시경제학자들의 업적을 포괄한다. 특히 아글리에타(Aglietta)의 선구적 업적인 『자본주의 조절이론』(A Theory of Capital Regulation, 1979[1976]) 이후 부아예(Boyer, 1990), 코리아(Coriat, 1979), 리피에츠(Lipietz, 1986) 등과 같은 학자들이 이를 계승하였다. 조절학파는 경제성장과 위기를 야기하는 내생적 요소로서의 사회적 관계에 초점을 두고 장기적인 구조적 경제변화를 동태적으로 설명하려는 원대한 지적 프로젝트를 시도하였다. 조절학파는 순수한 이론과 '정형화된 사실' 사이의 어떤 지점(그들 표현으로는 '중범위 이론')에서 신고전 경제학과 마르크스 경제학을 적절히 혼합함으로써 자본주의의 진화를 역사와 이론, 사회구조, 제도, 경제적 규칙성 간의 상호작용의 관점에서 설명하는 독특한 분석틀을 마련하였다. 제도를 완전경쟁시장이 작동하는 데 방해하는 것으로 간주하는 신고전 경제학과 반대로, 조절학파는 각종 제도를 성장에 기여하여 긍정적 효과를 가져 올 규칙성의 확립으로 간주한다. 또한 정통 마르크스주의 정치경제학과 달리, 경제의 구조적 힘은 자연발생적이기 때문에 비결정론적 분석이 필요하다는 입장이다.

조절학파는 계급투쟁을 사회관계의 일차적인 표현으로 보는데, 이를 통해 규범과 법제가 생겨난다. 그리고 국가를 사회적 조절의 한 표현이며 그것을 담당하는 기구로 간주한다(Aglietta, 1979[1976]). 조절학파의 이론은 생산의 기술적 조건과 분배 규칙을 포함한다. 조절학파에 따르면 경제성장은 축적체제(regime of accumulation)와 조절양식(mode of regulation)이 서로 조응할 때 이루어진다. 축적체제는 생산, 분배, 소비의 체계를 의미하고, 이를 통

핵심개념으로 배우는 경제지리학

해 생산성에 의한 이윤이 추출되고 분배되며 확산된다. 조절양식은 구조 형태들 혹은 제도 배열의 특정한 국지적, 역사적 집합을 의미하는데, 노동계약과 같이 미시적인 것에서부터 사회보험, 국제환율체제, 교육과 같이 거시적인 제도들까지 포함한다. 미국경제는 포디즘 또는 대량생산이라는 독특한 축적체제와 그에 조응하는 조절양식을 통해 세계경제에서 지배적인 위치를 차지하였다. 이를 통해 1920~1930년대에 노동 생산성은 크게 향상되었고 자본 축적의 형태도 외연적인 것에서 내포적인 것으로 전환되었다. 그러나 1960년대에 포디즘은 기술적, 사회적 한계에 이르렀고 더 이상 추가적인 생산성 향상분을 창출하지 못했다. 그 결과 미국경제는 구조적 위기에 빠지게 되었다.*

조절학파는 대체로 국가 규모의 분석에 초점을 맞추지만, 리피에츠(Lipietz, 1986)는 글로벌 수준의 정치경제를 이해할 수 있는 틀을 사용했다. 그에 따르면, 조절양식은 외적 관계들과 결합하여 글로벌 수준의 정치경제에서 각 국가들의 상대적인 지위를 설명한다. 그의 설명에 의하면, 대량생산양식이 애초의 국경을 넘어 확산되어 '주변부 포디즘'을 형성하면서 결과적으로 국제경쟁은 격화된다(Lipietz, 1986; Piore and Sabel, 1984). 세계체제이론과 달리 조절학파는 생산체제를 국제 권력관계와 결합함으로써 세계경제를 잘 설명하는

---

* 역주: 원문의 설명이 소략하기 때문에 몇 가지 용어에 대한 부가 설명이 필요하다. '구조 형태 (structural forms)'라는 표현은 아글리에타(M. Aglietta)의 표현으로 임금 계약 관계, 노조, 사회보험제도, 소비 촉진적 이념 등 축적체제를 제도적으로 조절하는 데 열쇠가 되는 제도나 관행들을 의미한다. 자본축적의 외연적(extensive) 형태와 내포적(intensive) 형태의 구분은 설명이 필요하다. 외연적 축적이란 노동생산성의 향상과 무관하게 노동시간을 늘려서 축적을 확대하는 형식의 자본축적을 말한다. 노동시간의 물리적 확장은 한계가 있을 뿐만 아니라 노동자의 생활 조건과도 무관하기 때문에 노동력 재생산의 문제를 발생시킨다. 내포적 축적이란 노동 생산성을 향상시켜가면서 잉여가치의 비중을 늘려가는 축적방식을 말한다. 향상된 생산성을 통해 창출되는 대량의 상품을 처분하기 위해 노동자의 구매력을 향상시킬 수밖에 없으므로, 내포적 축적은 노동자의 생활 조건과 관련되는 축적 형태이다.

것으로 보인다(4.1 중심-주변 참조). 그런 점에서 조절학파는 글로벌 상품사슬 접근의 선구에 해당한다(4.4 글로벌 가치사슬 참조).

조절학파는 여러 측면에서 비판을 받았는데, 개념의 모호성을 비판한 경우도 있고 경직된 시대 구분이 오히려 분석을 제한한다는 비판도 있다. 아글리에타(Aglietta, 1979[1976])는 네오포디즘(Neo-Fordism)을 말하고 포스트포디즘을 뚜렷이 언급하지 않았다.* 마지막으로 조절학파가 개발한 분석틀은 처방적이기보다는 설명적이다. 따라서 정책에 적용하기에는 한계가 있었다.

유연적 전문화와 그 비판

정치학과 노동경제학을 기반으로 하는 피오르와 세이벨(Piore and Sabel, 1984)은 『제2의 산업분수령(The Second Industrial Divide)』이라는 명저를 저술하였다. 이 책은 조절학파와 이탈리아 지역개발론의 연구자로부터 크게 영향을 받았다(Bagnasco, 1977; Brusco, 1982; Russo, 1985). 조절학파는 산업조직의 미래에 대하여 다소 잠정적인 전망을 내놓는 데 그쳤지만[아글리에타(Aglietta, 1979[1976])의 네오포디즘에 관한 논의 참조], 피오르와 세이벨은

---

* 역주: 네오포디즘은 아글리에타(Aglietta, 1976)가 포디즘의 위기를 지적하면서 제기한 새로운 축적체제-조절양식 조응체로서, 포디즘의 변형에 해당한다. 그의 저작이 제출된 1970년대 후반은 포디즘의 위기가 노정되어 새로운 축적체제가 모색되던 시기로서, 당시로서는 새로운 축적체제의 가능성 정도만이 논의된 셈이다. 그 내용은 노동자 힘의 약화와 노조 활동 제한 등의 특징을 보이는 생산체제를 의미한다. 그러므로 어떤 점에서 포디즘과의 단절성보다는 연속성이 더 큰 생산체제를 염두에 둔 것으로 보인다. 포디즘으로부터의 단절성을 강조하는 "포스트포디즘"이 운위된 것은 1980년대 이탈리안 산업지구나 실리콘밸리 등에 대한 논의가 확산되어 그것들이 전혀 새로운 생산체제의 등장으로 평가되면서부터이다. 포디즘 이후의 축적체제를 대부분 "포스트포디즘"으로 부르고 있는 오늘날 "네오포디즘"이라는 용어는 거의 사어(死語)가 된 것 같다. "네오포디즘"을 "포스트포디즘"과 특별히 구별하여 사용하는 연구는 많지 않다.

포디즘 생산조직에 대한 대안이 유연적 전문화(flexible specialization)라고 주장했다. 유연적 전문화는 특정 지역을 기반으로 수요에 맞춰 소량생산하는 소규모 전문화된 기업에 의해 특징지어진다. 피오르와 세이벨은 의류, 제화업 같은 이탈리아의 소규모 산업지구들을 예로 들면서, 이러한 산업들은 고비용의 선진공업 경제에서도 존립할 수 있다는 것을 보여 주었다. 그들이 보기에, 유연적 전문화는 경쟁과 협력이 공존함으로써, 혁신을 유인하는 경쟁을 촉진하고 가격 경직성에 대한 공동체의 반응을 발전시켰다. 이러한 과정을 통해 장기적인 차원에서 노동조건을 개선하였다(3.2 산업클러스터 참조).

유연적 전문화라는 개념은 이탈리아 도시뿐만 아니라, 실리콘밸리(Saxenian, 1985; 1994; Kenney, 2000), 바덴-뷔르템베르크(Sabel et al., 1989; Cook and Morgan, 1994; Herrigel, 1996), 토요타(Fujita and Hill, 1993), 비제조업 집적지인 할리우드(Christopherson and Storper, 1986; Storper and Christopherson, 1987)와 같은 산업지구의 연구를 활성화시켰다(3.2 산업클러스터 참조). 그러나 유연적 전문화 개념에 대한 비판도 많았다. 예를 들면 아민과 로빈스(Amin and Robins, 1990)는 구조 변화가 훨씬 더 복잡하고 모순적이라고 생각했다. 이탈리아의 유연적 전문화에서 나타나는 신뢰와 사회적 네트워크라는 유형의 제도는 미국에서는 나타나지 않았다. 또한 유연적 전문화의 아이디어를 새로운 형태의 봉건적 가내공업으로 회귀하려는 향수병으로 간주하는 비판가도 있었다.

피오르와 세이벨이 유연적 전문화의 이점을 주장함으로써 특히 노무관리와 관련된 산업조직의 규범적 측면에 관한 논쟁에 공헌했다. 예를 들면 블루스톤과 해리슨(Bluestone and Harrison, 1982)은 '입지적' 유연성에 초점을 두고 기업이 점차 다시설화(다입지화)되고 그로 인한 단순한 입지이전의 위협만으로 노동자의 이익을 위협할 수 있다는 점을 지적했다. 더욱이 해리슨

(Harrison, 1994)은 유연적 전문화에 대한 지나친 낙관론을 비판하면서 그것에 잠재된 '어두운 면'을 지적했다(5.4 뿌리내림 참조). 특히 노동의 유연화는 파트타임 노동, 계약직 노동(외부 서비스 업체를 통한), 자영업자의 증가, 노조의 약화로 직업안전성을 크게 약화시켰다. 직업 안정성을 후퇴시키고(Peck and Theodore, 1998) 노조를 약화시킨다는 것이다(Rutherford and Gertler, 2002)(1.1 노동력 참조).

저틀러(Gertler, 1988; 1989)와 쇤베르거(Schoenberger, 1988; 1989) 간의 논쟁은 그 당시에 활발했던 유연적 전문화 논쟁을 잘 보여 준다. 두 학자는 개념적 명료성, 예측 능력, 지리적 프로세스의 해석력을 면밀히 분석하였다. 쇤베르거는 포디즘 붕괴 이면에 있는 지리적 역동성을 강조하며, 서유럽을 포디즘의 핵심에 포함해야 한다고 주장하였다. 그럼으로써 그녀는 포디즘이 과점의 유지에 어떻게 의존하며, 나아가서 독과점의 유지가 유럽에서보다 경쟁적인 전략의 발달을 저해했다는 것을 보여 주었다.

저틀러는 포스트포디즘의 개념적 타당성에 의문을 제기하였는데, 특히 "포디즘의 종언"이 과연 과거의 생산관행 및 지리와 명확하게 단절되는가에 의문을 가졌다. 그가 보기에, 유연적 전문화는 긴밀하고 협력적인 기업 관계를 요구할 뿐만 아니라 동시에 재숙련화 과정을 통해 노동에 대한 의존도를 높이기도 한다. 저틀러는 하청과 같은 유연적 제도 또는 유연적 노동력의 활용은 포스트포디즘 이전에도 있었다고 상기시켜 주었다.

린 생산

워맥 외(Womack et al., 1990)는 생산양식의 출현에 관한 논의에 종전과는 달리 경험적인 차원을 추가하였다. 일본 토요타 자동차 연구를 통해 린 생산

(lean production)으로 어떤 기업이 성공할 수 있다는 것을 보여 주었다. 다른 말로 적기(Just-in-time) 생산이라고도 한다. 토요타는 동일 모델의 대량생산을 강조하기보다는 다양한 모델의 소량생산방식을 활용하였다. 그럼으로써 공간을 많이 차지하고 고비용인 재고를 철저히 줄임으로써 경영 리스크를 최소화하였다. 나아가서 단일 직무 노동자를 다기능 노동자로 대체하는 노동과정도 재편하였다. 마지막으로는 노동자 간 팀워크를 강조하였고, 이는 생산물에 대한 주인의식을 고취하고 궁극적으로는 결함을 줄이는 데 기여하였다.

린 생산은 단일 조립라인(예를 들어, 자동차 생산)에서 다양한 모델과 옵션을 가능하게 한다. 그 결과 불확실하고 쉽게 수요가 변화하는 경제환경에 잘 적응할 수 있으며, 틈새시장을 위한 고객 맞춤형 제품도 생산할 수 있다. 소량생산(small-batch production)은 공급주도 모델과 대비되는 수요견인 모델을 채택함으로써 경영 리스크를 최소화한다. 그러나 소량생산 방식을 위해서는 부품이 적기에 납품되어야 하기 때문에 부품 공급자와의 긴밀한 협력이 요구된다. 또한 노동자의 적극적인 참여와 장기적인 훈련에 참여하려는 노동자들의 의지도 요구된다. 경직된 포디즘 생산양식에 유연성을 도입하는 것은 1960년대 당시에는 혁명적이었다. 그 이후 이 모델은 널리 채택되어 자동차 생산에서뿐 아니라 개인용 컴퓨터와 같은 다른 제품의 생산에서도 글로벌 표준이 되었다.

포스트포디즘을 넘어서

조절학파와 유연적 전문화로 대표되는 산업조직의 새로운 형태에 대한 논쟁은 역사적 의의뿐만 아니라 경제지리학의 방향에 미친 영향에 있어서도 중요하다. 당시 『Economic Geography』에 실린 논문들을 보면, 경제지리학은 전통적인 도시경제에 관한 주제(예를 들어, 교통 접근성 문제, 대도시권의 구조)에서 탈피하여 산업지리 혹은 기업지리로 점차 초점이 바뀌었다. 기업의 지리학(즉, 기업 연구, 대부분은 제조업 특히 첨단산업)과 산업조직의 지리학이 1980년대 대부분과 1990년대 전반에 걸쳐 경제지리학을 지배했다. 포디즘·포스트포디즘의 분석틀이 여전히 널리 통용되고 있지만, 너무 경직되고 이원론적이며 기업 내 혹은 클러스터 내의 조직적 역동성에 지나치게 치우쳤으며, 선진산업화 경제 분석에 거의 배타적으로 초점을 두고 있다는 점에서 비판을 받고 있다.

가장 경쟁력 있는 산업조직인 포디즘의 종언에 대하여 합의가 이루어지지 않는다면, 포스트포디즘의 성격이나 상태에 대해서도 동의하는 학자는 거의 없을 것이다. 오늘날 포스트포디즘에 대한 이해는 프랑스 조절학파뿐만 유연적 전문화와 린 생산 주창자들의 산업조직에 대한 논의를 통합한 것이다.

요점

- 프랑스 조절학파는 작업현장의 미시적 관행과 거시적 경제추이를 통합하여 정교한 개념적 분석틀을 개발하였다.
- 피오르와 세이벨은 이러한 논의를 확장하여, 포스트포디즘이 유연적 전문화로 알려진 생산시스템에 의해 지배될 것이라고 주장했다.
- 그럼에도 불구하고 생산체제로서의 포스트포디즘의 특수성과 그 지리적 함의에 대해서는 아직까지 어떠한 합의하는 바도 이루어지지 않고 있다.

더 읽을 거리

- 조절학파에 대한 포괄적인 개관을 위해서는 브아예(Boyer, 1990)를 참조하라. 그리고 던퍼드(Dunford, 1990), 제숍(Jessop, 1990)도 조절학파에 대한 관점을 제공한다.

핵심개념으로 배우는 경제지리학

주석

1. 역사학자들은 시스템이 전체적으로 노동의 탈숙련화를 초래했는가에 대하여 논의 중에 있다. 상세한 설명은 Best(1990)를 참조하라.

2. 스태그플레이션(stagflation)이란 실업과 인플레이션율의 동반 상승을 말한다. 1861년에서 1957년까지의 영국의 경험에 근거하여 개발된 필립스 곡선은 1970년대까지 실업과 인플레이션은 항상 반비례관계라는 믿음을 심어 줬다. 그리고 많은 유럽경제는 인플레이션을 통제하는 수단으로 높은 실업률을 정당화하였다.

3. 원래의 NIEs(또는 간혹 신흥공업국, NICs라고도 함)는 한국, 대만, 홍콩, 싱가포르였다. 이 국가들은 '아시아의 네 호랑이'로도 알려졌다.

제4장

글로벌 경제지리

경제지리학자들은 글로벌 스케일에서의 경제과정을 어떻게 개념화하는가? 제4장에서는 논의의 초점을 기존의 국지적이고 지역적인 것에서 글로벌 경제지리를 분석하 데 필수적인 주요 개념으로 전환하고자 한다.

경제지리학자들은 세계화 논쟁에 어떻게 관여하는가? 경제지리학자들은 특수한 맥락뿐 아니라 일반화된 이론에도 관심을 갖기 때문에 그 접근 방법이 다면적일 수밖에 없다. 중심-주변에 관한 절에서는 글로벌 스케일에서의 불균등한 경제발전이 선진국(즉, 중심), 개발도상국(즉, 반주변), 그리고 후진국(즉, 주변) 간의 정치경제 관계에 의해 어떻게 유지되는지를 설명하기 위하여 주로 마르크스주의의 아이디어, 특히 종속이론과 세계체체론을 원용했다. 선진국(Core economies)은 식민화와 제국주의를 통해, 그리고 최근에는 신자유주의적인 정보 주도 자본주의를 통해 주변 및 반주변 국가들과의 불균등한 구조적 관계를 구축하였다. 이러한 관계를 통해 중심은 잉여가치를 창출하고 글로벌 경제에서 지배력을 유지한다. 반면 주변이나 반주변은 세계체제 속에서 자신의 경제적, 지리적 위치를 개선하기 어렵게 되었다.

세계화의 절에서는 경제 세계화의 세 가지 측면에 초점을 맞춘다. 첫 번째는 신국제분업을 야기하는 다양한 형태(역외 비즈니스, 외주화 등)의 다국적 기업의 역할이다. 그리고 세계화의 상호연결성과 동질화의 경향이 국지화되고 장소특수적인 지식, 국가 주체, 문화적 취향과 전통과 같은 요소에 의해 어떻게 제약을 받는가에 대하여 논의한다. 마지막으로 세계화하에서의 스케일의 개념을 검토한다. 즉, 스케일에 관한 전통적 관점(즉, 국지적, 지역적, 국가적, 세계적)은 국지적 발전과 세계경제의 변동에 관한 분석에서 유용성을 잃었다는 것에 주목한다.

자본의 순환 절에서는 불균등발전에 관한 마르크스의 해석을 검토한다. 그러나 자원의 흐름(예를 들어, 상품과 화폐)이 도시, 지역, 세계경제 간의 상호작용을 어떻게 발생하게 하는가에 초점을 둔다. 이 절은 자본흐름에서 마르크스의 화폐자본, 생산자본, 상품자본이라는 세 가지 자본의 1차 순환에 관해서 기술하는 것으로 시작한다. 그리고 이러한 순환이 자본가가 노동에서 잉여가치를 어떻게 지속적으로 착취할 수 있는가를 설명한다. 이러한 이론은 데이비드 하비(David Harvey)의 명저 『자본의 한계(The Limit to Capital)』에 대한 논의를 통해서 확장되었다. 이 책은 자본순환과 도시 및 지역발전 과정과의 관계에 관한 내용을 담고 있다. 하비의 연구는 지역발전의 결과가 내부 투자 원천과 지역에서 창출된 이윤의 분배 창구로 작용하는 자본의 글로벌 흐름에 의해 어떻게 영향을 받는지를 이해하는 틀을 제공한다.

마지막으로, 글로벌 가치사슬(GVC: Global Value Chain)의 절에서는 상품 및 부품 공급자, 제조 및 가공 업자, 소매업자 그리고 소비자를 연결하는 초국적 공급사슬을 통해 글로벌 경제지리를 검토한다. 이 절은 당초 경제 사회학자들과 세계 체제론자들에 의해 개발된 글로벌 상품사슬(Global Commodity Chain) 개념에서 출발해서 GVC 연구의 진화를 고찰한다. 특히 강조하는 것은 가치사슬에 있어서의 두 가지 핵심개념, 즉 거버넌스(governance)와 고도화(upgrading)이다. 거버넌스는 구매자와 생산자가 공급사슬 관계를 조직하여, 비용을 삭감하여 이윤 극대화를 목표로 하위 공급자들을 통제하는 필수적인 수단을 제공한다. 고도화는 하위 공급자가 제품의 가치를 증가시키거나 작업의 효율성을 향상시키며 새로운 기능(예를 들어, 디자인이나 마케팅)을 수행할 수 있게 해 주는 혁신을 통하여 GVC에서 자신의 지위를 개선할 수 있는 전망을 의미한다. 이 장은 GVC 거버넌스에 있어서 국제 기준(예를 들어, ISO 9000, 제품 인증)이 점차 중요해지고 있는 논의와 국지화된 현상(예를 들어, 클러스터나 제도)이 어떻게 가치사슬 통합의 전망과 그 중요성에 영향을 미치는가에 관한 경제지리학자들의 통찰로 마무리하고자 한다.

4.1 중심-주변

왜 어떤 지역과 나라는 만성적인 빈곤을 벗어나지 못하는 반면에 다른 지역 및 나라는 점차 부강해지는가? 지난 세기 동안에 불평등이 왜 더 심화되었으며 개발도상국은 왜 지속적인 경제성장과 더 나은 산업화에 어려움을 겪었는가? 중심-주변(Core-Periphery) 개념은 국가 및 지역경제가 다른 장소 및 지역과의 관계를 통해서 어떻게 발전하는지를 이해하는 틀을 제공함으로써 이러한 질문에 답하고 있다. 그 과정에서 이 개념은 세계경제에서 왜 '가진' 장소(중심)와 '가지지 못한' 장소(주변)가 있는가를 설명하는 데 도움이 된다. 경제지리학자들은 중심(선진산업국)과 주변(개발도상국) 국가 간의 구조적 불평등이 시간이 흐름에 따라 어떻게 진화되고 유지되어 왔는지를 설명하기 위하여 급진적인 정치경제학의 아이디어를 적용하여 중심-주변 개념을 확장하였다.

종속이론, 세계체제론, 그리고 중심-주변 개념

중심과 주변이 존재한다는 아이디어는 역사적, 정치적 권력이 어떻게 세계경제의 불균등을 창출하는가에 대해 관심을 가진 급진적인 정치경제학자들의 연구(즉, 계급 관계와 불균등발전에 관한 고전 마르크스주의 이론의 영향을 받은)에서 유래하였다. 이러한 전통의 연구는 1950년대와 1960년대 경제성장과 근대화에 관한 주류 이론, 특히 로스토(Walter Rostow)의 업적에 대한 비판을 통하여 시작되었다. 로스토(Rostow, 1960)는 자유민주주의 원리와 자유시장경제를 채택한 모든 나라는 경제성장의 다섯 단계를 거쳐 독자적으로 발전할 수 있다고 주장했다.[1] 급진적인 학자들은 로스토의 모델을 개발도상

핵심개념으로 배우는 경제지리학

국에 대한 식민주의와 제국주의 그리고 오늘날의 지정학적 관계의 영향을 무시했기 때문에 비판했다. 이러한 관점과 비판으로부터 종속이론과 세계체제론이 출현하게 되었다.

주류 발전이론에 대한 종속이론의 비판은 잉여가치의 이전과 부등가교환이 주로 식민지 경험이 있는 나라(즉, 주변)와 식민화에 책임이 있는 나라(즉, 중심) 간의 관계를 어떻게 구조화하는가에 대한 설명에 집중했다. 폴 바란(Baran, 1957)은 남미와 다른 주변 국가(아프리카, 남부아시아)의 식민지 경험이 그 이전의 부유한 자(부르주아)와 가난한 자(농민)를 구조적으로 분리시킨 극단적인 수준의 불평등을 창출했다고 주장했다. 이러한 불평등 때문에 부유한 자들은 농민들을 위한 사회 및 노동 조건을 개선할 자극이나 관심도 갖지 않았다. 이러한 사회적 투자의 부족은 저임금을 지속시켰고, 중심의 시장에 있어서 상품 가격도 낮게 하였다. 그리하여 주변에서는 공장, 플랜테이션 농장, 삼림, 광산을 소유한 외국인 투자자와 지역의 부유한 자에게 잉여 이윤이 지속적으로 이전하게 되었다.[2] 이러한 상황하에서는, 대도시 국가(중심)와 위성 경제(주변)를 연결하는 자본주의체제는 중심에 대한 주변의 불리함을 영속화한다(Frank, 1966).

에마뉘엘(Emmanuel, 1972)은 이러한 아이디어를 확장하여 중심과 주변 간의 부등가교환(unequal exchange)이 임금 격차의 주된 원인이라고 주장했다. 중심 지역의 공장 노동자들은 잘 조직화되어 있고 상대적으로 공급이 부족하기 때문에, 미숙련 노동자의 과잉과 억압적인 정치체제가 노동계급을 무력화해 온 주변 지역에 비해서 더 높은 임금을 요구하고 받을 수 있다. 반면 주변 지역의 노동조건은 식민지 및 식민지 이후의 정책들로 더욱 악화되었다. 그런 정책들로 인해 플랜테이션식 농업, 대규모 천연자원 추출 산업 등이 촉진되었고, 주로 남성 노동자 중심의 공식 부문으로 이루어진 발전의 '섬'들이 형성되었다(Talyor and Flint, 2000). 그들의 가족들이 서로 떨어져 살기 때문에, 사회적 재생산 비용(즉, 출산 및 양육 활동)은 부인과 자식이 남편으로부터의 송금과 자급지족적 농업에 의해 생활하는 고립된 농촌 지역으로 외부화되어 있다. 그림 4.1.1에서 보는 바와 같이, 주변 지역의 남성 노동자들의 저임금은 사회적 재생산 과정의 외부화를 낳고, 이는 '반프롤레타리아' 가계를 창출한다. 이 때문에 중심 지역의 노동자와 자본가들은 저렴한 소비재와 높은 이윤이라는 형태로 잉여의 이전을 향유하게 된다.[3]

세계체제이론(WST: World System Theory)은 종속이론의 영향을 받았고 이는 글로벌 경제에 대한 '지리적 전체'라는 관점을 제시하였다. 월러스타인(Wallerstein, 1974)은 당초 WST를 경제적, 정치적 권력의 불균등분포가 시공적으로 어떻게 진화해 왔는가를 설명하기 위한 수단으로 전개하였다. 그의 중심 논점에 따르면 세계경제라고 이름 붙여진 현대 세계체제는 제국주의나

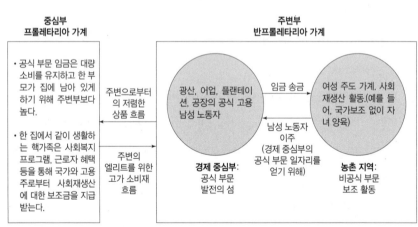

그림 4.1.1 중심부와 주변부의 부등가교환과 가계
출처: Taylor and Flint(2000)

핵심개념으로 배우는 경제지리학

군사력을 통해서 글로벌화된 것이 아니라, 중심과 주변 간의 잉여가치의 이전과 부등가교환으로 나타나는 자본주의의 힘을 통해 글로벌화되었다(Hall, 2000).

이러한 불평등관계에 대한 월러스타인의 분석은 중심국·주변국·반주변국이라는 세계경제체제에서 그들의 힘의 관점에서 국가 간의 계층성에 대한 논의로 발전하게 되었다. 이러한 중심·주변·반주변이라는 용어들은 처음 도입된 때와는 다소 의미가 달라졌지만 오늘날은 적어도 각 경제 유형의 일반적 특성에 대해서는 합의가 이루어지고 있다. 중심 경제(예를 들어, 유럽, 일본, 미국)는 강력한 국가 정부와 중산층(부르주아), 대규모 노동자계급(프롤레타리아)에 의해 지원을 받는 선진산업활동과 생산자서비스에 의해 주도되고 있다. 주변 경제(예를 들어, 아프리카, 남부아시아, 라틴아메리카)는 주로 천연자원 추출이나 농산물 생산에 의해 주도되고, 약한 정부, 얇은 중산층, 대규모 미숙련 노동자·농민층으로 이루어진다. 반주변 경제(예를 들어, 남아프리카, 중국, 인도, 브라질과 같은 신흥경제)는 근대 공업과 도시가 있지만 대규모 농민과 비공식 경제와 같은 주변적인 속성도 가지는, 중심과 주변 간의 어딘가에 위치한다.

WST의 의의는 이러한 3유형의 구분에 있다기보다는 부국과 빈국 간 불평등한 자원흐름이 어떻게 유지되는지, 그리고 주변국가가 중심국가에 대하여 국력을 증대시키는 것이 왜 그렇게 어려운지를 설명하는 데 있다. 국민국가의 계층성에 있어서 한 나라의 위상은 개선될 수 있다. 그러나 그것은 그 국가의 정치인과 자본가 들이 협력하여 생산성을 높이고 외부 자본투자를 유치하며, 다른 나라에 대한 경쟁 우위를 확보하는 산업발전전략을 실행할 때만이 가능하다. 중심부와 주변부 경제는 단기적 경제수요와 인적 자본(교육, 훈련), 사회복지, 기술 및 하부구조에서의 장기적 투자 간의 균형을 끊임없이 맞추어야

하는 도전을 받기 때문에 한 국가의 위상을 제고하는 것은 결코 쉬운 일이 아니다(Straussfogel, 1997). 더욱이 경제주기(콘트라티예프 파동과 같은)는 기존의 권력구조에 도전하고 새로운 '중심'이 등장할 기회를 창출할 수 있는 주기적인 하락 국면을 통하여 중심-주변 위계를 형성하는 데 중요한 역할을 하기도 한다. 예컨대 2008~2010년의 경제후퇴는 중국이 반주변에서 차기의 세계적 초강대국이 될 것인가에 대한 흥미로운 의문을 제기하였다(Arrighi, 2007). 비록 중국경제가 최근 급격히 산업화되었지만, 그렇게 될 수 있었던 대부분의 역량은 중심부 경제(특히 미국)의 소비자에 영향을 받아 왔다. 따라서 이것은 한 나라가 글로벌 위계에서 자신의 위치를 개선하는 능력이 다른 나라의 행동과 다른 나라가 직면하고 있는 상황에 얼마나 의존하는가를 잘 보여준다.

중심-주변에 관한 최근의 논의

최근의 중심-주변 연구는 네 가지 주제, 즉 반주변 경제 연구, 신자유주의적 세계화에 대한 비판, 국제적 정보격차(digital divide) 분석, 천연자원 의존의 주변 지역 연구를 강조한다. 첫 번째는, 세계체제 내에서 반주변부가 직면한 특유의 기회와 도전에 초점을 둔 연구들이다. 그윈 외(Gwynne et al., 2003)는 신흥경제라고도 불리는 반주변부 국가들이 크게 세 지역(중·동유럽과 러시아, 라틴아메리카와 카리브해 지역, 아시아·태평양 지역)내에서 어떻게 발전하고 있는가를 분석했다. 이 분석을 통해 그들은 이들 경제와 지역의 역사적, 지리적 발전을 상세히 분석하고 이 경제와 지역들이 어떻게 대안적이고 독자적인 자본주의의 다양성을 보여 주고 있는가를 설명하였다(3.1 국가 참조).

핵심개념으로 배우는 경제지리학

두 번째 영역은 세계경제에서 구조적 불평등을 유지하고 재생산하는 신자유주의 이데올로기와 정책의 역할을 밝히는 연구이다. 신자유주의정책의 지지자는 자유시장, 효율적인 사유재산권, 산업 규제 완화, 수출주도 산업화 등이 경제발전에서 가장 효과적인 전략이라고 주장한다(World Bank, 1993; Williamson, 2004). 신자유주의에 대한 비판은 다양한데, 대부분은 신자유주의 정책들이 선진산업지역에 유리하고 글로벌 중심-주변 간의 공간적 불평등을 지속시킨다는 것이다(Klak, 1998; Harvey, 2006). 예를 들어, 아리기(Arrighi, 2002)는 사하라 이남 아프리카의 식민지 이후의 발전사를 분석하여, 중심경제가 1970년대의 경제위기를 계기로 자본흐름이 다시 중심부 경제로 향하도록 글로벌 경제정책과 제도를 어떻게 바꾸었는가를 설명하였다. 이러한 과정에서 아프리카 경제는 발전프로그램에 필요한 기금 자본을 빼앗기고 말았다.

세 번째 주제는 중심-주변 관계의 형성에 있어서의 정보기술의 역할과 관련되어 있다. 세계화에 대한 카스텔스(Castells, 1996; 1998)의 업적에 힘입어, 경제지리학자들은 왜 어떤 지역과 지역사회(예를 들어, 사하라 이남 아프리카, 미국의 빈곤한 내부 도시*)는 정보화가 주도하는 자본주의 시대의 혜택을 받지 못하는가를 연구하였다(6.1 지식경제 참조). 이들 연구는 정보격차 혹은 IT 및 IT활동의 불균등분포가 정보 접근성 측면에서 중심과 주변을 어떻게 형성하는가를 보여 줬다. 예를 들어, 켈러만(Kellerman, 2002)은 특정 나라들이 어떻게 IT생산과 사용에서 특출나게 되었는지를 분석하였다. 그리고 길버트 외(Gilbert et al., 2008)는 빈곤층의 IT에 대한 접근성이 제약을 받는 지역사

---

* 역주: "내부도시"라고 번역할 수밖에 없는 "inner city"라는 말은 대도시 내 CBD 주변의 쇠락된 지구를 의미한다. 동심원 이론의 점이지대를 포함한, 지역의 낡고 쇠락된 곳을 뜻한다.

회 내에 존재하는 사회적 정보격차를 분석하였다(2.3 접근성 참조).

네 번째 주제의 연구는 왜 자원이 풍부한 지역이 종종 자원이 빈약한 지역보다 저개발된 지역으로 잔존하는가를 이해하고자 했다. 이들 연구의 핵심은, 자원의 저주 혹은 자원 중독이 경제적 다양성, 혁신과 사회적 동원(예를 들어, 토지의 권리, 노동권리)을 약화시키는 구조적 요소를 통해서 발전을 저해하여 자원이 풍부한 지역을 만성적인 한계지역화한다는 것이다(Freudenburg, 1992; Auty, 1993). 지역들이 이러한 요인들과 힘으로 뒤처지게 되면, 그런 지역은 중심부 경제의 에너지, 농산물 그리고 기타 원료의 소비에 의존하는 자원 주변부가 될 수 있다. 로서(Rosser, 2007)의 인도네시아 경제발전 연구에 의하면, 주변적 지위는 모든 자원 부국에게 불가피한 것이 아니며, 건전한 경제정책과 올바른 외부 정치경제적 조건을 통해 그것을 피할 수 있다. 인도네시아의 경우, 냉전 기간 동안의 전략적 위치와 일본과의 접근성으로 1970~1980년대 동안 높은 경제성장률을 달성하였다. 결국, 자원 주변국가도 세계경제에서 핵심적인 역할을 할 수 있으며, 그런 나라를 잘 이해해야 지리학자들이 경제 세계화의 역동성과 결과를 더 잘 이해할 수 있다(Hayter et al., 2003).

요점

- 중심이란 선진산업 지역으로, 일반적으로 농업, 천연자원 개발 또는 노동집약적 저부가가치 제조업에 의존하는 주변지역에 대하여 비교우위를 유지할 수 있다. 반주변국가(브라질, 중국, 인도, 남아프리카)는 중심과 주변의 중간적 성격을 가지고 있다.
- 종속이론과 세계체제론은 중심–주변 관계를 한때 식민지를 경영한 중심부 경제와 식민지를 겪은 주변부 국가들을 연결하는 부등가교환 관계의 역사적 산물로 본다.
- 경제지리학자들은 중심–주변 개념을 중국, 인도, 브라질과 같은 신흥경제 연구에 신자유주의 경제정책의 역동성과 결과들에도, 또한 경제발전에서 IT의 역할 그리고 천연자원 의존 경제가 직면하고 있는 문제 등의 연구에도 적용하고 있다.

더 읽을 거리

• 막키(Makki, 2004)는 개발도상국의 개발 개입의 역사를 분석하여 현재의 글로벌 신자유주의의 시대는 중심−주변 격차를 재생산하고 악화시킬 것이라고 주장했다. 바르톤 외(Barton et al., 2007)는 칠레, 뉴질랜드 등 반주변 국가들의 고유한 경험을 분석하였다. 페인(Pain, 2008)은 런던과 잉글랜드 남동부의 관계를 중심−주변 관계로 검토하였다. 털루(Terlouw, 2009)는 네덜란드와 북서 독일의 역사적 발전을 세계체제 관점에서 상세히 분석하였다.

주석

1. 로스토의 발전 단계 모델은, 모든 나라들이 그 역사나 현재의 물적 조건과 무관하게 자유주의적인 경제, 정치 정책을 통해 근대화될 수 있다고 가정하였다. 그는 각 나라들은 성장의 다섯 단계, 즉 ① 전통 사회 단계, ② 도약의 전제 조건 단계, ③ 도약 단계, ④ 성숙 단계, ⑤ 대중 소비 단계의 발전 '사다리'를 고안하였다. 이 모델은 경제 및 산업 진화에 관한 "보편적으로 적용될 수 있는" 비사회주의 분석틀을 제공한다. 그리고 그 적용에 있어서는 그들은 개발도상국은 우선 농업 및 천연자원의 수출에 초점을 두고, 이들 상품의 판매이익을 도시를 기반으로 하는 제조업 거점을 설립하는 데 투자하여야 한다고 주장하였다.

2. 그 좋은 사례가 바로 라이베리아의 파이어스톤(브리지스톤) 고무 플랜테이션이다. 이 플랜테이션의 토지는 약 1억 에이커인데, 1927년에 미국 정부의 집요한 외교적 압력에 따라 라이베리아 정부로부터 헐값에 취득한 것이다(Fage et al., 1986).

3. 그러나 중요한 것은 부등가교환의 이점은 주로 중심부 경제의 백인 남성 노동자만이 가능하다는 것이다. 여성과 소수민족은 전통적으로 이 시스템에 착취당해서 한계적 상황에 머무르고 있다. 이러한 구조적 불평등은 오늘날에도 지속되고 있다(5.2 젠더, 5.3 제도 참조).

4.2 세계화

경제 세계화는 세계경제에서 시장의 지리적 확장, 생산활동의 기능적 통합 그리고 사람과 장소의 상호연결 및 상호의존의 증대에 의해 견인되고 있다. 1980년대 이후 세계화 개념에 관한 대중적 서적들이 등장했는데, 오늘날의 세계화의 역동성과 그 의미와 결과를 긍정적으로 받아들이거나(Friedman, 2005), 부정적으로 받아들이기도 했다(Stiglitz, 2002). 학문적으로는 경제학 (Bhagwati, 2004), 정치학(Held and McGraw, 2007), 사회학(Sklar, 2002), 문화인류학(Appadurai, 1996)을 포함하는 다양한 학문 영역에서 세계화에 대한 분석이 이루어졌다. 경제지리학자들은 국지적 환경과 경제 간의 공간적 연결이 장소와 지역이 세계화에 어떻게 영향을 주고받는지를 결정하는 데 어떻게 중요한 역할을 하는가를 연구하였다(Kelly, 1999; Bridge, 2002; Dicken, 2004). 세계화의 범위가 무척 넓기 때문에 이러한 공헌의 일부는 이 책의 다른 장들에서 소개되고 있다(1.1 노동력, 6.3 소비, 6.1 지식경제, 6.2 금융화). 이 장에서는 세계화의 경제지리에서 핵심이 되는 세 가지 주제를 강조하고자 한다. 첫째, 세계화에 있어서 다국적기업의 역할과 신국제분업(NIDL), 둘째 경제 세계화에 한계가 존재하는 이유, 셋째 세계화로 지리학자들이 공간 스케일의 개념화를 재고해야 하는 이유이다.

다국적기업과 신국제분업

1970년대 중반 세계경제 위기가 지속되면서 학자들은 산업입지와 대기업의 전략과 구조에 중대한 변화가 있다는 것을 관찰하기 시작했다. 하이머 (Hymer, 1976)와 프뢰벨 외(Fröbelet al., 1978)은 다국적기업들이 세계경제를 고전적인(즉, 리카도적인) 노동분업과는 다른 새로운 방식으로 재조직하고 있다고 주장했다. 다시 말해서, 한 나라의 무역 비교우위가 단순히 원료 공급자냐 공산품 생산자냐에 따라 결정되지 않는다는 것이다. 이러한 세계자본주의의 새로운 시대에 제조업 활동이 선진국에서 개발도상국으로 옮겨 가면서 신국제분업(NIDL)이 등장하였다. 이러한 전환에서 중요한 것은 다국적기업(MNCs: Multinational Corporations)의 다국가적인 투입활용전략이다. 이 전략은 생산을 여러 지역에 분산시키고 제조 활동의 비용 효율성을 제고하였다. 이러한 생산의 공간적 재조직은 물류 혁명(예를 들어, 컨테이너화)과 정보기술, 그리고 세계금융시스템의 구조변화로 가능했다(Taylor and Thrift, 1982; Castells, 1996).

세계 수준의 생산활동 조정은 크게 세 가지 과정, 즉 해외생산이전(off-shoring), 외주(outsourcing), 주문자생산방식(OEM: Original Equipment Manufacturing)으로 구분된다. 해외생산이전은 기업들이 비용 절감을 위해 생산설비를 외국으로 옮기되, 직접 관리하고 유지하는 것이다. 버논(Vernon, 1966)의 제품수명주기(product life cycle) 이론은 특정 제품의 생산입지가 왜 선진국에서 개발도상국으로 이전하는가를 설명하였다. 이러한 입지 이전은 그 제품이 연구개발 집약적인 단계(고숙련 노동자를 필요로 하는)를 벗어날 때, 그리고 주로 제품 차별화에 기반을 둔 경쟁(소수의 경쟁자에 의한)에서 가격에 기반을 두는 경쟁(다수의 경쟁자에 의한)으로 이동할 때 이루어진다. 생산비 절감이 요구되기 때문에 다국적기업은 대량생산시스템을 구축하되 임금률이 낮은 개발도상국에서 새로운 공장 입지를 찾게 된다.

외주는 종종 '하청'(subcontracting)과 혼용되기도 한다. 외주는 원래 기업 내부에서 수행하던 생산과 서비스를 외부화하는 것이다(예를 들어, 트럭을 소유하고 운영하는 대신에 제3자의 물류서비스 업체를 활용하는 것). 반면 하청은 특정 업무를 외부 기업(예를 들어, 토요타 자동차에 볼트와 너트를 공급하는 소규모 기업)에 맡기는 것으로, 위계적인 조직에서 이루어진다. 외주가 이루어지면 해당 기업은 핵심 부문에 집중할 수 있지만, 하청은 복잡하며 전문적인 부품과 서비스에 대한 수요, 하청업체의 범위의 경제를 통한 비용절감에 대한 욕구, 혹은 주요 하청업체의 생산능력을 제고시킬 수 있는 지속적이고 주기적인 필요성에 의해서 이루어지게 된다. 외주와 하청은 한 국가 내에서 이루어질 수 있지만, 이 용어는 점차 다국적기업이 재화와 서비스를 생산하기 위하여 외국기업과 계약하는 것을 일컫는 경우에도 사용되고 있다(Dicken, 2007). 보다 직접적인 자본 및 경영 투자를 필요로 하는 해외생산이전과는 달리, 국제적 외주·하청은 공장 경영과 관련된 비용과 위험을 외부화함으로써 다국적기업의 유연성을 강화할 수 있다.

주문자생산방식(OEM)은 다른 상표권을 가진 도매업자 혹은 소매업자가 판매할 제품을 생산하는 계약을 체결한 제조업자의 생산을 의미한다. OEM은 상대적으로 지명도가 낮은 제조업자에게 새로운 시장에 접근할 기회를 제공하기도 한다(예를 들어, 세탁기와 같은 백색 가전 시어스 브랜드제품을 과거에는 일본 기업들이 생산했고, 최근에는 중국 기업들이 생산하고 있다). 나아가서 국제적인 시장의 판매자와의 연계를 통하여 OEM 기업은 기술 향상의 기회를 얻기도 하며, 제품의 질과 생산 효율성 그리고 기업의 기능적 역량을 개선하는 과정을 제공받을 수 있다(4.4 글로벌 가치사슬). 제레피(Gereffi, 1999)가 밝힌 바와 같이, OEM은 동아시아 의류 제조업체들이 자신의 브랜드와 디자인 능력을 향상시키는 데 중요한 역할을 했 다.

요약하자면, 해외생산이전, 외주 및 하청, 그리고 OEM으로 세계 차원의 생산체계가 형성되었다. 이 생산체계의 효율적 조정은 운송 물류, 금융 서비스 그리고 IT의 혁신에 의해서 촉진되었다. 이러한 생산의 분산은 기존의 다국적

기업을 더욱 효율적으로 하였을 뿐만 아니라, 새로 등장하는 다국적기업(특히 신흥 개발도상국에서)의 활동을 국제화시켜 새로운 지식에 접근할 기회를 제공했다(Tokatli, 2008). 그러나 다국적기업이 주도하는 세계화는 선진국과 개발도상국 모두에게 부정적인 결과를 가져올 수도 있다. 미국과 유럽에서는 생산의 세계화가 블루칼라와 화이트칼라 노동자 간의 임금 차이를 확대하였다 (Bardhan and Howe, 2001). 개발도상국에서 아동노동, 성 차별 그리고 노동 착취 상태는 다국적기업에 의한 의류 및 섬유산업과 그 외 제조업의 외주 활동과 연결되어 있다(Rosen, 2002).

경제 세계화의 한계

다국적기업과 신국제분업은 세계경제에 있어서 장소 간의 연계와 통합에 중요한 역할을 했지만, 많은 업무활동들이 여전히 외주 혹은 해외생산이전이 어렵거나 곤란한 상태로 남아 있다. 스토퍼(Storper, 1992)는 제품 기반 기술학습(PBTL: Product Based Technological Learning) 체제, 즉 지역에 뿌리 내려진 일련의 지식과 생산 관행의 총합에 대한 연구를 통해, 지역의 상업적 전문화가 고부가가치, 고품질에 의해 주도되는 생산체제(예를 들어, 소프트웨어산업과 전자산업에서의)의 지리적 확산을 어떻게 제한하는가를 밝혔다. 경쟁력 제고에 필요한 지식은 단일 기업 내에서 완전히 내부화될 수 없기 때문에, 기술과 지식 집약도가 높은 산업의 특정 부문(예를 들어, IT나 BT의 R&D)은 세계경제의 각 지역으로 쉽게 이전되기 어렵다. 그래서 공간적 근접성과 산업클러스터는 이러한 정보 및 기술의 필요에 대한 합리적인 결과이며, 특정 장소나 지역에서 클러스터의 역량이 일단 전개되면 다른 장소가 이를 따라잡는 것은 지극히 어렵게 된다(Maskell and Malmberg, 1999; Scott, 2006)(5.3

제도, 3.2 산업클러스터, 3.3 지역격차, 2.1 혁신, 5.5 네트워크 참조).

　국가도 본국에 기반을 둔 다국적기업의 투자와 무역활동에 영향을 미침으로써 세계화를 제약하기도 한다. 딕켄(Dicken, 1994)은 다국적기업이 처음에는 창업지역의 맥락에 뿌리내리게 되며, 이러한 뿌리내림은 기업의 지리적 확장을 제약하는 국가와 기업 간의 긴장을 야기한다고 주장하였다(5.4 뿌리내림, 1.3 국가 참조). 2002년 기준으로, 100대 다국적기업은 매출액, 자산, 노동자의 거의 절반을 여전히 본국 내에 두고 있었다(Dicken, 2007). 기업들이 국제화할 때에도 주요 해외 투자처는 특정 지역이나 장소에 집중되었다. 예를 들어, 미국기업들은 상당히 세계화되었지만 사실상 대부분의 해외 투자는 캐나다에 집중되어 있다. 많은 국가들이 다국적기업에 의한 세금 수입과 고용에 의존하기 때문에, 정부는 다양한 인센티브(보조금, 세금 감면, 노동 및 환경 규제 완화 등)를 통하여 기업과 일자리를 국내에 유지하려고 한다(Yeung, 1998). 이러한 갈등과 전략은 국가-기업 관계 및 제도의 국가 간 차이와 관련되어 세계경제가 완전히 통합되는 가능성을 저하시킨다(Jessop, 1999).

　또한 장소가 만들어지고 경제가 발전하는 것에 대하여 문화적 관점에서 고려하면, 세계화의 제약은 보다 분명해진다. 아민과 스리프트(Amin and Thrift, 1993)는 세계화가 실제로 장소 간 이질성을 확대하였고, 그러한 이질성이 세계경제를 형성하는 데 중요한 역할을 한다고 주장했다. 아파두라이(Appadurai, 1990)에 따르면, 세계경제는 국지적 수준에서의 복잡한 상호작용이나 괴리를 만들어 내는 상이한 지식, 문화, 사람, 그리고 금융 흐름의 관점에서 이해할 수 있다. 이러한 글로벌-로컬 간의 상호작용의 속도와 규모를 전제로, 도시와 지역은 지역주체들이 세계적인 흐름에 접근하여 경제발전에 적극적으로 공헌할 수 있는 효과적인 제도를 발전시킬 필요가 있다(Amin and Thrift, 1993; Amin and Graham, 1997)(5.3 제도 참조).

마지막으로, 지리학자들은 모든 지역의 문화를 동질화하는 힘으로서의 세계화에 중요한 제약이 있다는 것을 밝혔다. 어떤 문화적 속성(예를 들어, 태국음식, 힙합 음악)은 최근 10년간 점차 글로벌화되었지만, 민족적 정체성이나 사회적 가치 그리고 문화적 전통은 여전히 장소에 뿌리내려져 있다(5.1 문화 참조). 국제이주가 사람과 장소를 새롭고 직접적인 방식으로 연결시키지만, 이민자들의 전통과 정체성은 이민지 거주지(디아스포라 커뮤니티)를 통하여 종종 유지되고 재생산된다(Moahn and Zack-Williams, 2002). 이에 관한 연구들은 초국적 정체성이 국제이동을 통하여 어떻게 형성되고(Wong, 2006), 소수민족 디아스포라 내부에서 이주자 간의 연대가 어떻게 대외 투자와 무역의 기회를 창출하는가(Mitchell, 1995)에 초점을 두었다. 경제지리학자들은 디아스포라의 연대가 어떻게 산업혁신에 공헌했는가(Saxenian and Hsu, 2001), 그리고 이민자로부터의 본국 송금흐름이 어떻게 개발도상국 금융자본의 중요한 원천이 되는가(Jones, 1998; Reinert, 2007)에 대해서도 연구하고 있다.

경제지리학에 있어서의 세계화, 국가 그리고 스케일에 대한 재검토

세계화의 정치-경제적 함의에 관심을 갖는 지리학자들은 세계화가 지역발전에서 국가의 역할을 어떻게 재조정하는가 하는 중요한 질문을 제기하여 왔다. 이러한 논의의 핵심 논의는 지리적 스케일의 개념화가 다자 및 양자 무역협정과 지역경제 협약에서 명확하게 나타났듯이 새로운 형태의 경제 협력과 거버넌스를 잘 설명할 수 있는가 하는 점이었다. 넓게 보면, 이러한 논쟁은 두 가지의 일반적 접근, 즉 스케일의 상대화 관점과 반스케일 또는 위상학적 관점 중의 하나를 강조함으로써 전통적인 '컨테이너화된' 스케일 개념(국지, 국가, 글로벌)을 넘어선 움직임을 탐색하여 왔다.

스케일에 대한 상대화 관점(relativized view of scale)을 지지하는 학자들이 보기에, 전통적인 스케일 개념화는 신자유주의 자본주의가 추동하는 경제 세계화가 국가로 하여금 글로벌경제에서 경쟁력 있는 틈새시장을 확보하기 위해 활동을 조직 및 재조직하게 어떻게 강제했는가를 설명하는 데 실패했다(Swyngedouw, 1977; Brenner, 2000). 특히 국가는 자신의 산업 기반과 지역경제와의 관계에 관심을 가지게 되었고, 반면에 지역기업과 국제시장과의 관계를 개선하는 데 초점을 두고 있다. 이러한 재스케일화 과정은 '세방화된'(glocalized: global-local) 또는 '세계·도시화된'(glurbanized: global-urban) 경제적 관계성의 발전을 통해 지역성장의 과정을 재조정하는 새로운 조절 틀의 구축에서 명확하게 드러나고 있다(Swyngedouw, 1992; Jessop, 1999). 예를 들면, 그랜트와 니예만(Grant and Nijman, 2004)은 인도와 가나 정부가 외국인 투자를 유치하기 위해 지역과 도시 내에서의 불균등발전을 어떻게 효과적으로 실현하고 촉진하였는가를 보여 주었다. 세계화 속에서 지역 발전이 어떻게 이루어지는가에 주목하는 것을 넘어, 국가의 재스케일화 노력에 대한 분석은 사회정의와 관련된 세계화의 함의에 대한 중요한 문제점을 제기하였다. 특히 세방화(glocalization) 전략과 관련된 정책들은 외부 시장이나 다국적기업의 요구를 우선시함으로써 계급, 소수민족, 성별(젠더)에 기반한 국지적인 불평들을 악화시킬 수 있다(Nagar et al., 2002).

이와 달리, 어떤 학자들은 스케일을 오래된 개념으로 보면서, 세계화를 '비스케일(non-scalar)' 혹은 세계체제 내에서 장소들을 서로 연결하는 위상학적 관계(topological relationship)의 결과로 간주했다(Castells, 1996; Amin, 2002; Marston et al., 2005). 이러한 관점에서, 기업과 산업 그리고 지역발전은 세계화된 지식과 자본의 흐름에 대한 접근성에 좌우된다고 보았다(Hess,

2004). 그 때문에 특정한 영역을 가지는 도시 또는 지역이 아니라 경제, 금융, 산업의 네트워크가 자원의 분배와 장소 간 상호연결과 상호의존을 창출함으로써 글로벌 경제를 형성한다고 이해했다. 최근 네트워크 관점이 중요한 영향력을 가지고 있지만, 대부분의 경제지리학자들은 스케일에 관한 전통적인 아이디어나 스케일의 상대화 관점이(글로벌-로컬) 세계화의 원인과 결과를 분석하는 데는 여전히 중요하다고 인식했다(Sheppard, 2002; Dicken, 2004) (5.5 네트워크 참조).

요점

- 경제 세계화는 세계경제에 있어서 시장의 지리적 분산, 생산활동의 기능적 통합, 사람과 장소 간의 상호연결과 상호의존의 증가에 의해 주도되고 있다.
- 다국적기업의 해외생산이전, 외주, OEM 전략이 경제 세계화에서 핵심적인 역할을 한다.
- 경제지리학자들은 국지화된 지식과 역량, 국가권력 그리고 장소 기반 문화가 세계화의 배후에서 작동하는 동질화와 분산화라는 힘의 범위를 어떻게 제약하는가를 연구하였다.
- 세계화는 지리적 스케일의 개념화, 의미, 표현에 관한 중대한 논의를 촉발했다.

더 읽을 거리

- 워드(Wade, 2004)는 경제 세계화가 불평등을 감소시키고 있는가에 대한 풍부한 경험적 분석을 제공하였다. 콕스(Cox, 2008)는 토머스 프리드먼의 책, 『세계는 평평하다(The world is flat)』를 비판하면서 불균등한 지리적 발전이 세계화된 자본주의의 필연적 결과라고 주장하였다. 세계은행(World Bank, 2009)은 최근의 『세계발전보고서: 변화하는 경제지리(World Development Report: Reshaping Economic Geography)』에서 자유무역과 투자전략으로부터 이익을 얻는 국가의 능력을 형성하는 데 있어서의 경제지리의 역할에 주목했다. 세계은행의 논점에 대한 철저한 분석과 비판을 위해서는 리그 외(Rigg et al., 2009)를 참조하라.

4.3 자본의 순환

자본의 순환(circuit of capital) 개념은 원래 마르크스에 의해 명료화되었고, 여전히 급진적 정치경제학의 핵심 개념이기도 하다. 간단히 말해서, 이 개념은 경제가 자본순환체계에 의해 구성되는 방식을 설명하기 위한 것이다. 자본순환체계는 자본가들이 노동자들과의 불평등한 관계를 통해 지속적으로 부와 권력을 축적할 수 있도록 한다. 지리학자에게 이 개념은 데이비드 하비(David Harvey)를 통해 널리 알려지게 되었다. 그는 이 개념을 자본주의와 공간 경제에 대한 비판이론으로 확장했다. 그 적용에 있어서는 구조적 요인(즉, 자본순환체계)이 어떻게 도시, 지역, 세계경제의 불균등발전을 추동하는지를 설명하는 데 도움이 된다. 또한 국가와 자본가가 '공간적 조정'(spatial fix)을 통한 자본의 흐름을 전환함으로써 자본주의체제에 내재된 위기 경향을 극복하기 위해서 어떻게 노력해 왔는가를 보여 준다. 지리학자들은 이 개념을 세계 금융, 문화와 지식의 초국적 흐름 그리고 노동자 이동의 연구로 확장했다.

마르크스와 자본순환

당초 마르크스(K. Marx)의 『자본론』에서 개발된 자본순환의 개념은 자본주의가 어떻게 작동하는가에 대한 강력한 설명을 제공한다. 그 핵심은 자본이 세 가지 제1차 순환경로를 통해서 장소 내 혹은 장소 간에 순환한다는 것이다. 그 세 가지 제1차 순환은 화폐자본의 순환, 생산자본의 순환, 상품자본의 순환이다. 이러한 순환은 자본주의체제의 제1차적인 토대가 되며, 잉여가치(즉, 지불되지 않은 노동에서 생기는 초과이윤)가 노동으로부터 끊임없이 착취되어 자본가가 그것을 전유할 수 있는 수단을 제공한다. 가장 중요한 것은 이러한 순환체제가 자본주의 재생산의 필요조건이라는 것이다.

마르크스의 사적 유물론은 자본주의체제의 진화를 서술한 것으로 신용시장, 새로운 생산기술 그리고 보편화된 형태의 화폐의 발달이 어떻게 자본권력의 확장을 가능하게 했는지 보여 준다. 사용가치(use value)의 수단으로서의 화폐는 마르크스 이론에서의 사회적 권력이다. 그리고 공간적으로 이동성이 크고 널리 정당성이 인정되는 형태의 화폐 발달은 인류 역사상 중요한 혁신 중 하나이다. 특히 상품으로만 거래하던(즉, 물물교환) 시대에는 부와 사회적 권력을 어느 정도는 제한하는 교환가치(value of exchange)와 교환 타이밍은 균형을 이루었다. 그러나 보편적 형태의 화폐 발전(동전, 지폐)에 따라 교환 관계는 상품만의 거래(C-C)에서 상품으로 화폐를 거래하는 형태(C-M) 내지 화폐로 상품을 거래하는 형태는(M-C)로 변화되었다. 이러한 변화는 불균등교환 관계에 필요불가결한 조건을 창출하였다. 마르크스의 핵심적 통찰 중 하나는 화폐가 가치의 저장수단으로 기능함에 따라 상품-화폐 순환(C-M-C)은 서로 다른 상품들의 가치 간에 균형을 취할 수 있게 된 반면에 화폐순환(M-C-M)은 화폐 보유자가 단지 같은 양의 자본만 얻어서는 유지될 수 없게 되었다. 한 상품을 구입하거나 거기에 투자하는 위험을 감수하고서 그 상품을 다시 동일 양의 화폐로 바꾸는 방식으로는 화폐 순환이 유지될 수 없다는 것이다. 다시 말하면, 이러한 위험을 감수하는 것에 대한 보상이 필요하다는 것이고, 이것이 잉여가치의 착취를 통해 자본 축적이 그 순환체계에 관여하게 되는 이유이기도 하다. 그 체계가 제대로 작동하기 위해서는 자본가들(즉, M의 주요한 소유자 혹은 '축적자')은 화폐순환에서 초과이윤을 실현하지 않으면 안 된다. 마르크스의 식으로 표현하면 화폐순환은 M-C-M′(M′=M+노동에서 착취한 잉여가치)이다. 그 결과는 상품 자본순환(C-M-C′)과 화폐순환(M-C-M′)이라는 2가지 순환 내지 순환체계이다. 마르크스는 이 관계를 상품생산이 이루어지는(P) 제3의 순환 또는 단계로 확장했다. 그러나 마르크스는 필수불가결한 단계는 체제 내에서 일시적으로 자본의 흐름을 방해할 수도 있다는 것을 인정하였다.

　화폐순환, 생산순환, 상품순환으로 구성되는 채취, 교환, 생산활동은 자본주의 사회의 영속적인 재생산과 확대를 가능하게 한다(그림 4.3.1). 화폐자본(즉, 자본가의 권력)은 체계의 핵심 원동력으로, 순환에 필요한 상품과 고정자본(즉, 기술, 기계, 공장, 토지 등에 체화된 생산수단) 그리고 노동력의 구매를 가능하게 한다.

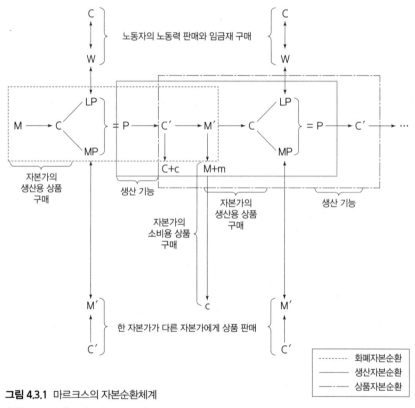

그림 4.3.1 마르크스의 자본순환체계
출처: M. Desai(1979)

화폐는 우선 원료 상품(C)을 공산품 혹은 부가된 상품(C′)으로 전환하는 생산수단(MP)과 노동력(LP)와 같은 상층의 '생산적 소비'에 사용된다. 노동력은 노력의 대가로 임금을 받지만, 임금은 상품순환에서 생산된 임금재(wage goods)(즉, 음식과 의복 등 기본 수요) 구매에 사용된다. 자본가들 역시 이러한 상품을 구매하지만 노동착취로 얻은 초과이윤(m)을 통해 더 고가의 재품 또는 사치품(c)을 살 수 있다. 시간이 지나면, 이러한 세 가지 단계 또는 순환은 자본주의적인 축적 증대라는 목적을 위해 노동력과 사회의 물질적 복리의 보다 균등한 분배를 희생시키면서 그 자신은 지속적으로 재생산하게 된다.

자본순환, 불균등발전 그리고 공간적 조정

지리학자가 마르크스의 아이디어를 최초로 수용한 것은 1970년대에 데이비드 하비(David Harvey)가 경제발전 과정을 설명하기 위하여 자본순환 개념을 확대한 것이 처음이다. 그의 기념비적인 저서 『자본의 한계』(1982)는 자본주의가 어떻게 작동하고, 자본주의는 스스로를 유지하기 위해서 왜 자본 이동성과 공간적 경제적 통합, 그리고 불균등발전을 필요로 하는지를 설명하기 위하여 축적, 잉여가치 착취 그리고 자본순환에 관한 마르크스의 아이디어를 적용하였다.

하비는 자본의 이동성과 지리가 오늘날의 도시, 지역, 국민경제의 진화를 이끌어가는 방식을 설명하기 위해 2가지 추가적인 순환을 마르크스의 제1차 순환(즉, 화폐순환, 상품순환, 생산순환)에 통합하였다. 이러한 병렬적 추가 순환은 자본주의의 과잉 축적과 가치절하(devaluation) 위기(즉, 경기 후퇴와 인플레이션 위기)로의 경향성 때문에 불가피하다. 그런데 이 순환들은 이러한 위기를 방지하기 위하여 1차 순환의 초과 이윤을 전용하거나 '전환'하기 위한 수단을 제공하기도 한다. 더욱이, 이러한 제2차, 제3차 순환은 국가와 민간 부문 주체가 장래의 생산수단, 노동의 사회적 재생산에 대한 지속적인 투자를 가능하게 한다(그림 4.3.2).

제2차 순환은 국가가 규제하지만 민간 부문 행위자들이 주도하는데, 제1차 자본이 금융시장, 고정자본 그리고 건조환경(즉, 도로, 운동경기장, 사무용 빌딩 등)으로 전환되는 핵심 메커니즘을 제공한다. 더욱이 이 순환은 소비기금을 포함하는데, 소비기금은 상품 소비에 필요한 인프라와 내구소비재(예를 들어, 난로, 쇼핑몰, 냉장고)에 대한 충분한 투자가 가능하도록 한다. 금융시장과 투자시장은 제2차 순환에서 핵심적인 역할을 하는데, 이는 자본이 생산이나 이윤에 대한 미래의 기대에 투자할 수 있도록 하는 시스템을 제공한다. 이러한 미래에 대한 기대에 투자되는 자본을 마르크스나 하비는 자본의 의제적인 형태(fictitious form)라고 하였다(6.2 금융화).

제3차 순환은 초과이윤과 세금을 과학기술 연구나 사회적 지출(예를 들어, 보건, 교육, 안보, 복지 프로그램 등)로 전환하는 순환이다. 이것은 공공재(국방 등)의 제공, 정부비용 부담, 기술발명과 혁신에 대한 투자, 숙련 및 훈련 그리고 노동의 사회적 재생산을 촉진함으로써 도시 및 지역개발 과정에서 중요한 역할을 수행하기도 한다. 국가는 이러한 활동을 위해서 제1차 순환으로부터 얼마나 잉여 자본과 세금을 거두어야 하는지를 결정할 책임을 진다. 따라서 특정 국가(신자유주의 국가, 개발국가, 케인스주의 복지국가, 3.1 국가 참조)의 경제 및 사회복지정책은 제3차 순환에서의 자본흐름의 성격, 규모, 범위에 중대한 영향을 미친다.

하비의 3가지 순환 모델은 특정 지역 내에서의 자본흐름을 간결하게 정리했지만, 현실세계에서의 이러한 상호관계의 역동성은 자본흐름의 시공간적 특성으로 복잡하게 되고(즉, 자본이 언제 어디서 순환의 어느 특정 국면에서

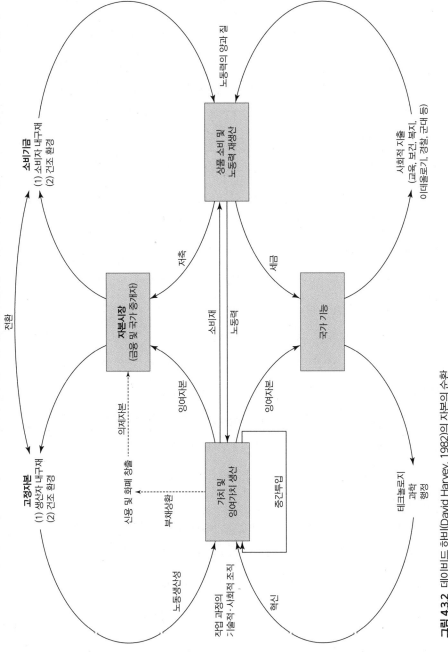

그림 4.3.2 데이비드 하비(David Harvey, 1982)의 자본의 순환
출처: Harvey(1982)

전환되어야 하는가에 따라) 외부시장 및 장소와도 연계되어 그 의의는 확대되며, 나아가서 각 지역의 역사적, 지리적 조건에 의해 결정되기도 한다. 더욱이, 자본주의 자체의 계속되는 위기들 때문에 그러한 순환들은 내부적으로나 외부적으로나 끊임없이 재구조화(restructuring)되어야 한다. 내부적 재구조화는 각각의 세 개 순환 내의 흐름과 순환 간 흐름을 변경하는 내향적 변형에 의해, 그리고 외부적 재구조화는 도시, 지역, 국가의 다른 장소, 다른 흐름과의 관계를 재형성하는 외향적 변형에 의해 이루어진다. 이러한 전략은 자본의 공간적 확장(초국지적 분산) 그리고/또는 심화(국지적 집중)를 수반한다. 이러한 자본의 공간적 확장과 심화의 결과 자본주의의 내적 모순에도 불구하고 축적은 확대되고 불균등발전은 지속된다(예를 들어, 생산은 사회적 과정이지만, 생산수단은 사적 소유이며, 자본은 보편화를 지향하는 동시에 지리적 차이로부터 이익을 얻는다)(Smith, 1990)(4.1 중심-주변 참조). 다시 말하면, 자본은 체계의 균형화 경향(즉, 과잉축적과 가치절하 과정)을 공간적 조정(spatial fix)을 통해서 지속적으로 분쇄해야 한다. 공간적 조정은 자본의 흐름의 내향적(즉, 국지적) 또는 외향적(즉, 다른 지역과 장소로) 방향 조정을 의미한다(Harvey, 1982; Jessop, 2000; Schoenberger, 2004). 예컨대 아리기(Arrighi, 2002)는 미국 정부는 자본의 글로벌 금융흐름을 자유화하여 미국으로 외국인 투자를 유치하는 정책을 통하여 1970년대의 경제위기를 해결하려 하였다고 주장하였다.

지리학자들은 여러 도시, 지역 그리고 국가에서 공간적 조정을 어떻게 활용하여 왔는가를 상세히 검토해 왔고, 그것이 어떻게 다양한 형태로 다양한 공간 스케일에서 또 공간 스케일 간에 어떻게 조직되어 있는가를 보여 주었다. 도시 규모에서는 젠트리피케이션(gentrification)이나 뉴어버니즘(new urbanism)과 같은 도시개발 전략들이 지역 자본가가 글로벌 자본흐름을 이

　　　　　　　　　　핵심개념으로 배우는 경제지리학

용할 수 있는 수단을 제공하고 있다(Harvey, 1989; Smith, 2002). 국가 규모에서는, 글로벌 자본흐름을 도시 및 지역경제로 전환하기 위해서 국가와 다국적기업이 공동으로 외향적 전환을 통해 제조업 활동을 해외로 이전하고 수출지향 산업정책으로 전환하였다(Glassman, 2001; Harvey, 2001). 마지막으로, 세계화는 세계경제의 기능적 통합과 초국적 조절의 증진을 의미하는데, 공간적 조정의 설계와 실행 그리고 결과를 복잡하게 만든다. 왜냐하면 도시, 지역, 국가 경제가 경쟁력을 확충하고 자본흐름을 따라가기 위하여 조절시스템을 재조정하기 때문이다(Swyngedouw, 1997; Jessop, 2000, Brenner, 2001) (4.2 세계화 참조, 3.4 포스트포디즘 참조). 그러나 이러한 '해결책'은 동시에 세계경제의 과잉축적을 유발하고(Hung, 2008), 국민경제의 위험도를 높이거나(Glassman, 2007) 도시 스케일에서의 구조적 불평등을 재생산할 수도(Bartelt, 1997; Wyly et al., 2004) 있기 때문에 그 대가를 장담할 수 없다.

응용과 확장

자본순환 분석은 자본주의의 위기와 공간적 '조정'에 관한 이론에 대한 공헌을 넘어 특정한 산업이 어떻게, 어디서, 왜 진화하는지, 또한 상품생산과 소비단계가 국제 자본흐름을 통해 어떻게 형성되는지를 이해하는 데 응용되어 왔다(Foot and Webber, 1990; Christopherson, 2006). 자본순환은 남북전쟁 전후의 노예 제도의 역사적 발전과 인종차별의 심화를 분석하는 데 활용되기도 했다(McMichael, 1991; Wilson, 2005). 세계경제의 화폐흐름은 순환 개념에 의해 파악되어 왔다. 특히 대표적인 사례로는 규제 완화를 통해 글로벌 경쟁우위를 갖고서 자본흐름을 유치하는 해외금융센터(예를 들어, 파나마 케이맨섬)에 관한 연구를 들 수 있다(Roberts, 1995; Leyshon and Thrift, 1996;

Warf, 2002)(6.2 금융화). 마지막으로, 노동이동도 도시와 지역에서 노동력 공급에 대한 노동이동의 공헌과 고국으로의 금융 송금의 흐름에 대한 지원이라는 면에서 자원순환의 틀로 분석되고 있다(Peterson, 2004; King et al., 2006)(1.1 노동력 참조).

최근에는 자본순환 개념의 정치경제적 기반과 사회·문화적인 관심을 연계하는 연구도 이루어지고 있다(5.1 문화 참조). 레이 허드슨(Hudson, 2004)은 유물론적 접근이 주체, 사회관계, 그리고 제도적 관행이 어떻게 지식, 상품, 문화가 교류하고, 자본의 제1차, 제2차, 제3차 순환이 실현되는 장소를 만들어 내는가를 더욱 깊이 있게 논의해야 한다고 주장했다. 로저 리(Lee, 2002; 2006)는 자본순환 개념은 단지 경제적 또는 자본주의적 사용가치에만 초점을 두기 때문에 제한적이라고 주장했다. 왜냐하면 사용가치는 어떻게 자본주의의 이상을 초월하고, 그 다양한 의미가 어떻게 사회적으로 논쟁거리가 되며, 지리·역사적으로 어떻게 뿌리내려지는가를 제대로 이해하려고 하지 않았기 때문이다(5.4 뿌리내림 참조). 그래서 로저 리는 자본순환 개념이 경제조직의 대안적이고 다양한 형태(예를 들어, 국지적 통화, 물물교환, 협동)를 잘 설명할 수 있게 보다 포괄적이고 장소특수적이어야 한다고 주장했다(Gibson-Graham, 2008).

요점

- 마르크스는 처음으로 자본순환을 화폐순환, 생산순환, 상품순환의 3단계에서 기능하는 하나의 시스템으로 개념화했다. 데이비드 하비는 자본순환의 공간적 측면을 고려하고 대안적인 순환(즉, 제2차 순환과 제3차 순환)의 필요성을 인식하여 마르크스의 개념을 확장하였다. 그 대안적인 순환에서 자본가는 축적된 자본을 인프라 투자, 산업개발 그리고 적절한 노동력 공급 유지에 필요한 사회적 프로그램으로 전환할 수 있다.
- 공간적 조정은 자본과 국가가 위기를 방지하거나 완화하기 위해서 채택하는 전략으로,

자본의 흐름을 내외부적으로 전환함으로써 자본순환을 변경한다.

- 자본순환 개념은 최근에 산업연구, 금융시장 분석, 노동·이주 연구와 세계경제에서 순환, 흐름 그리고 가치가 어떻게 사회적으로 구성되고 장소와 역사에 따라 달리 형성되는가 하는 논쟁으로 확대되고 있다.

더 읽을 거리

- 존스와 워드(Jones and Ward, 2004)는 자본주의 위기의 원인에 관한 자신의 이론을 확장할 목적으로 하비의 『자본의 한계』를 재검토하였다. 벨로(Bello, 2006)는 자본의 세계적 순환이 1980년대와 1990년대에 미국의 신자유주의 전략으로 어떻게 재조직되었으며, 신자유주의 전략이 세계경제의 완전한 통합에 대한 전망을 어둡게 한 경제적, 금융적 위기를 어떻게 야기하였는가를 분석하였다.

4.4 글로벌 가치사슬

글로벌 가치사슬(GVC: Global Value Chain) 개념은 선진국의 제조업자와 소비자를 개발도상국의 생산자와 연결하는 공급사슬이 초국적 네트워크를 통해 어떻게 관리되는지를 설명한다. 글로벌 가치사슬은 글로벌한 상품 및 가치 흐름의 지도화를 넘어서 선진국의 다국적기업이 어떻게 권력을 유지하며 반면에 개발도상국의 공급 기업은 왜 그 가치사슬 위계상의 지위를 개선하는 데 큰 어려움을 겪는지도 설명한다. 최근의 연구들은 주로 글로벌 제품의 표준과 생산인증체제가 가치사슬 구조를 어떻게 만들어 내는가에 초점을 두고 있다. 일부 경제지리학자들은 글로벌 가치사슬 분석틀을 이용하여 보다 장소·지역 맥락적인 분석을 시도하고 있다.

글로벌 상품사슬에서 글로벌 가치사슬로

세계체제이론(4.1 중심–주변 참조)에서 기원한 상품사슬 개념은 세계경제의 확장과 수축의 주기(예를 들어, 슘페터리안 주기, 콘트라티예프 주기)를 통해 글로벌 무역이 역사적, 지리적으로 어떻게 조직되고 진화되었는지를 서술하기 위한 용어이다(Hopkins and Wallerstein, 1986). 그러나 오늘날의 상품사슬 연구가 세계체제이론을 언급하는 경우는 거의 없고, 이 개념은 제레피와 코르제니에비치(Gereffi and Korzeniewicz, 1994)에 의해 보다 산업 내지 기업의 분석틀로 전환되었다. 제레피 외(Gereffi et al., 1994: 2)에 있어서, 글로벌 상품사슬(GCC)이란 '완제품을 생산하는 노동과 생산 과정의 네트워크'이다. GCC는 원료 공급지와 최종 시장을 연결하는 일련의 선형적인 결절들로 이루어진다.[1] 관련이 전혀 없지는 않지만, GCC 개념은 신국제분업(NIDL) 개념과는 다르다(4.2 세계화 참조). 신국제분업은 기업 내 관계(즉, 다국적기업 내)에 초점을 두는 반면, GCC 개념은 국제시장에서 공급자, 생산자 그리고 구매자를 연결하는 기업 간 네트워크를 강조한다(5.5 네트워크 참조).

GCC는 그 발전에 필수적인 조건인 네 가지 특성, 즉 투입-산출 구조, 지리적 분포, 거버넌스 구조와 제도적 틀에 의해 구성된다(Gereffi, 1994; 1995). 투입-산출 구조는 원료 공급자를 생산자 및 소비자와 연결하는 교환관계이다. 이 교환의 결과가 새로운 선도 기업과 소비 시장이 등장하면서 주기적으로 변하는 지리적 분포이다. 거버넌스 구조(governance structure)는 GCC에서 기업들이 어떻게 상호작용하는가를 결정하는 규정, 규제 그리고 권력관계이다. 이것은 저차 공급자가 사슬 내에서 자신의 지위를 상승시킬 가능성과 방식에 영향을 미친다는 점에서 특히 중요하다. 제도적 틀은 그 영향 면에서 거버넌스 구조와 유사하다. 그러나 이는 제도화된 규정, 규범 그리고 규제와 같은 보다 광의의 구조적 환경(예를 들어, 무역 정책, 제품 안전 표준, 지적 재산권 등)을 의미한다는 점에서는 거버넌스 구조와는 구별된다. 이러한 구조적 환경은 선도 기업이 시장과 정보 접근성에 대한 통제를 통하여 다른 기업을 지배하게 할 수도 있다(Raikes et al., 2000).

경험적으로 볼 때, GCC 연구는 주로 주도 기업(즉, 다국적기업)이 글로벌 산업을 구조화하는 역할을 강조하면서 상품사슬 관계의 거버넌스에 초점을 두었다. 제레피(Gereffi, 1994)의 초기 GCC 연구가 공헌한 바는 생산자 주도 상품사슬이라는 일반론과는 달리 구매자 주도의 상품사슬로 특징지었다는 점이다. 그림 4.4.1은 각 사슬의 유형별 경영 전략을 제시한다. 생산자 주도 사슬은 집중적인 자본 투자와 선진 생산기술이 필요하기 때문에 진입장벽이 높은 산업(예를 들어, 자동차, 첨단 전자장비)과 관련된다. 주도적인 제조업자(예를 들어, 토요타)는 생산과정을 완전히 그리고 직접적으로 통제하며 부품 공급자를 엄격하게 관리한다. 제레피가 보다 일반적이라고 주장한 구매자 주도 사슬은 주도적 기업의 역할을 담당하는 소매업자와 유통업자에게 제조업자가 종속하는 형태이다. 구매자 주도 거버넌스는 진입장벽이 낮고 생산기술이 성숙 단계이며 고정자본이 낮은 특성이 강한 산업(예를 들어, 의류, 장난감, 농식품 산업)에서 전형적이다. 그래서 구매자 주도 사슬에서의 생산활동은 독립 기업이나 농업인에게 쉽게 외주를 줄 수 있고, 권한은 생산자가 아닌 오히

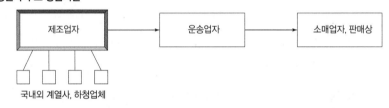

생산자 주도 상품사슬

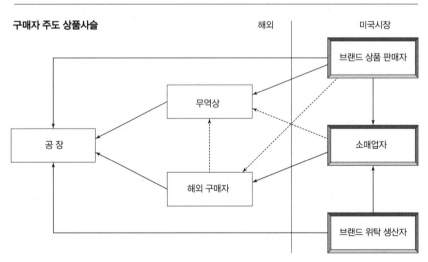

구매자 주도 상품사슬

그림 4.4.1 제레피(1994)의 생산자 및 구매자 주도 GCC의 개념도

주: 실선 화살표는 1차적인 관계이고 점선 화살표는 2차적인 관계이다. 소매업자, 브랜드 상품 판매자, 무역상은 해외 공장에서 완제품을 구매하고자 한다. 브랜드 위탁 생산자는 주로 해외 조립 공장에 부품을 공급하고, 완제품을 제조업자의 본국 시장으로 재수출한다.

핵심개념으로 배우는 경제지리학

려 브랜딩 디자인 그리고 마케팅을 주도하는 소매업자와 운송업자에게 있다.

생산자 주도 산업과 구매자 주도 산업의 구분은 주도 기업이 두 가지 유형의 거버넌스 전략을 동시에 구사하기도 하기 때문에 간혹 모호하기도 한다 (Raikes et al., 2000). 이러한 복잡성 때문에 생산자 주도 사슬을 보다 명확하게 구분하기 위한 수단으로 글로벌 가치사슬(GVC)의 분석틀은 더욱 발달하게 되었다(Humphry and Schmitz, 2000; 2002). 제레피 외(Gereffi et al., 2005)는 GVC 거버넌스 양식은 본질적으로 상품 자체에 의해 결정되는 것이 아니라 거래의 지리(예를 들어, 계약협상에서 대면접촉이 필수적인지 등)에서 뚜렷한 공급자-구매자 관계의 특성, 높은 수준의 상호 신뢰의 필요성 그리고 공급자의 기술역량에 의해서 결정된다고 주장했다.

제레피 외(Gereffi et al., 2005)는 글로벌 가치사슬의 거버넌스 양식을 5가지로 구분했다(그림 4.4.2). 이 중 3가지(시장형, 모듈형, 관계형)는 구매자 주도형 산업과 관련되고 나머지 2가지(전속형, 위계형)는 생산자 주도형 산업에 특화되어 있다. 가장 기본적인 수준은 시장형의 거버넌스로, 이 유형의 경우 가격이 주도하며 거래는 독립적이고(즉, 낮은 수준의 신뢰), 기술은 상대적으로 표준화되어 있고 누구나 접근가능하다. 구매자 주도 산업에서 주도 기업과 공급자 간의 보다 긴밀한 상호작용이 필요한 경우, 거버넌스는 관계적이거나 모듈적인 형태를 갖는다. 왜냐하면 주도 기업과 공급자가 높은 수준의 신뢰로 긴밀하고 상호 의존적인 관계를 맺기 때문이다. 가장 극단적으로 대비되는 유형은 전속(Caprive)형과 위계(Hierarchy)형이다. 둘 다 기업이 생산과 외주를 보다 엄격하게 통제할 수 있는 생산자 주도의 거버넌스 유형이다. 전속적인 가치사슬은 부품 공급자가 주도 기업에 매우 의존하는 경우이고 위계적인 글로벌 가치사슬은 공급자들이 주도 기업의 생산 구조에 수직적으로 통합되어 있는 경우이다. 그러나 스터전 외(Sturgeon et al., 2008)가 지적하듯이, 이러

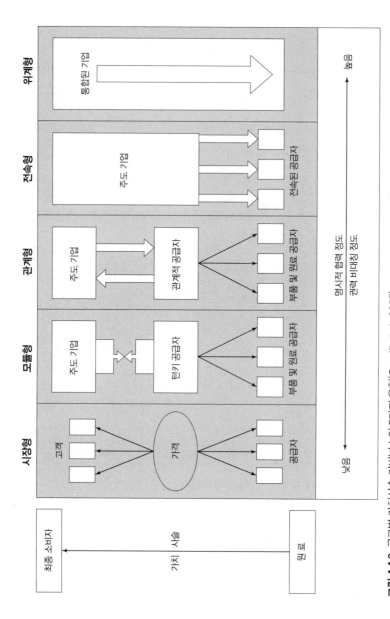

그림 4.4.2 글로벌 가치사슬 거버넌스의 5가지 유형(Gereffi et al., 2005).

한 거버넌스 유형은 특정 기업이나 산업에 대해서 상호배타적이지 않다. 오히려 오늘날의 GVC는 경쟁력과 조직적 유연성을 제고하기 위해 다양한 전략들을 통해서 조직된다.

최근의 글로벌 가치사슬 연구들은 가치사슬 통합이 국지적·지역적 발전과정, 특히 개발도상국의 발전과정에 어떻게 영향을 미치는지를 이해하고자 한다. 이러한 연구들은 브라질과 인도의 자동차 산업(Humphrey, 2003), 인도네시아의 커피산업(Neilson, 2008), 아프리카의 식품 및 의류 산업(Gibbon, 2003; Ouma, 2010) 등 다양한 산업 부문을 포함하며, 다국적인 규제체계(예를 들어, 신자유주의 경제개혁, 생산 표준 등)가 개발도상국 경제가 글로벌 가치사슬과의 연계를 통한 혜택에 어떻게 영향을 미치는가를 분석하기도 한다. 이들 연구 결과, 글로벌 가치사슬의 통합은 불확실하고 복잡하며 논쟁적인 과정이며, 그 결과는 문제가 되는 상품, 주도 기업의 거버넌스 전략 그리고 노동조건, 임금 그리고 CGV에 공헌하는 부가가치에 대하여 합의를 이끌어 내는 개발도상국의 정부와 노동자의 역량에 따라 좌우된다는 것을 알 수 있었다(Gibbon and Ponte, 2005).

글로벌 가치사슬의 고도화

또한 글로벌 가치사슬 연구는 가치사슬 관계가 공급자의 기술역량을 어떻게 개선할 수 있는가에 초점을 둔다. 공급자의 기술역량 변화는 산업고도화(industrial upgrade)로 개념화되며, 그 형태는 1) 제품의 디자인과 품질 개선, 2) 생산 효율성 및 생산성 증가, 3) 가치사슬상의 역할 변화(예를 들어, 부품 제조업자가 부품 설계자가 되는 경우), 4) 새로운 산업이나 부문으로의 다양화(Gereffi, 1999; Humphrey and Schmitz, 2002) 등으로 다양하다. 산업 고도화 연구들은 공급자가 더 많이 부가가치를 얻기 위하여 산업고도화를 통하여 CGV상의 기술역량과 지위 개선에 어떻게 성공하는지 혹은 실패하는지를 분석한다. 산업고도화에 대한 전망은 적절한 기술, 효율성, 인프라의 개발을 넘어, 거버넌스 형태에 달려 있다(Gereffi et al., 2005). 어떤 경우에는, 주도 기업이 공급자 기업의 노동을 탈숙련화 혹은 가치를 절하시키는 기술진보를 통해 산업고도화를 저해하기도 한다(예를 들어, 코코아산업이나 면화 가공 산업에서 원료 품질의 중요성을 감소시키는 기술). 또 다른 경우로는 안전, 위생, 환경 그리고 노동에 관한 규제가 산업고도화의 장애물이 되기도 한다(예를 들어, 원예가공산업). 더욱이 대량 생산·저부가가치 시장(예를 들어, 의류제조업 시장)에서 경쟁 가능한 공급자만 살아남을 수 있도록 기대 가격이 설정될 수 있고, 그렇게 된다면 고도화는 저해될 수 있다(Fold, 2002; Barrientos et al., 2003; Gibbon and Ponte, 2005).

산업고도화 연구는 글로벌 가치사슬과 클러스터의 연계가 어떻게 생산역량, 경쟁력 그리고 지역산업 및 기술 공동체의 회복능력을 개선할 수 있는지를 보여 준다(Humphrey and Schmitz, 2000)(3.2 산업클러스터 참조). 예를 들면, 지울리아니 외(Giuliani et al., 2005)는 클러스터화된 산업(예를 들어, 제화, 식품가공)으로부터 제품을 매입하는 글로벌 구매자가 그들이 원하는 비용과 품질 수준을 충족하도록 공급자들이 생산과정과 품질을 개량하게 어떻게 장려하는가를 보여 주었다. 그러나 중요한 것은 클러스터 자체만으로는 산업고도화가 불가능할 것이라는 점이다(Izushi, 1997; Schmitz, 1999). 클러스터화된 기업들이 성공적으로 산업고도화하기 위해서는 국가, 산업 지원 기관 그리고 업계 관계자가 적절한 제도적 조건을 창출하는 데 도움을 주어야 한다(Okada, 2004)(5.3 제도 참조).

최근의 논의와 확장

경제지리학자들은 글로벌 가치사슬 개념을 두 가지 방향으로 확장하고 있다. 첫째는, 새로운 규제와 제품 인증제(예를 들어, ISO 9000과 14001)가 글로벌 가치사슬 관계에 어떻게 영향을 미치는가에 관한 것이다. 특히 중요한 의미를 가지는 것은 규제체계가 개발도상국이나 신흥경제의 기업들에 대해 글로벌 가치사슬 진입 장벽을 만드는 데 어떠한 역할을 하는가를 평가하거나(Neumayer and Perkins, 2005) 공정거래와 지속가능발전에 기여하는 제품 인증 프로그램(예를 들어, 임업 제품에 대한 FSC 인증제)의 효과를 분석하는 연구이다(6.3 소비, 6.4 지속가능한 발전 참조). 이러한 규제체계에 관여하는 공급자와 노동자는 더 나은 가격과 노동조건을 기대하지만, 실제로는 기대를 충족하기는 어렵다. 왜냐하면 감독비용이 만만치 않고 이를 시행하는 데도 문제가 많기 때문이다(Morris and Dunne, 2004; Hilson, 2008).

두 번째는 글로벌 생산네트워크(GPN: Global Production Network) 분석틀의 개발이다. 글로벌 생산네트워크 개념은 글로벌 가치사슬이 주도기업, 공급자, 소비자 간의 선형적이고 단일방향의 수직적인 관계를 지나치게 강조하는 것에 불만을 가진 경제지리학자에 의해서 발전되었다(Dicken et al., 2001; Henderson et al., 2002). 부문별 발전을 강조하는 글로벌 가치사슬 접근과는 달리, 글로벌 생산네트워크 연구는 지역발전 과정을 이해함에 있어서 영역적 관점을 취하며, 생산활동에 뿌리내려진 지역특수적인 특성의 역할을 강조했다(Coe et al., 2004)(5.4 뿌리내림 참조). 글로벌 생산네트워크 접근의 뚜렷한 특성은 기업 간 동맹을 포함할 뿐만 아니라 기업과 환경보호단체 및 노동조합 등의 시민사회 조직의 관계와 같은 민관 파트너십까지도 포함한다는 것이다. 이러한 기업 외 관계는 국지적이면서 동시에 초국지적이며 '전통적인 조직의

경계'를 애매하게 하여 더욱 복잡하게 한다(Henderson et al., 2002: 445). 글
로벌 생산네트워크의 분석틀을 적용한 경험적 연구는 비교적 새로운 것으로,
이 개념이 글로벌 가치사슬 접근의 개선에 큰 의미를 줄 수 있는가에 대해서
는 논쟁이 진행 중이다(Coe et al., 2008; Sturgeon et al., 2008).

요점

- 글로벌 가치사슬 개념은 신흥 개발도상국에 기반을 둔 공급자들이 선진국의 소비자를
  위해 제품(예를 들어, 자동차)을 생산하거나 소비재를 판매하는 주도적인 다국적기업
  에 어떻게 연결되는지를 분석하는 데 사용되었다.
- 글로벌 가치사슬에 대한 연구들은 주로 그 거버넌스, 즉 가치사슬 관계를 규제하는 규
  칙, 제도 그리고 관습에 초점을 두고 있다. 또한 공급자들, 특히 개발도상국에 기반한
  공급자들이 자신의 기술역량을 제고하고 글로벌 가치사슬에서 더 나은 부가가치를 차
  지하는 것에 대한 전망을 연구했다.
- 최근의 연구는 규제체제의 변화(예를 들어, 생산인증제)가 글로벌 가치사슬을 어떻게
  재구축하는지를 분석하였다. 또한 글로벌 생산네트워크 개념은 글로벌 가치사슬 개념
  의 확장으로 발전하였고, 글로벌 시장 통합 과정에 영향을 미치는 장소 및 지역 특수적
  요소를 강조한다.

더 읽을 거리

- 글로벌 가치사슬 촉진 웹사이트(http://www.globalvaluechains.org)는 글로벌 가치
  사슬에 관한 유용하고 매우 편리한 자료를 제공한다. 리스고르(Riisgaard, 2009)는 동
  아프리카의 화훼(cut-flower)산업을 연구하여, 노동조건에 관한 민간의 사회적 기준을
  사용하는 것이 노동자와 경영주와의 관계의 질을 어떻게 개선할 수 있는지를 상세하
  게 제시하였다. 레이 허드슨(Hudson, 2008)은 글로벌 생산네트워크 연구들을 검토하
  여, 그것이 문화적 정치 경제의 연구와 어떻게 잘 연관될 수 있는지를 분석하였다.

주석

1. GCC 개념은 상품 흐름을 연구하는 프랑스의 filière 방법*과 관련된다. 그러나 GGC 개념이 생산과 소비네트워크에 대한 연구에 보다 종합적이고 통합된 이론적 틀을 제공한다는 점에 있어서는 차이가 있다[상세한 내용은 레이크스 외(Raikes et al., 2000)를 참조하라].

---

* 역주: filière는 적절한 영어 번역어가 없지만 특정 산업 부문과 연관된 기능적 당사자들을 집합적으로 일컫는 말이다. 사전에 의존하여 굳이 번역하자면 사슬, 혹은 네트워크, 산업 부문 등이 되겠지만 용례상 정확하지 않다. 1950년대 식품 산업의 관련 당사자들을 언급하기 위하여 사용되었지만("food filière"), 그 후 점점 용례가 확대되어, 목재 필리에르, 섬유 필리에르, 보건 필리에르, 전자 필리에르 등으로 활용된다. 보다 정확한 이해를 위해서는 Raikes 외의 "Global commodity chain analysis and the French filière Approach: Comparison and Critique" (https://www.ids.ac.uk/ids/global/pdfs/GCCs%20and%20filieres.pdf)를 참조할 수 있다.

제5장

경제변화의 사회문화적 맥락

경제지리학자들은 현재 여건 속에서 '경제'를 어떻게 개념화하는가? 경제가 경제지리학자들의 분석에서 핵심적인 것으로 존재해 왔음에도 불구하고, 그들은 영역적 역동성이 다차원적이고 경제과정이 사회과정, 문화변동, 제도적 변화 등과 긴밀히 관련되어 있다는 것도 점차 인식하게 되었다. 제5장에서는 지리적인 핵심 결정요인으로 작용할 뿐만 아니라 경제의 사회문화적 맥락을 이해하는 분석도구를 대표하는 핵심 개념들에 대해 설명하고자 한다.

문화 절에서는, 경제지리학자들이 경제변화의 문화적 측면을 어떻게 다루는지를 고찰한다. 지역격차에 대한 장(제3장)이 과거의 핵심적인 이데올로기 논쟁을 다루었다면, 이 절에서는 지배적인 이데올로기 차이가 발생하는 현 시대의 영역을 다룬다. 또한 학제적인 '문화적 전환'에 의해 나타난 문화의 새로운 중요성뿐만 아니라 포스트모더니즘과 후기구조주의의 특징 및 비판에 대해서도 검토한다. 즉 글로벌적인 수렴, 관습, 규범 그리고 문화경제 등을 포함하는 최근의 문화지향적인 연구에 대해서도 언급한다. 여기서는 한 학문 내에서 서로 양립할 수 없는 패러다임의 공존뿐만 아니라 문화라는 이름으로 경제지리학자들이 다루는 주제의 다양성에 주목한다.

젠더 절에서, 우리는 경제적 기회에 대한 접근성의 차이와 지역의 다양성을 창출하는 경제과정을 더욱 잘 이해하는 데 페미니스트 경제지리학이 기여하는 바를 고찰한다. 이 절에서는 젠더, 특히 노동시장 과정과 관련된 젠더에 대한 관심이 경제지리학에 있어서 설명을 어떻게 향상시키는지에 초점을 둔다. 이 절을 통하여 젠더가 경제재구조화 및 세계화와 같은 경제지리적 과정에 어떻게 밀접하게 연관되어 있는지와 결국 그러한 과정이 젠더를 어떻게 형성하는지를 검토하고자 한다.

제도는 경제주체의 길잡기 역할을 하고 그들의 활동을 조정하는 구조적 형태(예를 들어, 조직, 규칙, 행동패턴 및 규범)를 제공함으로써 경제지리학을 형성하는 데 중심적인 역할을 수행한다. 세계 자본주의의 역사적 발전은 시장, 기업, 재산권 등과 같은 일반적인 제도적 형태의 진화에 의해 대부분 추동되어 왔지만, 이러한 구조들의 사회적·문화적·정치적 특징들이 지리적으로 다양하다는 점을 인식하는 것도 중요하다. 제도적 차이는 서로 다른 장소에 입지하는 기업들이 거래와 투자 관계를 통하여 밀접하게 관계를 맺는 것을 어렵게 만드는 반면, 동시에 그러한 차이는 지역의 경쟁 우위(또는 열위)를 결정하는 데 중요한 역할을 한다. 지역발전 및 세계화에서의 제도의 역할에 대한 고찰을 넘어서, 경제지리학자들은 제도가 성차별 혹은 인종차별과도 관련된 지역적·사회적 불평등을 어떻게 초래하는지도 밝혔다.

　뿌리내림 절에서는, 경제활동의 영역화에서의 개인적 및 사회적 네트워크의 중요한 역할을 관찰한다. 칼 폴라니(Karl Polanyi)와 마크 그래노베터(Mark Granovetter)의 연구에 기초하여, 경제지리학자들은 세 가지 주요한 관점에서 뿌리내림과 그 중요성을 연구해 왔다. 첫째, 국가 및 지역 경제들은 오늘날 세계경제에서 다양한 자본주의를 창출하는 독특한 문화와 정치경제에 뿌리내리는 것으로 간주된다. 둘째, 산업적·사회적 네트워크에서 경제활동의 뿌리내림은 클러스터, 학습 및 지식전환 과정, 생계전략 등을 이해하는 데 크게 기여하였다. 셋째, 지역 침체는 특정 산업부문의 '고착' 혹은 경제발전에 대한 사고방식에 의해서 혁신 또는 발전적 산업변화를 저해하는 장소특수적 제도에 대한 경제적 뿌리내림으로 부분적으로 설명될 수 있다. 경제지리학자들은 이러한 뿌리내림이라는 개념의 건설적인 적용 외에 뿌리내림 개념의 유용성, 확장성, 응용성 등에 대해서도 논의하였다.

　제5장은 네트워크에 관한 절로 끝을 맺는데, 네트워크는 경제를 이해하는 새로운 접근방법을 대표한다. 네트워크란 경제주체를 연결하고, 자본, 정보, 상품 등의 흐름을 촉진하는 사회경제적 구조이다. 1990년대 이래로, 사회적

및 경제적 조직형태로서의 네트워크는 경제지리학 및 경제사회학의 핵심적인 분석대상이 되고 있다. 경제적으로, 네트워크는 집적경제와 클러스터를 유지하고, 정보주도형 자본주의를 촉진시키며, 금융시장, 생산자서비스, 교통 시스템 그리고 기업 기능 등이 통제를 받게 되는 도시계층을 통해 세계경제를 조직하는 데 기여한다. 사회적으로는 인종, 계급, 젠더에 기초한 개인 간 관계, 상호신뢰 그리고 사회자본(예를 들어, 동물 네트워크, 소수민족 네트워크) 등은 경제활동을 수행하는 데 중요한 역할을 수행한다고 인식되어 왔다. 보다 최근에 경제지리학자들은 미시적 사회과정, 특히 (환경과 같은) 인간 이외의 주체를 포함하는 사회적 과정을 분석하기 위하여 행위자–네트워크 이론을 원용하였다.

핵심개념으로 배우는 경제지리학

5.1 문화

문화는 본질적으로 형식적 및 암묵적 차원을 모두 포함하는 지식체계이다. 문화는 아마도 특정 장소('지역문화') 혹은 경제주체('기업문화')와 연관되어 있다. 현대 경제지리학자들에게 문화는 경제에 있어 다면적 역할을 수행하는 것으로 받아들여지고 있다. 즉 문화는 생산물 및 결과물인 동시에 하나의 자원, 물려받은 자산, 투입 요소, 매개 변수이기도 하다. 문화는 한 장소를 독특하게 만들고 한 장소를 다른 장소와 연결하는 것(즉, 네트워크)의 원천이다. 또한 문화는 일종의 조직 원리이자 의사결정의 준거이기도 하다.

스리프트(Thrift, 2000a)에 따르면, '문화적 전환'은 경제를 문화 형성으로 어떻게 연구할 것인가라는 문제로 고심하던 다양한 학문분야에서 눈에 띄게 나타났다(p.689). 경제지리학에서 '문화적 전환'은 문화와 문화연구에 대한 관심이 늘어난 결과로서의 1980년대 후반 패러다임 전환과 관련된다. 이러한 전환은 두 가지 중요한 요소, 즉 인식론적 요소와 주제적 요소를 가진다. 인식론적 전환은 정량적 방법과 준과학적 접근에서 정성적 방법과 인본주의적 접근으로의 전환에 이르기까지, 당시에 이미 경제지리학에서 나타났던 전환에 뒤따르는 것이었다. 즉 인식론적 전환은 페미니즘과 문화지리학으로부터의 주관성과 정체성에 대한 논의뿐만 아니라 문화연구 및 비판·사회 이론(포스트모더니즘과 후기구조조의)의 영향도 적극적으로 받아들였다. 이에 비하여, 주제의 전환은 산업 경쟁력, 제도적 효율성, 지역성장의 기반으로서 문화적 차이의 중요성을 지속적으로 강조하였고, 경제적 입지 결정에서 문화적 요소의 역할도 새롭게 강조하였다. 오늘날 문화연구는 다양한 전통과 관련되어 있으며, 그것은 세 가지 중요한 경향으로 대표되는데, 1) 경제적 세계화의 문화적 측면, 2) 제도로서 문화와 경제발전에서의 그 역할, 3) 문화산업 및 문화생산이 그것이다.

'문화적 전환': 인식론적 논의

푸코(Foucault)의 지식체계 또는 '담론'분석(1981)과 데리다(Derrida)의 해체주의(1967)와 같은 비판이론은 문화적 전환기에 지리학의 연구에 영향을 미쳤다(예를 들어, Yapa, 1998; Barnes, 2001). 특히 경제지리학에서 문화와 관련된 인식론적 논의는 1970년대 문화연구와 비판·사회 이론에 영향을 미쳤던 포스트모더니즘과 후기구조주의뿐만 아니라 페미니즘과 문화지리학으로부터도 영향을 받았다.

포스트모더니즘 연구자들은 '근대적'인 것, 예를 들어 과학적, 합리적, 기계적인 것들의 일부로서 간주되었던 이론들을 공격하였다(Dear, 1988 참조). 일부 포스트모더니즘은 또한 마르크스(Marx)와 프로이트(Freud)의 연구를 포함하는 구조주의에 대한 비판이기도 하다. 하비(Harvey, 1989)는 포스트모더니즘을 "'거대 담론(보편적 적용을 지향한다고 알려진 거대한 이론적 해석)'의 거부"로 묘사하였다(p.9). 소자(Soja, 1989)는 '해석학적 인문지리학'을 확립하기 위하여 포스트모더니즘을 포용하였고, 비판적 사회이론을 채택하여 공간 이론화(그는 이를 '공간적 해석학'이라고 했다)함으로써 지리학적 패러다임을 발전시켰다.

후기구조주의는 포스트모더니즘의 일부분으로 등장하였고, '의미의 궁극적 불결정 가능성, 담론의 구성력, 이론과 연구의 정치적 유용성 등을 포용하는 지식과 사회에 대한 이론적 접근'을 강조하였다(Graham-Gibson, 2000: 95). 후기구조주의는 지식의 진화론적 계승이라는 가정을 거부하고, 그 대신에 모더니즘 하에서 확립된 인식론적 범주를 재구축하고자 한다. 이러한 시도는 인

핵심개념으로 배우는 경제지리학

식론적 범주와 지식의 경계에 내재된 암묵적인 편견을 밝히기 위한 목적으로 이루어졌는데, 인식론적 범주와 지식의 경계는 모두 기존 질서를 재강화시키는 데 작용하는 사회적 권력관계의 발현으로 간주되었다(Dixon and Jones, 1996). 그러나 후기구조주의는 '과학적 지리학'(Dixon and Jones, 1996)과 그것의 논리실증주의적 전제에 지속적으로 영합하려는 경제지리학파로부터 폭넓은 인정을 받지 못하였다. 그 대신에 행위자 네트워크 이론을 통해 일부 지리학자들에게 영향을 미쳤던 현상학 및 사회심리학 전통은 꾸준히 유지되었다(5.5 네트워크 참조).

페미니즘도 다층적 실재의 형성에서 정체성과 주관성의 역할을 밝히고(예를 들어, Butler, 1990; McDowell and Court, 1994; Pratt, 1999 등 참조) 계급 환원주의의 위험을 지적함으로써(Ray and Sayer, 1999)**1** 크게 영향력을 미쳤다(5.2 젠더 참조). 동시에 문화지리학자들은 1990년대에 문화 개념에 대해 의문을 제기하기 시작하였고, 일부는 문화가 존재론적으로 주어진 것이라고 간주하는 견해에 반대하면서 문화의 이데올로기 연구를 제창하였다(Mitchell, 1995; Castree, 2004). 이러한 이론적 발전은 실재라는 것이 다면적이고 다중적이라는 견해에 기여하면서, 경제지리학에서 지배적이고 암묵적으로 받아들여진 패러다임인 논리실증주의의 오랜 전통에 대해 의문을 제기하게 되었다(Dear, 1988; Dixon and Jones, 1996 참조).

'매우 불안정적이고 잠재적으로 혼돈스러운'(Dear, 1988: 266) 포스트모더니즘과 후기구조주의의 특성들이 스스로의 주요한 약점으로 드러났다. 하비(Harvey, 1989)가 지적했듯이, 포스트모더니즘은 '마치 그것이 전부인 것처럼 파편적이고 무질서한 변화의 조류 속을 헤엄치고 때로는 푹 빠지기도 한다'(44). 마틴(Martin, 2001)은 그가 언급한 바, "섹시한" 철학적, 언어학적, 이론적 접근을 강조하는 '문화적 전환'의 경향에 관심을 가졌다. 마커센(Markusen, 1999)도 학생들이 '모호한 개념' 혹은 실질적으로 명료하지 않은 개념을 추종하는 것을 장려하지 말라고 지리학자들에게 경고하였고, 마틴과 선리(Martin and Sunley, 2001)는 '모호한 이론과 부실한 경험주의'에 대하여 경고했다. 레이와 세이어(Ray and Sayer, 1999)는 문화적 전환을 '대체로 학문세계에 내생적'(p.2)이라고 그 성격을 규정하는 것을 비판하면서, 비판적 성격을 규정한 문화적 전환은 적어도 어느 정도는 여타 많은 중요한 학문 분야 목적으로부터 연구자들을 이탈시켰다고 주장하였다. 예를 들어, 마틴(Martin, 2001)은 특히 정책 입안자에게 경제지리학 연구의 적실성이 줄어들고 있다는 것을 우려하였다. 레이와 세이어(Ray and Sayer, 1999)도 젠더의 경제적 측면에서 페미니즘의 쇠퇴를 한탄했으며, 여성이 남성에 비해 경제적 문제로부터 더 많이 고통을 받기 때문에 그러한 경향을 특히 당혹스럽다고 지적하였다.

2010년 시점에서 과거를 돌이켜 볼 때, 그것이 표명한 목적에도 불구하고, '문화적 전환'은 그 영향력과 언어에 있어서 이전 프랑스 조절학파(3.4 포스트 포디즘 참조)만큼이나 한 시대를 풍미한 일시적 유행일 수도 있다. 비록 '문화적 전환'이 많은 경제지리학자들이 후기 논리실증주의**2**를 심각하게 고려하게 하였으나, 그러한 견해를 추종했던 학자 그룹은 대개 스스로의 개별적인 주제를 탐구하기 위해 해체되었다. 그 결과 이 학문 분야는 더욱 세분화되었다.

'문화적 전환': 주제에 대한 논의

경제지리학에서 문화는 비록 암묵적이지마는 오랫동안 존재해 왔다. 경제지리학자의 문화와의 관계는 마셜(Marshall, 1920[1890])의 '산업적 분위기'라는 서술까지 거슬러 올라간다(3.2 산업클러스터 참조). 문화는 공간적 다양성을 야기하는 과정에서 중요한 것으로 오랫동안 인식되어 왔다. 예를 들면

핵심개념으로 배우는 경제지리학

1970년대 후반에 시작되어 경제지리학의 주류가 된 산업조직에 관한 논의를 통해 미국의 과학적 경영에 대한 다양한 대안 모델을 인식하게 되었다. 조절학파와 유연적 전문화에 대한 논의는 제3이탈리아 내 산업지구 또는 일본 도요타자동차에 의한 린 생산 등의 문화적 토대가 지역과 산업의 경쟁력을 유지하는 데 중요한 역할을 갖는다는 사실을 인정하였다(3.4 포스트포디즘 참조). 아주 최근에 쇤베르거(Schoenberger, 1997)와 스리프트(Thrift, 2000b)는 기업문화와 기업 내 매니저의 문화가 어떤 역할을 하는지 연구하였다. 에틀링거(Ettlinger, 2003)는 사회적 상호작용의 관계적이고 세밀한 속성을 밝히기 위하여 중층적 합리성과 다양한 형태의 신뢰를 내포하는 작업장의 관행들을 탐구하였다.

'문화적 전환'은 문화와 경제를 명확하게 다루는 연구에 정당성을 부여하였다. 경제지리학자들은 학제적 발전에 영향을 받아서 특히, '경제적'이라는 실증주의적 가정에 의문을 갖기 시작하였다(Thrift and Olds, 1996; Thrift, 2000a; O'Neil and Gibson-Graham, 1999). 스리프트(Thrift, 2000a)에 따르면, 1990년대에 경제는 점점 더 담론적 현상 또는 수사적 형태로 간주되었다(Thrift, 2000a: 690-691). 따라서 경제지리학에서 '문화적 전환'은 문화적 과정과 경제적 과정이 상호간의 필수 구성요소라는 견해에 기초를 두고 있다. 이러한 견해는 다음에 살펴볼 몇 가지 연구 흐름을 탄생시켰다(Thrift, 2000a).

다음 절들에서 우리는 문화와 상호교차하는 경제지리학 내 새로운 연구 영역, 즉 1) 문화적 수렴, 분기 또는 이질성의 지속을 포함하는 경제적 세계화의 문화적 국면, 2) 기업 혹은 지역 문화로서 표현되는 규범과 관행과 같은 비공식적 제도의 역할과 문화, 3) 문화경제, 문화의 생산 그리고 문화·창조 산업에 대하여 논의하고자 한다.

세계화와 문화

세계화는 비즈니스 규범, 실행, 사고방식의 표준화를 포함하는 문화의 세계적 수렴과 동일시되어 왔다(4.2 세계화 참조). 반면에 경제지리학자들은 지구상의 장소 간에 차이가 지속적으로 존재한다는 점을 지적하면서 이러한 견해를 반박하였다. 러더퍼드(Rutherford, 2004)는 캐나다, 영국, 독일에서의 린 생산을 사례로, 일본에서 시작하여 전 세계적으로 채택된 이 생산방식이 반드시 작업장 체제의 수렴을 초래하는 것이 아니라 오히려 국가에 따라 그 차이가 커질 수 있는 가능성을 분석하였다. 크리스토퍼슨(Christopherson, 2002)은 국가경제의 관행의 지속적인 차이를, 특히 노동시장 관행의 측면에서 연구하였다.

국제이주는 문화 확산 및 전파의 핵심 동인이다. 아파두라이(Appadurai, 1996)가 세계화에 대한 만화경과 같은 해석의 한 측면으로 인식한 바와 같이,[3] 오늘날의 국제이주는 새로운 민족음식을 소개할 뿐만 아니라 독특한 도시경관을 형성하고 기업가적 문화를 유지한다. 예를 들어, 케이 미첼(K. Mitchell, 1995)은 캐나다 밴쿠버의 도시경관 변화에 대한 홍콩 이민자의 역할을 연구하였다. 색스니언(Saxenian, 2006)은 창업문화의 세계적 확산이 창업자 지구적 차원의 이동과 결합되어 세계 각 지역에서 모험자본의 발달에 의해 어떻게 촉진되었는지를 설명하였다. 과거에는 개발도상국에서 선진국으로의 고학력자들의 이동(두뇌유출)이 개발도상국의 미래에 부정적인 것으로 간주되었다. 색스니언은 '두뇌순환'이 세계적인 이동성의 새로운 경향을 대표한다고 제안하였다. 실리콘밸리의 사례를 들어, 그녀는 미국 대학원에서 과학 및 공학 분야의 석·박사 학위를 받기 위해서 타이완, 중국, 인도로부터 이주한 창업가들이 실리콘밸리에 역동성을 부여할 뿐만 아니라 과학적 지식과 비즈니스의 노하우를 신흥경제국에 이전함으로써 실리콘밸리와 신흥경제국을 연계하는 데 중요한 역할을 했다고 주장하였다.

문화와 세계화하에서 등장한 새로운 연구 영역은 관광으로, 이는 생산과 소비가 세계적-국지적 연계를 통해서 어떻게 연결되어 있는지를 보여 주는 사례이다. 전통적인 태양과 해변을 즐기는 관광에서 문화관광(유적지를 포함)과 생태관광에 이르기까지 오늘날의 관광 형태는 매우 다양하다. 오늘날 순례 형태의 문화관광은 특정한 장소만이 문화, 예술, 음악의 진정성을 제공한다는 믿음에 의해 촉발된다. 예를 들어, 멤피스의 그레이스 랜드에 있는 엘비스 프레슬리 저택, 리버풀의 비틀스와 관련된 장소들, 자메이카의 밥 말리 박물관 등은 모두 진정성 추구의 장점을 겨냥한 성공적인 장소마케팅의 결과이다(Connell and Gibson, 2003).

문화에 대한 여행자들의 영향은 종종 문화 제국주의로 서술되지만, 관광에 의해 창출된 수요는 지역문화복합단지를 번영하게 한다. 예를 들어, 인도네시아의 발리에서는 음악과 무용이 별개가 아닌 국제 관광과 연계되어 그 결과로서 발전하였다. 남부 스페인의 경우, 플라멩코의 음악·무용은 관광의 성장과 관광의 공동 제작자 역할을 하는 국가와 함께 발달하였다(Aoyama, 2007; 2009). 관광은 본질적으로 규제, 기반시설의 발전, 지역발전 계획 등을 관장하는 국가와 관련되어 있다. 싱가포르의 경우 정부가 관광 수요를 충족시키기 위하여 지역 문화자산을 재평가하는 데 중요한 역할을 수행하였다(Chang and Yeoh, 1999). 끝으로 관광의 성장은 노동조건 및 노동자 권리 보호에 대하여 함의를 갖는다. 예를 들어 테리(Terry, 2009)는 크루즈 선박산업의 필리핀 선원의 법적 지위 변화를 고찰하여 크루즈 산업이 크루즈 선원의 인권을 위협하는 국제법상의 공간을 어떻게 창출했는지를 보여 주었다.

제도로서 문화

문화를 제대로 분석하고 정량적으로 측정하는 것은 매우 어렵다. 경제학자는 일반적으로 문화의 측정 수단으로서 신뢰라는 지표를 사용하여 게임이론을 통해 인간의 행태를 설명하였다. 반면에 경제지리학자는 일반적으로 문화라는 개념을 계량화하는 순간 문화의 분석적 유용성이 크게 제한된다고 주장한다. 그럼에도 불구하고 문화에 대한 체계적인 분석은 여전히 시도되고 있다. 문화를 제대로 분석하기 위하여 일부 경제지리학자는 경제변화의 사회문화적 맥락의 역할을 이해하기 위하여 제도 분석을 선택한다. 왜냐하면 문화는 경제활동의 문화적·사회적 토대가 경제주체의 행동에 영향을 미치는 비공식적 제도로서 기능하기 때문이다(5.3 제도 참조). 예를 들어, 스토퍼(Storper, 2000)는 문화가 분석 수단으로서 명쾌함이 결여되어 있다고 주장하면서, 세 가지 차원의 동시적 존재, 즉 '자발적인 개인행동방식, 개인 간의 합의 구축, 집단행동 상황에서의 제도'로 나타나는 관습에 초점을 두는 것을 선호하였다(p.87).

홀과 소스키스(Hall and Soskice, 2001)의 자본주의의 다양성(VOC) 이론은 국가경제 간의 제도적 유사성과 차별성이 경제행위에 영향을 미치는 제약조건과 동기부여로부터 발생한다는 것을 밝혔다(1.3 국가 참조). 기업 간 전략적 상호작용, 시장경제의 유형, 제도와 조직의 형태, 문화, 관례, 역사 등은 모두 서로 상이한 형태의 자본주의 형성의 원인이 된다. 홀과 소스키스는 그들이 국가의 '제도적 비교우위'라고 명명한 것에 특히 관심을 가졌는데, 이것은 정책 입안에 중요한 함의를 가진다. 저틀러(Gertler, 2004)는 독일과 북미의 첨단 기계사용자의 산업관행 및 기업행태의 문화적 토대에 대한 분석을 통하여 암묵적 지식의 창출과 전파의 복잡성을 밝혔다.

핵심개념으로 배우는 경제지리학

지역 수준의 제도에 관한 연구는 대부분 지방정부기관, 지역연합, 자발적인 조직, 법률과 규제 등과 같은 공식적 제도의 효과에 대한 고찰이다(Lawton-Smith, 2003 참조). 그러나 사회적 규범, 집단적 사고방식, 동기부여에 대한 반응 등과 같은 지역문화의 핵심은 여전히 암묵적이며 파악하기 어려운 상태로 남아 있다(5.4 뿌리내림 참조). 노스(North, 1990)에 따르면, 이와 같은 지역제도의 비공식적 측면은 공식적 제도가 바뀐 이후에도 오랫동안 유지되는 경향이 있다. 색스니언(Saxenian, 1994)은 실리콘밸리와 보스턴의 루트 128을 비교하면서, 양 지역에는 대학 및 선도적 기업 등과 같은 비교할 만한 공식적인 제도가 있음에도 불구하고, 두 지역의 문화 차이가 창업가들의 위험감수 행동에 어떻게 영향을 미쳐 왔는지와 이것이 실리콘밸리의 성장을 촉진하였다는 것을 밝혔다(2.2 기업가정신 참조).

문화산업과 문화의 생산

예술과 문화는 1960년대 이래로 경제학적 연구의 주제였다. 반면 경제지리학자들은 1990년대 말이 되어서야 주요 대도시의 고용 원천으로서 문화산업의 중요성을 인식하기 시작하였다(Pratt, 1997; Scott, 1997; Power, 2002). 문학과 시각 예술, 공예, 음악 등의 학습·전시·판매를 포함하는 문화산업은 장소특수적 문화유산에 뿌리를 두고 있다. 문화산업의 기능은 종종 암묵적이고 형식화되지 않은 지식에 기반을 두며, 그 결과 근접성과 집적이 문화산업에서는 여전히 중요하다. 문화산업에 대한 연구는 문화 노동자의 중요성(Christopherson, 2004), 도시성장에 있어 어메니티의 역할(Florida, 2002; Markusen and Schrock, 2006) 등과 같은 다양한 주제를 포함한다. 일부 연구는 할리우드(Scott, 2005)와 밴쿠버(Coe, 2001)의 영화산업, 버밍햄의 보석

지구(Pollard, 2004), 토론토와 몬트리올의 디자인 산업(Leslie and Rantisi, 2006; Vinodrai, 2006) 등과 같은 문화산업의 도시적 측면을 강조하면서 산업지구론의 접근방법을 채택하였다. 그 외 상품사슬 접근방법에 의한 가구산업 연구(Leslie and Reimer, 2003), 진화론적 접근방법에 의한 패션과 비디오 게임 산업의 연구(Rantisi, 2004; Izushi and Aoyama, 2006) 등을 들 수 있다.

이러한 연구는 현재 '문화경제'로 알려진 연구의 범위를 확대하였다. 아민과 스리프트(Amin and Thrift, 2004)는 『The Blackwell Cultural Economy Reader』라는 저서에서 사회학자뿐만 아니라 경제 및 문화지리학자에 의한 문화경제의 연구에 대하여 학제적으로 개관하였다. 이 책은 생산과 소비에서 '열정의 경제'에 이르는 주제들을 포괄하고 있다. 실제로 문화산업과 경제변화에 대한 창조성의 역할에 대한 연구는 문화지리학과 사회학 간에 가장 긴밀하게 교차하고 있다(6.3 소비 참조). 런던의 레스토랑을 사례로 한 크랭(Crang, 1994)의 '수행성' 연구와 영국의 중고상점에 대한 그레그슨과 크루(Gregson and Crewe, 2003)의 연구 등과 같은 문화지리학자들의 연구는 오늘날 문화적 경향을 반영하는 신산업에 대한 경제지리학자의 분석을 촉진하였다. 몰로치(Molotch, 2002)는 산업디자인에 초점을 두고 제품과 장소 간의 관계에 대한 독특한 시각을 제안하였다.

브루디외(Bourdieu, 1984), 라투르(Latour, 1987), 어리(Urry, 1995) 등과 같은 사회학자들의 영향에 의한 문화에 대한 주목은 경제지리학에 있어서 소비연구가 등장하는 계기를 마련하였고, 그중에는 경제영역과 문화영역 간 수렴에 초점(Jackson, 2002)을 둔 연구뿐만 아니라, 문화의 상품화에 대한 연구도 있다(Sayer, 2003). 범세계적 소비지상주의 발흥, 즉 선진산업사회의 독특한 문화경험에 대한 수요 증대는 문화상품의 시장 확대에 크게 기여하고 있다. 홀(Hall, 1998)은 『Cities of Civilization』에서 1950년대 시카고 블루스의 확산을 촉진하였던 풍요로운 신세대 소비자의 중요성을 언급하였다. 음악은 아마도 사람의 지리적 이동과 밀접한 관련을 가지는 문화상품일 것이다. 선진국에서 레저와 오락을 추구하는 소비자들은 자신의 시간과 돈을 지불하면서 독특하고 차별적이며 때로는 개인맞춤형인 '경험'을 점차 중요시하고 있다 (6.3 소비 참조).

오늘날 음악의 확산과 유행은 라디오에서 인터넷에 이르는 기술에 의해 촉진되고 있다. 영국과 미국 젊은 층에서 인기 있는 인디 록(독립적인 로큰롤 밴드), 다양한 비서구적 음악을 새로운 상품으로 재생산한 세계적 음악, 그리고 이전에는 일본 관객들에게 전혀 알려지지 않았던 한국 배우의 인기 등은 모두 '외국의', '이국적인', '토착적인', '오염되지 않은', 혹은 '독특한' 것으로 간주되는 예술 형태의 인기를 설명하는 사례이다. 오늘날의 문화변화는 세계적 문화가 지역문화를 침입하는 일방적인 과정이 아니며, 지역문화도 살아남기 위해서 저항과 보존에 의존한다는 점은 분명한 사실이다.

요점

- '문화적 전환'은 학제적인 현상이었으며, 다양한 사회과학 분야의 포스트모더니즘, 후기구조주의, 페미니즘 및 문화연구로부터 큰 영향을 받아 왔다.
- 비록 '문화적 전환'이 경제지리학에서 문화연구의 정당화에 기여했지만, 모호한 개념, 막연한 이론과 설득력이 약한 경험주의 등으로 신랄한 비판도 받았다.
- 오늘날 경제지리학자들은 다각적으로 문화를 연구하고 있다. 일부는 세계화의 문화적 측면을 강조하는 반면, 다른 연구자들은 다양한 지리적 스케일에서 창출되고 전파되는 관습과 규범에 대한 분석을 선호한다. 이 외에 경제성장에서 제도의 역할과 문화경제적 접근으로 알려진 문화산업에 관한 연구 분야도 있다.

더 읽을 거리

• 문화경제적 접근에 대한 최근의 개관을 위해서는 아민과 스리프트(Amin and Thrift, 2007)를 참조하라. 문화경제 연구에 대한 비판에 대해서는 깁슨과 콩(Gibson and Kong, 2005)을 참조하라.

주석

1. 일부 마르크스주의자들의 연구에 있어서 모든 설명을 계급의 차이로 귀결시키는 과도한 결정론적 경향이다.

2. 후기-논리실증주의는 논리실증주의적 관점이 본질적으로 타당하지만 내재하는 주관성도 인정한다. 논리실증주의자들과 달리, 후기-논리실증주의자들은 과학적 과정을 구성하는 것에 대한 대안적 해석도 받아들인다.

3. 아파두라이(Appadurai, 1996)는 세계화를 다섯 가지의 독특한 '경관', 즉 민족경관, 기술경관, 금융경관, 미디어경관, 이데올로기 경관으로 개념화하였다.

5.2 젠더

젠더란 남자와 여자 간 인식된 차이와 그러한 인식된 차이에 기초한 불평등한 권력관계를 의미한다(Scott, 1986). 젠더에 대한 사고와 젠더의 실천은 일상의 삶을 통해 이루어지고 광범위한 사회적 및 경제적 과정뿐만 아니라 일상 활동을 구조화하는 데 기여하기도 한다. 그 결과 젠더의 구체적인 의미와 실천은 장소에 따라 다르고, 경제지리적 현상을 형성하는 데 중요한 역할을 한다(McDowell, 1999). 이 절에서는 젠더가 어떻게 경제재구조화 및 세계화와 같은 경제·지리적 과정에 관계되어 있는지, 그리고 그러한 과정이 반대로 어떻게 젠더를 형성시키는지를 살펴보고자 한다. 먼저 경제지리학에서 젠더 개념이 어떻게 변화했는지를 고찰하고, 특히 노동시장 과정과의 관계에 있어서의 젠더에 대한 주목이 어떻게 경제지리학에서의 설명을 개선해 왔는가를 특정 사례들을 통해 검토하고자 한다.

경제지리학에 있어서 젠더개념의 변화

비교적 최근까지 경제지리학은 경제·지리적 과정에 영향을 미치는 민족성, 인종, 계급성과 같은 정체성과 관련된 국면뿐만 아니라 젠더도 무시해 왔다. 1950년대와 1960년대 계량혁명기의 경제지리학 모델의 핵심 주체는 경제인(남성), 즉 완벽한 정보를 가지며 항상 합리적이고 효용을 극대화하는 방식으로 행동하는 비현실적인 인물이었다(1.2 기업 참조). 그러므로 경제인의 중요한 특징은 생활경험과 정체성이 의사결정에 영향을 미치는 않는다는 점이다.

1970년대 행태지리학의 등장과 함께 모든 의사결정자가 동일하게 행동하지는 않는다는 사실을 인식하게 되었다. 의사결정자는 다양한 수준의 정보와 서로 다른 배경, 목표, 제약요인을 갖고 있으며 그 모든 것이 의사결정에 영향을 미친다. 이러한 다양성에 대한 인식이 경제지리학자가 차이의 중요성을 받아들이는 계기가 되었다. 젠더의 역할에 대한 문제의식을 갖기 시작했던 대부분의 지리학자들이 여성이었다는 점을 경시해서는 안 된다. 사실 경제지리학의 여성 연구자가 늘어남에 따라 경제지리학에서 젠더에 대하여 더욱 주목하게 되었다. 바꾸어 말하면 연구자의 생활경험은 그들이 중요하다고 보는 것과 그들의 설명 틀에 반드시 영향을 미치게 된다.[1] 페미니스트 경제지리학자들은 젠더를 포함하여 경제지리학 이론을 강화할 뿐만 아니라 자신들의 연구를 통해 인간, 특히 여성과 어린이의 삶의 질을 개선하려고 한다. 일부 학자들은 페미니스트의 명시적인 사회정의라는 목표를 추구하지 않으면서 자신들의 연구 틀에 젠더를 포함하기도 한다.[2]

경제지리학자들이 최근까지 젠더를 고려하지 않았던 것처럼, 학자들이 젠더를 바라보는 방식은 시간이 지나면서 변화하였다. 일반적으로 그 변화는 젠더를 생물학적, 보편적 그리고 변하지 않는 남성/여성이라는 이분법적으로 보는 것으로부터 사회적으로 구조화되어 맥락적이고 변화한다고 보는 것으로의 전환을 수반하였다. 후자의 시각에서, 젠더의 특수한 의미 부여와 실천은 시간과 장소 그리고 계급, 인종, 민족성, 연령, 성 등의 차이라는 또 다른 축에 의존한다(예를 들어, McDowell, 1993 참조). 이론적인 대립(즉, 하나의 견해는 젠더를 자연발생적이고 고정된 것으로 보는 반면, 다른 견해는 젠더를 가변적이고 맥락 의존적인 것으로 봄)에도 불구하고, 젠더에 대한 두 가지 시각은 여전히 의미가 있다. 따라서 두 가지 시각은 모두 인정되어야 하며, 젠더 연구에서는 서로 간의 긴장관계가 유지되어야 할 필요가 있다.

초기 연구는 공간행동에서 젠더가 중요하다는 당시의 급진적 사고를 소개하였다. 예를 들면 공간적 행위에서 젠더의 차이를 연구하여, 또한 남성과 여

핵심개념으로 배우는 경제지리학

성의 일상 활동패턴이 젠더 역할에 따라 크게 다르다는 것을 보여 주었다(예를 들어, Hanson and Hanson, 1980; Tivers, 1985). 비록 젠더의 초기 연구가 여성들 간 차이(예를 들어, 자녀가 없는 기혼여성, 자녀가 있는 기혼여성, 독신녀 간)를 어느 정도는 인식하였지만, 연구의 초점은 젠더의 차이에 두었으며, 학자들은 여성이라는 범주를 문제 삼지 않았고 여성의 다양성과 젠더정치 간의 관계를 연구하지도 않았다.

젠더의 남성-여성 이분법적 관점은 오랫동안 공적·사적 영역과 장소 간의 구분과 관련되어 왔다. 구체적으로 사적 영역(가정과 근린)은 여성의 영역으로 인식된 반면, 공적 영역(예를 들어, 직장과 도심)은 남성의 영역으로 간주되었다. 경제활동은 오로지 공적 영역과 연관되어 있었기 때문에, 여성의 가사노동은 경제의 일부로 간주되지 않았고 경제지리학에서 다루지도 않았다. 페미니스트 경제지리학자들의 한 가지 공헌은 공적·사적 범주를 개설하여 양자 간의 다종다양한 관계와 상호의존성뿐만 아니라 개별 범주 내 이질성을 밝혀내는 데 기여했다는 것이다(Hanson and Pratt, 1988).

젠더에 대한 시각이 변함에 따라서 최근 연구는 젠더를 사람들 간의 차이가 발생하게 되는 원인 중 하나, 즉 항상 변화하는 개인의 정체성과 주체성의 많은 (그렇지만 항상 가장 두드러진 것은 아닌) 국면의 하나로 다루고 있다. 예를 들어, 캐나다 밴쿠버의 필리핀 보모에 대한 프랫(Pratt, 2004)의 연구는 보모들이 살면서 만들어 낸 경제지리에 대한 그녀들의 보잘것없는 이민 지위가 어떠한 의미가 있는가를 보여 준다. 젠더가 정체성의 다른 국면들과 상호교차한다는 인식은 여성과 남성이라는 바로 그 범주를 문제시하는데, 이는 개별 범주 내부의 차이가 공유된 젠더라는 정체성만큼 또는 그것보다도 더 중요하다는 점에 기반한다. 프랫의 연구에서 보모와 고용자는 모두 여성이지만, 그들의 정치적인 이해관계는 본질적으로 상이하다.

프랫의 연구는 지리학자들에 의한 젠더의 개념화에 있어서 또 다른 중요한 변화가 있었다는 점을 보여 주고 있다. 즉 다양한 지리적 스케일에서의 담론3이 젠더의 의미와 실천에 영향을 미친다는 인식이 확대되었다는 것이다. 프랫(Pratt, 1999)은 밴쿠버의 필리핀 보모에 대한 담론이 어떻게 그녀들을 소외된 노동자로 자리매김시키고 그녀들의 직업 이동을 확실히 제한하는 데 얼마나 효과적으로 작용하는지 보여 줬다. 마킬라도라에서 일하는 멕시코 여성에 대한 라이트(Wright, 1997)의 연구도 젠더, 국적, 그리고 민족성을 토대로 노동자 범주를 뚜렷하게 구분하고 강화하는 담론의 힘을 잘 보여 줬다. 라이트도 노동현장에서의 지위 향상을 위해서는 멕시코 여성들이 자신을 순종적이고 비숙련적인 노동자로 규정해 온 담론을 의식적으로 뒤집어야만 하며, 또 그럴 수 있다는 사실을 보여 주었다. 이들 연구는 담론의 중요성뿐만 아니라 젠더에 관한 경제지리학 연구에 있어서 개인 및 세대 단위의 권력관계에만 초점을 두는 것에서 벗어나 다른 공간적 스케일에서 권력관계를 고찰하는 방향으로 전환하고 있다는 것을 보여 주었다.

젠더개념의 변화는 인식론과 방법론에 대한 성찰을 촉진하였다. 페미니스트 연구자들은 지식 창출을 아무런 문제의식 없이 다른 사람들의 경험을 찾아내고 이용하는 결과가 아니라 공동의 연구 프로젝트로 간주하면서, 연구 주제에 대하여 점차 사려 깊게 접근하게 되었다(Gibson-Graham, 1994)(5.1 문화 참조). 더욱이 페미니스트 경제지리학자들은 보다 실질적인 변화를 이끌어 내기 위하여 자신의 연구주제에 대하여 보다 사려 깊게 접근하는 방향으로 바뀌었다. 예를 들어, 나가르(Nagar, 2000)는 인도 여성의 삶과 생활여건을 개선하기 위하여, 그들 여성단체와의 공동작업의 복잡하고 때로는 모순적인 과정을 기술하였다.

모든 사람이 시간과 장소에 따라서 변화하는 다층적인 정체성을 갖고 있다

핵심개념으로 배우는 경제지리학

는 사실은 경제지리적 과정에 있어서 젠더의 중요성뿐만 아니라 젠더 구성에 있어 지리학이 중요하다는 것을 강조한다. 다음 절에서는 젠더가 경제지리적 과정에 대한 이해를 어떻게 변화시켰는지에 대한 몇 가지 사례들을 검토하고 자 한다.

젠더와 일

경제지리학이 오랫동안 젠더를 등한시한 점은 오늘날의 세계를 형성하는 많은 핵심 과정들이 인식되지 못했던 심각한 결과를 초래하였다. 젠더가 노동의 세계(유급노동, 무급노동)에 완전하게 스며들어 있기 때문에, 이러한 핵심적 과정을 제대로 이해하지 못한 것은 세계의 경제지리를 구성하는 노동의 젠더화와 관련되어 있다. 실제로 많은 여성들이 유급 노동자로 참여하여 공식적으로 인정받은 경제영역에 진입하게 되면서 여성노동은 경제지리학자들에게 훨씬 가시화되었다(1.1 노동력 참조).

노동시장의 가장 지속적인 성격의 하나는 여성과 남성을 서로 다른 직업군으로 분리하는 것이었기 때문에, 여성은 남성과 동등한 노동력으로 참여하지 않았다. 비록 모든 여성이 아이를 낳고 기르는 것도 아니며, 출산과 육아를 하는 여성일지라도 출산과 육아는 성인 여성의 삶의 일부분에 국한되고 육아라는 무거운 책임을 지는 남성이 있음에도 불구하고, 여성이라는 것과 재생산 활동(육아 이외에도 가구, 가족과 친족 그리고 공동체 일원의 보살핌을 포함) 간의 강한 연관관계가 여성의 생산활동에 크게 영향을 미치면서 지속되어왔다. 그러한 영향의 주된 원인은 그 노동이 농업이든 공업이든 상업이든 그리고 선진국이든 후진국이든 상관없이 남성과 여성의 일자리가 명확하게 구분되어 있다는 점이었다. 1997년 현재 미국의 경우 남성과 여성의 직업 비율이 동일하게 되려면 여성의 54%가 직업을 바꾸어야 했다(Jacob, 1999: 130). 노동시장 분화 양상과 가정의 생활여건 및 지역경제에 대한 그 함의는 장소에 따라 다양하지만, 직업계층상 남성에 비해 여성의 낮은 지위와 봉급 그리고 열악한 승진 기회는 공통된 주제이다. 실질적인 성별 임금격차는 상당 부분 일자리가 성별 간에 분리되어 있는 탓에 지속되고 있다. 예를 들어, 2007년 현재 미국에서 상근직 여성의 연간 임금은 남성의 80%에 지나지 않았다(English and Hegewisch, 2008).

경제지리학자들은 이러한 주제를 주요한 두 개의 교차하는 관점, 즉 고용자의 관점과 가정과 공동체에 뿌리내린 개인의 이익이라는 관점에서 연구하였다. 가정 내 책임의 관계로, 여성은 잠재적인 고용주, 남성 파트너 및 그리고 때로는 자기 자신에 의해, 부차적인 임금 소득자, 즉 주된 남성 생계 책임자 임금의 보완적인 소득자로 간주되어 왔다. 이러한 2차적인 지위가 좋은 손재주, 육체적 연약함, 수동적이고 순종적이라는 여성다움과 관련된 다른 문화적 규범들과 함께, 여성을 특히 특정한 반복적인 작업과 같은 것에 적합하고 특정한 여건 속에서 자본에 매력적인, 저렴하고 순종적인 노동자로 특징지어 왔다.

경제지리학자들은, 여성을 분화되지 않은 동질 집단으로 간주하는 여성 노동자에 대한 시각이 상이한 지리적 맥락에서 발생하는 매우 다양한 과정을 숨겼다는 것을 보여 주었다. 산업화된 선진국에서, 넬슨(Nelson, 1986)은 집을 떠나 멀리서 일하는 것을 원하지 않고 교육수준이 높은 백인여성의 파트타임 노동력을 끌어들이기 위하여 고용주들이 틀에 박힌 백오피스 일자리를 샌프란시스코만 지역의 중산층 교외지역에 입지시켰다는 것을 논증하였다. 잉글랜드(England, 1993)는 오하이오주 콜럼버스에서 유사한 과정을 고찰하였다. 마찬가지로 핸슨과 프랫(Hanson and Pratt, 1992)도 매사추세츠주 우스터에서 제조업과 생산자서비스업의 고용주들이 특정 여성 노동자(예를 들어, 도심의 세탁 업체에 종사하는 라틴계 이민 여성, 도시 외곽지역의 섬유공장에서 일하는 육체노동자의 배우자)의 거주지 인접 지역에 그들의 사업체를 입지시켰다는 것을 밝혔다. 이와 같이 젠더에 주목한 연구들은 이전보다 훨씬 더 세밀한 수준의 젠더/민족/공간 분업의 중요성을 강조하였고, 국지적 노동시장 지역의 경우에는 일부 인구집단, 특히 여성들에 있어 그 지리적 범위가 과거에 밝혀진 것보다 더욱 좁아졌다는 사실을 밝혔다. 고용에 대한 공간적 접근 수단인 통근에 있어서 젠더와 인종적 차이는 2.3 접근성에서 논의되어 있다.

국제적 스케일에서 작동하지만 서로 다른 장소에서는 다르게 작동하는 유사한 과정은 자본흐름의 세계화(4.2 세계화 참조)와 개발도상국의 개발 전략(3.1 산업입지 참조)을 해명하는 데 기여했다. 미국-멕시코 국경지역을 따라 집적하고 있는 마킬라도라는 많은 저임금 여성노동력을 고용하려는 명확한 목적을 가지고서 생산시설을 입지시킨 국제자본의 아주 흔한 사례이다. 마이어(Meier, 1999)는 개발 전략으로서 절화(折花) 생산을 채택한 콜롬비아 정부가 전제한 것은 거대한 장미 농장의 어렵고 때론 위험한 작업에 종사하는 저임금의, 대체로 여성 노동력을 이용할 수 있다는 점이라고 밝혔다. 그러나 멀링스(Mullings, 2004)는 효율적인 제도적 장치가 마련되지 않고, 카리브해 지역의 관광 및 여행업처럼 국제자본과 저임금 여성노동력에 주로 의존하는 경제활동은 효과적인 개발 전략이 아니라고 경고하였다.

페미니스트 지리학자들은 직장과 가정에서의 젠더관계가 이러한 젠더에 기초한 노동시장의 불평등을 만들어 내고 유지하는 데 어떻게 기여했는가를 연구하였다. 맥도웰(McDowell, 1997)과 존스(Jones, 1998)는 런던의 금융서비스 산업의 직장에서 남성우위적이고 남성지향적인 일상적 사회관행이 어떻게 여성에게 적대적이고 여성들을 평가절하하는 문화를 형성하였는가를 밝혔다. 그레이와 제임스(Gray and James, 2007)는 영국 캠브리지의 정보기술

기업의 관행이 해당 기업의 학습 및 혁신과정, 더 나아가 기업의 경쟁력 제고에 기여하는 남성과 여성의 역량에 어떻게 영향을 미치는가를 분석하였다. 높은 교육수준의 전문직 종사자들을 대상으로 한 이러한 연구들은 근로 시간과 옷차림에서 말투에 이르는 직장의 수많은 관행이 비록 고의적이지 않더라고 직장에서의 여성의 기회를 제한한다는 것을 보여 주었다.

가정과 공동체에서의 젠더관계는 많은 여성들이 이차적인 노동을 구성하는 역할도 한다. 여성이 가정과 공동체에서 돌보는 일에 일차적인 책임을 부여받는 한, 여성이 파트타임 일자리에 종사할 가능성은 더 커질 것이다. 이는 그레이와 제임스(Gray and James, 2007)가 지적하듯이 직장 내 상호작용에 충분하게 관여하는 것을 어렵게 한다. 아프리카의 농업을 주제로 한 카니(Carney, 1993)와 슈로더(Schroeder, 1999) 연구는 감비아의 가정과 공동체의 젠더화된 사회관계가 어떻게 농업적 관행을 형성하는지를 밝혔다. 카니의 연구 사례에서 '여성은 자급자족 곡물 재배에 종사하고 남성은 환금작물을 재배해야 한다'는 규범은 관개시설이 도입되어 쌀이 상품화되면 그 이전에는 여성에 의해 이루어졌던 쌀 생산을 남성이 관리하게 된다는 것을 의미한다.

이러한 연구의 대부분은 노동의 각 영역이 다양한 방식으로 상호 간에 영향을 미침으로써 생산과 재생산활동 간의 경계가 어떻게 불분명하게 되었는가를 밝혀 왔다.4 젠더에 대한 관심의 결과로, 일상적인 삶에서의 생산과 재생산 간의(또는 가정과 직장 간) 상호의존성을 밝힘으로써 경제지리학의 많은 부분이 삶의 문제와 관련되어 있다는 것이 밝혀졌다(Sheppard, 2006 참조). 페미니스트 경제지리학자들에 의한 많은 지리학적 연구들은 사람들의 삶의 전략들이 항상 생산과 재생산 간의 경계면에 관계하고 있는 다양한 방식을 자세하게 다루어 왔다. 이러한 연구로는, 자본주의에서 사회주의로의 이행 과정상의 모스크바 경제에 대한 파블롭스카야(Pavlovskaya, 2004)의 연구, 남부 인

핵심개념으로 배우는 경제지리학

도의 어부와 생선 거래자에 대한 합케와 아이얀케릴(Hapke and Ayyankeril, 2004)의 연구, 캐나다 토론토의 가나 이민자들이 고국의 가족들에게 보내는 송금에 대한 웡(Wong, 2006)의 연구 그리고 캘리포니아주 샌디에이고의 라틴계 가사노동자에 대한 매팅리(Mattingly, 2001)의 연구 등이 있다. 이 연구들은 생산과 재생산 영역 간의 연계에 대한 이해에 기초하거나 이해가 동반되지 않는다면, 생산활동에 대한 이해가 부실하거나 잘못될 수 있다는 확실한 증거를 제시하였다.

경제지리적 과정에 대한 이러한 연계가 중요하기 때문에, 많은 페미니스트 경제지리학자들은 일상생활의 다양한 국면(가정, 직장, 공동체, 국가)을 상호 결합하는 사회적 관계의 네트워크에 초점을 두어 왔다(5.5 네트워크 참조). 사회적 관계가 크게 젠더화되었기 때문에, 네트워크는 여성 혹은 남성에게(뿐만 아니라 서로 다른 여성 집단들과 남성 집단들에 대해서도) 상이하게 작용한다. 예를 들어, 실비와 엘름허스트(Silvey and Elmhirst, 2003)는 인도네시아 도시 여성근로자에 관한 연구에서 젊은 여성의 생활에 있어서 젠더화된 기대가 미치는 영향을 보여 주었다. 이런 여성들을 딸로서 시골의 가족들과 연결시키는 네트워크를 통해 가족 구성원들은 도시 여성 임금근로자들을 희생시키면서 농촌의 가족들에게는 도움이 되도록 그녀들의 임금을 요구하였다. 마찬가지로 웡(Wong, 2006)도 젠더화된 기대를 가나에서 캐나다로 이전하는 초국적 네트워크의 힘을 설명하였다. 네트워크가 젠더화되는 또 다른 방식은 여성들이 보다 강력한 네트워크와 특정 네트워크상의 가장 강력한 인물들로부터 스스로가 배제되었다는 것을 알아차리는 것이다(McDowell, 1997; Silvey and Elmhirst, 2003; Gray and James, 2007).

이러한 각각의 연구는 젠더화된 권력이 맥락특수적인 담론과 실천을 통해 어떻게 작용하는지를 검토했다. 또한 젠더가 서로 다른 시간과 장소에서 어떻게 삶을 영위하는지를 조사함으로써, 이들 연구는 젠더의 구조가 완전히 전환될 수 있다는 점을 강조했다. 현재 주목받고 있는 전환은 남성성과 남성적 정체성의 전환이다. 예를 들어, 맥도웰(McDowell, 2005)은 영국에서 제조업에서 서비스 경제로의 재구조화가 전통적으로 여성성과 관련된 특징(예를 들어, 공경심, 외모에 대한 관심)을 서비스 직종의 남성에게 요구함으로써 남성성에 대한 전통적인 관점에 어떻게 영향을 미치는가를 분석하였다.

요점

- 젠더는 남성과 여성 간의 인식된 차이와 이러한 인식된 차이로부터 파생되는 불평등한 권력관계를 의미한다. 젠더의 의미와 관행은 일상적인 상호작용을 통해 나타나기 때문에, 장소에 따라 상이하다. 따라서 젠더가 경제지리적 과정을 이해하는 데 핵심적인 위치를 차지하듯이 지리적 맥락도 젠더를 이해하는 데 중심적이다.
- 젠더에 대한 학자들의 사고방식은 과거 30여 년 동안에 젠더를 보편적인 남성-여성이라는 이분법적 사고에서 사회적 구성물로서 보는 관점으로 전환되었다. 후자의 시각은 지리의 중요성을 강조한다.
- 젠더는 주로 노동에 대한 연구를 통해 경제지리학의 범주에 포함되었다. 서로 다른 지리적 맥락에서 생산과 재생산활동 간의 관계에 대한 분석의 중요성을 탐구해 왔던 이 연구들은 경제 재구조화와 지리적 변화에 대한 설명을 변모시켜 왔다.

더 읽을 거리

- 로슨(Lawson, 2007)은 돌보는 노동에 대하여 개관하였다. 슈로더(Schroeder, 1999)는 감비아에서 젠더화된 가정과 공동체 관계가 농업적 관행의 변화에 어떻게 영향을 미치며, 또 영향을 받는지를 분석하였다.

주석

1. 그러나 이 분야에 있어서 모든 여성학자가 그들의 연구에서 명시적으로 젠더에 초점을 두지는 않았다.

2. 페미니스트 경제지리학자들은 생계에 영향을 미치는 가정과 공동체의 일상적인 활동에 대한 관심을 페미니스트 경제학자들(예를 들어, Nelson, 1993)과 공유한다.

3. 페어클라우(Fairclough, 1992: 64)가 밝힌 바와 같이, '담론은 세상을 대변할 뿐만 아니라 세상에 의미를 부여하며, 그 의미 속에서 세상을 구현하고 구축하는 실천이다.' 바꾸어 말하면, 정보를 전달하고 사회활동을 지도하는 데 사용되는 언어, 텍스트, 물적 대상 및 표현은 사회적 정체성, 사회관계, 더 광범위하게 인식되는 신념 및 지식형태를 구축하는 데 기여한다. 젠더의 경우, 직업 규범, 제품 광고, 직장 내 행위에 대한 기대 등과 같은 것에서 명백하게 드러나는 이러한 사회적 구축물은 불평등과 고정관념을 영속화하는 데 핵심적인 역할을 할 수 있다.

4. 비록 생산과 재생산 영역 간의 긴밀한 연계가 자급자족적 농업 공동체에서 규범으로 받아들여 왔음에도 불구하고[아프리카의 자급자족적 삶의 전략에 대한 논의는 Seppala(1998)와 Bryceson(2002)을 참조], 선진국의 학자들은 그러한 연계를 인식하지 못하였다. 왜냐하면 그들의 전제는 가정과 직장의 공간적 분리에 기초하였기 때문이다.

5.3 제도

제도라는 것은 사회를 구조화하여, 일상생활을 보다 일관성 있고 예측가능하게 하는 행동패턴이다. 제도는 조직(예를 들어, 세계은행), 법률과 규제, 사회·문화적 전통(예를 들어, 결혼)으로서 그리고 사회경제적 활동을 통제하는 공식적 및 비공식적 규칙, 규범 및 관습으로서 존재한다. 제도는 개인과 기업 그리고 국가라는 주체의 특정 행동패턴을 촉진하거나 억제함으로써 경제활동을 조정한다. 따라서 제도에 관한 연구는 시간에 따른 지역·국가경제의 발전에 대한 중요한 관점을 제공한다. 경제지리학자에게 있어서, 제도 분석은 제도가 지역의 성장과 혁신에 기여하는지 또는 저해하는지, 제도가 사회경제적 기회의 불평등한 지리적 상황을 어떻게 만들어 내고 유지하도록 하는지 그리고 세계 경제통합에 따른 제도적 과제에 초점을 두고 있다.

제도와 자본주의의 역사적 발전

제도이론은 20세기 초반 막스 베버(Max Weber)와 소스타인 베블런(Thorstein Veblen)과 같은 학자들의 근대 자본주의 조직구조(예를 들어, 기업, 시장, 재산권 등)의 진화와 힘에 대한 비판적 연구에서 시작되었다. 베버(Weber, 1905; 1958)는 경제적·정치적·종교적 제도의 변혁이 경제적 근대화 과정을 추동한다고 주장하면서, 서구 자본주의의 역사적 등장을 고찰하였다. 회계, 화폐, 생산기술, 회사, 재산권 등의 경제적 혁신은 지대지향적 경제에서 이윤지향적 경제로의 이행을 가능하게 했다. 정치적 개혁, 즉 전례(典禮) 국가(즉, 복종적인 시민 또는 국민을 가진 봉건 제도)에서 합리적인 법과 산업자본가가 지배하는 조세국가(조세수입의 원천으로 기능하는 자유로운 피지배

핵심개념으로 배우는 경제지리학

자를 가진 체제)로의 전환은 정치권력으로부터 경제권력이 분리하는 데 기여하였다. 이러한 정치적 변화는 사회적 계층 구조를 지지하고, 외부와 교역함에 있어서 공동체가 더 개방적으로 되게 하는 종교적 제도(예를 들어, 프로테스탄트의 노동윤리, 직업 개념)의 변화에 의해서도 촉진되었다(Weber, 1905). 이상의 모든 변화는 합리적인 경제적 자기이익을 추구함으로써 개인에게 보상하는 제도적 경관을 창출하였다.

베블런(Veblen, 1925)에게 있어, 자본주의 제도는 문화적으로 그리고 지리적으로 다양하기 때문에 세계경제를 지배하는 보편적인 법칙이나 규범을 마련하는 것은 불가능한 것이었다. 그는 역사, 문화적 전통, 사회적 가치 등과 같은 복잡한 맥락적 개재요소들의 영향을 통하여 제도가 시간이 지남에 따라 사회에서 진화하고 또는 '표류하는' 정신적 습관이라고 주장하였다. 예를 들어 일본에 대한 분석에서 베블런(Veblen, 1995)은 전통주의와 비즈니스 기업시스템의 논리(근대성) 간의 갈등이 근대적 산업기술을 차용하고 통합하는 것에 적절한 일련의 독특한 유사-봉건적 경제제도를 창출했다고 주장하였다. 나아가서 이러한 독특한 제도적 융합이 일본을 강력한 국민국가로 만들었다고 베블런은 주장하였다.

제도와 지역발전

경제지리학에 있어서 제도적 사고는 1990년대 제도경제학자(예를 들어, Williamson, 1985; North, 1990), 진화경제학자(예를 들어, Nelson and Winter, 1982), 경제사회학자(Powell and Dimaggio, 1991) 등의 신세대 학자들의 연구에 부응하여 출현하였다. 제도는 정신적인 습관이라는 베블런의 시점을 넘어, 이 학자들은 비즈니스 관계에서 주체들이 어떻게 행동할지를 지배하는 규범과 기준을 제공함으로써 제도를 경제를 조직하는 구조로 개념화한다. 이러한 패턴은 주체들(예를 들어, 개인, 기업, 노동자 그리고 공무원)에 의해 만들어지고 지지되는데, 그들의 일상적인 정체성, 인식, 의사결정, 권력투쟁은 그 패턴에 뿌리내려져 있다(Jessop, 2001; Scott, 1995)(5.4 뿌리내림 참조). 제도가 효과적일 때는 시장실패(예를 들어, 오염)를 방지하고, 혁신을 촉진하며, 위험감수를 보상하고, 기업가정신을 고양하지만, 그렇지 않을 경우 제도는 발전을 저해한다. 이를 통해 사회는 지속적으로 제도를 개선하게 된다. 경제지리학의 제도연구는 원래 공식적인 제도(예를 들어, 산업촉진시스템, 국가기관)를 강조하였고, 일반적으로 성장연합과 조직화된 노동 같은 조직이 혁신 촉진과 산업재구조화 과정의 방향 설정에서 중요한 역할을 수행한다는 것을 인식하였다(Amin, 1999). 보다 최근의 연구자들은 특정 문화와 관련되어 있는 비공식적 제도와 산업 및 지역발전에서 제도의 역할에 초점을 두어 왔다(5.1 문화 참조).

제도는 지역발전에 필수적이고, 경제지리학자들은 제도 변화, 특히 국가가 경제적 세계화의 요구와 결과에 대응하기 위해 그들의 제도를 어떻게 조정하는지 연구해 왔다(4.2 세계화 참조). 플로리다와 케니(Florida and Kenney, 1994)의 제2차대전 이후 일본 산업재구조화에 대한 연구는 자동차 생산시스템을 사례로 조직혁신와 관련된 제도가 어떻게 일본 기업이 유럽과 미국 기업을 능가하게 하였는가를 보여 주었다. 이 사례에서 제도는 관리자, 노동자, 국가 간의 갈등을 통해 진화하였고, 결과적으로 유연성, 적기생산, 기술혁신 등에 기초한 새로운 형태의 산업조직이 창출되었다.

아민과 스리프트(Amin and Thrift, 1993)에 의하면, 지역은 혁신성과 생산 잠재력을 극대화하기 위하여 제도적 밀집성(institutional thickness)을 구축할 필요가 있다. 한 지역의 제도가 a) 다양한 역할(예를 들어, 노동자 훈련조직,

투자촉진기구)을 효과적으로 수행하고, b) 정치인, 기업가, 노동자가 공동으로 인정하며, c) 성장을 저해할 수 있는 행동(예를 들어, 부패, 사기)을 억제하고, d) 경제주체 간 긴밀한 사회네트워크를 창출할 때, 제도적 밀집은 구축된다. '제도적 밀집'이 구축된 지역은 이러한 다양성, 효율성 그리고 상호관계성을 통하여 지역적으로 전문화된 지식—여기서 말하는 지식은 다른 장소에 입지하는 산업에 비해 장기적으로 경쟁 우위성을 제공하는 지식—을 뿌리내리게 한다. 헨리와 핀치(Henry and Pinch, 2001)는 이 개념을 영국의 모터 스포츠 밸리 연구에 적용하면서, 클러스터 내 소기업 간의 노동이동과 정보공유를 촉진하는 비공식 제도들이 결국 특화된 전문적 기술 창출에 기여하고, 자동차 스포츠 산업의 글로벌 혁신센터로서의 위상을 확실히 유지하는 데 핵심적 역할을 수행한다는 점을 발견하였다(2.1 혁신 참조).

이와 같은 연구들은, 혁신을 효과적이고 유연하게 관리하는 제도의 진화를 지원할 수 있는 관계자산을 개발하는 것이 지역에 있어서 왜 중요한지 잘 밝혀 주었다. 관계자산은 경제주체 간의 네트워크에 뿌리내리고, 신뢰와 협력 및 호혜성에 의해 그 기능을 수행하며, 결과적으로 한 장소의 비시장적 상호의존성을 창출할 수 있게 된다(Storper, 1995; 1997). 이러한 '인적 하부구조'는 적절한 통신, 물류 및 제조업 하부구조, 효과적인 자본분배 그리고 혁신추동적인 산업 거버넌스 등과 결합될 때, 지역경제를 '지식집약적인' 산업조직을 가진 학습지역으로 변모시킬 수 있다(Florida, 1995: 534). 그러나 학습지역 개념은 논쟁 중에 있으며, 연구에서 실제로 분석하는 것도 쉽지 않다. 예를 들면, 이러한 지역들이 새로운 지식에 접근하고, 흡수하여, 확산함으로써 기업과 노동자들의 학습역량을 함양할 수 있을 때, 제도가 비로소 '옳았다'는 것으로 간주된다(Morgan, 1997).

제도와 공간 불평등

제도는 지역 내 그리고 지역 간 경제기회의 불균등한 분포를 만들어 낸다. 지역의 제도는 기업가적 행태의 비용과 인지 위험을 높임으로써 투자와 혁신을 억제한다(Yeung, 2000). 예를 들어, 퍼트넘(Putnam, 1993)의 이탈리아 지역발전에 관한 연구는 칼라브리아(Calabria) 지역의 유연하지 않고 부패되고 지나치게 위계적인 제도들이 어떻게 발전을 저해하는지 밝혔다. 반면에 에밀리아 로마냐(Emiglia-Romagna)의 북부 지역은 신뢰, 호혜성 그리고 혁신을 위한 위험 감수 등을 촉진하는 지역 제도의 중요한 지원을 통해 어떻게 성공적으로 산업화하였는가를 잘 보여 주고 있다. 다른 말로 하면, 북부 이탈리아 제도는 지역의 사회적 자본 축적에 기여함으로써 혁신과 산업발전을 촉진하고 보상하였다(5.5 네트워크 참조).

지역에서 제도는 사회경제적 불평등을 야기하고 지속시킬 수 있다. 허드슨(Hudson, 2004)이 관찰하듯이, 경제는 '고유한' 행태와 행동에 대한 규칙과 이해에 의해 사회적으로 구축되고 '제도화'된다. 개인이 기존 규칙에 도전하거나 따르지 않을 때, 그는 더 이상 '정당한 시민'이 아니며, 제도는 종종 젠더, 계급, 인종 및/또는 민족성에 의거하여 사회 구성원을 차별하게 된다. 이러한 차별로 경제적 기회는 매우 불균등하게 될 것이다. 예를 들어, 그레이와 제임스(Gray and James, 2007)의 케임브리지셔의 첨단기술 클러스터에 대한 연구는 '성공적인' 지역경제의 제도가 어떻게 젠더 불평등을 생산하고 재생산하는지 잘 보여 줬다. 반면에 블레이크와 핸슨(Blake and Hanson, 2005)은 미국의 금융제도가 어떻게 여성 기업가를 차별하고, 기업을 발전시키는 그녀들의 역량을 제한하는지 보여 줬다(5.2 젠더 참조).

제도적 다양성과 글로벌 경제통합의 도전

세계경제에 있어서 제도의 다양성은 지역 간 교역, 투자 및 지식 흐름에 대한 장벽을 만들기도 한다. 세계은행이나 국제통화기금(IMF)과 같은 국제적인 금융제도는 이러한 제도의 다양성을 경제의 세계화에 대한 위협으로 간주하고, 다국적 비즈니스의 복잡성과 비용을 줄이기 위해 각 국가들이 일련의 공통적인 시장제도를 따르도록 권장하고 있다. 이러한 정책들은 사적 재산권(예를 들어, 토지, 투자 및 지적재산을 위한)을 보호하고, 공식적인 비즈니스 계약을 강요하며, 사회문제와 환경문제에 대한 시장지향적 해결을 권장하고, 정보의 흐름을 촉진하며, 부패를 줄이고, 자유로운 기업과 기업가정신에 보상하는 시장친화적 또는 신자유주의적 제도를 구축하는 데 초점을 둔다(World Bank, 2001)(1.3 국가 참조). 그러나 이러한 제도의 확산에도 불구하고 세계 수준의 제도적 수단들은 단지 세계경제의 일부만 통합하였다. 많은 학자들은 그것들이 주변부 지역과 비서구 시민 및 가난한 공동체를 희생양으로 중심 지역과 권력의 중심(예를 들어, 워싱턴 D.C.)에게 더 많은 혜택을 부여한다고 믿고 있다(Peet, 2007)(4.1 중심-주변 참조).

장소 간 제도적 차이도 지식의 교환과 이전에 중요한 역할을 한다. 무니르(Munir, 2002)에 의하면, 국제적인 기술이전 프로그램의 성공은 기술을 수용하는 국가의 제도적 틀이 기술이전 국가의 기술지향적 제도와 얼마나 양립할 수 있는가에 달려 있다. 바꾸어 말하면, 제도적 근접성 또는 수렴은 초국가적 지식흐름의 범위와 질을 결정하는 중요한 역할을 한다(Gertler, 2001). 캐나다 첨단산업에 대한 저틀러 외(Gertler et al., 2000)의 연구는 캐나다의 외국기업이 현지 캐나다 기업과 학습 및 기술이전 관계를 구축하는 데 제도적 장벽이 어떻게 방해하는지를 잘 밝혔다. 이러한 상호 간의 유리(遊離)는 캐나다 각 주에 유입되는 해외직접투자에 따른 지식 확산 또는 일출(溢出)을 감소시킨다는 점에서 중요한 의미를 가진다.

새로운 발전과 제도적 사고의 보다 광범위한 유의미성

경제지리학에 있어서 최근 두 가지 이론적 관점이 제도와 지역 및 산업의 발전과정에서의 제도의 역할과 관계되어 있다. 관계론적 접근은 제도적 변화를 추동하고 경제적 활동에 제도가 미치는 영향력을 결정하는 주체와 권력의 역할에 초점을 둔다. 이러한 틀에서 보면 제도는 경제적 활동을 좌우할 뿐만 아니라 노동자, 기업가, 최고 경영자와 같은 개인의 정체성을 형성하는 데도 핵심적인 역할을 한다(Jessop, 2001). 더욱이 제도는 경제주체 간의 상호작용, 그들의 물질적 관행, 지리적 맥락 그리고 권력 구조를 통해 시·공간적으로 진화하는 역동적인 구조로 인식되고 있다(Bethelt, 2003; 2006). 특히 지역의 문화, 역사, 지배적인 정치 이데올로기 등과 같은 맥락적 요소들은 제도 변화의 방향과 특성을 결정하는 데 중요한 역할을 한다. 관계론적 경제지리학자들은 이러한 주체, 실천과 요인이 어떻게 맥락특수적인 제도를 정당화하고 안정시키는가를 이해함으로써, 지역발전과 경제의 세계화에 대한 보다 역동적인 이론을 개발하기를 희망한다(Yeung, 2005).

이와 관련된 두 번째 새로운 방향성은 지역 경제제도의 발전과 경제발전 경로에 대한 진화론적 관점이다(Boschma and Frenken, 2006). 진화론적 접근은 경제행위를 유도하고, 기술변화를 추동하며, 노동자, 기업가, 산업 지도자 및 국가 간의 상호작용 구조화에 있어서 제도의 역할에 초점을 둔다(Nelson and Winter, 1982; Essletzbichler and Rigby, 2007; Truffer, 2008). 제도는 이러한 관행, 노하우 그리고 체제를 구성하고, 산업 및 기술의 진화를 유도하는 데 핵심적 역할을 수행한다.

특히 제도가 지역, 장소 또는 산업의 경제지리 등의 다른 측면을 형성함에 있어서도 중요한 역할을 수행하는 것으로 널리 인식되고 있다는 것을 강조하고자 한다. 제도는 젠더, 기업 내 그리고 노동 관계를 구조화하고, 글로벌 가치사슬과 네트워크를 조직화하며, 경제활동에 뿌리내려진 사회적 맥락으로 작용하고, 국가가 경제활동을 지배하는 중심적인 메커니즘으로 작용한다. 따라서 제도라는 그 개념의 유의미성과 중요성은 다른 장에서 분명히 다루어진다.

요점

- 제도는 사회를 구조화하고 일상생활을 보다 일관성 있고 예측가능하게 하는 안정된 행동패턴이다. 제도는 다양한 조직(예를 들어, 세계은행), 법률과 규제, 사회문화적 전통(예를 들어, 결혼)으로, 그리고 사회경제적 활동에 영향을 미치는 공식적 및 비공식적인 규칙, 규범, 관습의 형태로 존재한다.
- 제도는 생산활동을 조직하고 학습과 혁신을 촉진하거나 저해함으로써 지역발전과정에 중요한 역할을 한다.
- 제도는 특정 지역, 공동체, 사회집단 그리고/또는 지식형태에 능력 혹은 권력을 부여함으로써 공간적 불평등을 야기한다.
- 제도의 지역 간 차이는 기업과 시장 내 그리고 기업과 시장 간의 지식, 자본, 노동의 세계적 흐름에 대한 장애로 작용한다.

더 읽을 거리

- 로드리게스-포즈와 스토퍼(Rodriguez-Pose and Storper, 2006)는 지역발전과정에 기여하는 공동체와 사회 간의 제도적 보완성을 논의한다. 선리(Sunley, 2008)는 관계론적 경제지리학을 비판하면서, 보다 역사적이고 진화론인 제도분석을 주장한다. 진화론적 경제지리학 논쟁에 초점을 둔 『Economy Geography』의 특집호(제85권, 제2호, 2009)는 산업발전과 경제발전에 있어서 제도의 역할을 분석한다.

5.4 뿌리내림

뿌리내림(embeddedness)은 경제활동이 사회·문화·정치적 시스템과 분리될 수 없다는 것을 의미하는 개념이다. 이 개념은 사회학자들에 의해 개발되었지만, 경제지리학자들이 공간적이고 역사적으로 조건 지어진 비경제적 요인들이 기업, 산업 그리고 지역의 발전에 어떻게 영향을 미치는지 연구하기 위하여 뿌리내림 개념을 적극적으로 이용해 왔다. 기본적으로 뿌리내림은 어떻게 혁신 가능성에 영향을 미치고, 시장관계를 형성하며, 불평등을 재생산하고, 지역발전에서의 경로의존성을 창출하는지를 이해하는 데 초점이 맞춰져 왔다. 최근 논의에서는 이 개념이 로컬에 지나치게 특권을 부여하는지, 또 경험적 연구에서 적절하게 적용될 수 있는 것인지에 대한 관심이 커지고 있다.

뿌리내림의 기초

뿌리내림은 칼 폴라니(Karl Polanyi)와 마크 그래노베터(Mark Grano-vetter)가 주로 연구하였으나, 그들은 서로 다른 관점에서 이 개념을 고찰하였다. 뿌리내림 개념은 폴라니(Polanyi, 1944)의 기념비적 연구서인 『거대한 전환(The Great Transformation)』에서 처음 제안되었고 세상에 알려지게 되었다. 폴라니의 주장에 의하면 19세기 중엽, 경제 자유주의자들이 영국을 국가 중심적 보호무역주의 경제에서 자유방임 원리에 기초한 시장경제 사회로 변모시키고자 했을 때, 영국은 급진적인 재조직화를 경험했다. 그 목표는 시장을 문화, 사회 그리고 정치시스템에서 분리하고 나서 그 시스템을 자기조절적 시장과 시장사회로 재구조화하는 것이었다(Krippner and Alvarez, 2007). 폴라니는 이러한 변화가 결국 사회문제(예를 들어, 노동착취, 빈곤, 불평등)를

핵심개념으로 배우는 경제지리학

일으키고, 이는 다시 국가가 자유시장 체제에 개입하게 만들 것이라고 믿었다. 폴라니의 영향력은 경제위기에 대응하여 국가가 어떻게 사회정책을 조정하는지 고찰하거나(예를 들어, Kus, 2006), 국가가 어떻게 경제활동으로부터 자율성을 유지하면서도 그것을 지도할 수 있는지 분석하는(예를 들어, Evans, 1995) 최근 연구에서 볼 수 있다. 그리고 부분적으로 정치경제시스템들이 시장자유의 정도 측면에서 어떻게 차별화될 수 있는지에 대한 자본주의 다양성에 관한 연구(예를 들어, Crouch and Streeck, 1997)에서도 폴라니의 영향력을 찾아볼 수 있다(1.3 국가 참조).

폴라니 이상으로 대부분의 경제지리학자들에게 영향을 미친 것은 마크 그래노베터의 연구이다. 그는 사람과 사람, 기업과 기업, 장소와 장소를 연결하는 개인적 관계의 네트워크에 초점을 두고, 모든 경제활동은 네트워크에 뿌리내리고 있다고 주장하였다. 비록 이 네트워크가 보다 넓은 수준의 제도에 의해 형성되지만, 그 목적, 구조 그리고 가치는 주로 개인의 사회적 상호작용에 의해 결정된다. 모든 경제활동이 어떠한 종류이든 간에 네트워크에 뿌리내리기 때문에 기업, 산업 및 경제의 진화는 네트워크 분석을 통해 가장 잘 이해된다(5.5 네트워크 참조). 그래노베터(Granovetter, 1985)는 네트워크에 초점을 둔 논의에서, 사회학자(예를 들어, Parsons and Smelser, 1956)의 경제활동에 대한 '과도하게 사회화되었다'는 설명과 제도주의 경제학이 선호하는 '과소하게 사회화된' 합리적 선택이라는 설명(예를 들어, Williamson, 1985) 간의 중도를 물색하였다.

그래노베터의 비평은 기업 내·기업 간 네트워크가 조직 및 산업의 성과와 혁신에 미치는 영향을 분석하는 사회학적 연구를 통해 확장되었다. 뿌리내려진 네트워크 연대는 확실하고 안정적인 비즈니스 관계를 창출하는 데 필수 불가결하지만, 기업가와 기업도 새로운 정보 원천 및 개인에 대한 접근을 촉진시키는 약한 연대를 필요로 한다(Granovetter, 1973; Burt, 1992; Uzzi, 1996).[1] 뿌리내림도 소비자 선택(Dimaggio and Louch, 1998), 이민자의 생존전략(Portes and Sensenbrenner, 1993), 세계적 교역 흐름을 지배하는 국가 간 관계(Ingram et al., 2005)에 영향을 미친다.

뿌리내림과 경제지리학

뿌리내림에 대한 경제지리학자들의 접근은 사회학자의 접근과 유사하지만, 장소 또는 뿌리내림의 지역특수적 형태에 대한 강조에 의해 차별화된다. 특정 장소에서의 뿌리내림은 다양한 방식, 즉 거주 기간, 개인 간 혹은 기업 간 네트워크의 밀도, 관계에서 신뢰 수준 등에 의해 평가될 수 있으며, 비즈니스 활동을 구조화하고 유도하는 지역문화·사회·정치적 제도의 역할에 기초한다. 개인, 기업 혹은 산업의 '뿌리내림'은 a) 산업지구와 클러스터의 발전, b) 지역경제의 진화, c) 혁신의 사회·공간적 역동성, d) 다국적 무역 및 투자 패턴, 그리고 e) 노동시장의 공간구조 등에 영향을 미친다.

긴밀한 네트워크에 뿌리내려진 중소기업에 의해 구성된 산업은 거대기업과 보다 잘 경쟁할 수 있다는 그래노베터(Granovetter, 1985)의 주장의 연장선에서, 해리슨(Harrison, 1992)은 유연적 생산 체제와 산업지구의 발전에서 뿌리내림의 역할을 고찰하였다. 그는 뿌리내림이 산업지구(예를 들어, 실리콘밸리와 북부 이탈리아)의 성공에 중심적 역할을 수행하였고, 이러한 뿌리내림은 기업 간 네트워크를 통한 공유된 경험, 신뢰 그리고 협력적 경쟁을 통하여 이루어졌다고 주장하였다. 이러한 네트워크와 신뢰관계는 거래비용을 줄이고, 지식의 확산, 특화된 노동력 풀과 같은 마셜의 외부경제를 창출할 수 있다(3.2 산업클러스터 참조). 한편 네트워크와 신뢰관계의 혁신 잠재력에도 불구하고,

해리슨은 네트워크와 산업지구의 역량을 낭만적으로 묘사하는 것을 경고하였다. 왜냐하면 산업지구의 관계성이란 것이 인종적, 계급적 그리고/혹은 문화적 동질성을 통해서, 그리고 여성과 이민자 노동력의 '체제 과잉 착취'를 통해서 유지될 수도 있기 때문이다. 더욱이 거대기업은 산업지구에 입지한 소규모 공급업자들 간의 심한 비용절감 경쟁으로부터 상당한 혜택을 누릴 수 있다(Harrison, 1992; 1994).

지역발전도 경제주체의 지역적 사회·문화·정치제도상에 뿌리내림을 통하여 이룩될 수 있다. 그라프허(Grabher, 1993)는 독일 루르지역에서 뿌리내림이 어떻게 서로 다른 형태의 산업적 '고착(lock-in)'을 초래했는지 설명하였다. 기능적 고착은 기업이 매우 구조화되고 상호의존적인 일련의 공급사슬과 변화하기 어려운 시장관계에 뿌리내리는 경우에 발생한다. 인지적 고착은 산업 및 지역 지도자들의 사고가 새로운 아이디어가 정당성과 힘을 얻는 것을 방해하는 시각에 과도하게 뿌리내리는 경우에 발생한다. 정치적 고착은 산업을 관리하고 지원하는 협회와 제도들이 새로운 부문 혹은 '부상하는' 산업을 희생시키면서 전통적인 혹은 '쇠퇴하는' 산업에 지나치게 혜택을 주는 경우에 발생한다(1.3 국가 참조). 고착 상황은 다른 장소에서도 확인되었으며(예를 들어, Eich-Born and Hassink, 2005; Hassink, 2007), 이것은 정책입안자가 새로운 산업부문을 발전시키려고 노력하도록 한다.

또한 뿌리내림은 기업들이 암묵적 지식을 어떻게 생산하고, 활용하며, 확산시키는가에 영향을 미친다. 암묵적 지식은 지리적 맥락, 문화 그리고/혹은 산업 공동체에 뿌리내리고, 행동 및 경험을 통해 드러나거나 실현되며, 공간적인 근접관계를 통해 가장 잘 전이된다. 그리고 암묵적 지식은 클러스터와 지역이 국지화 경제와 글로벌 경쟁우위를 발전시키는 중요한 수단이다(Polanyi, 1967; Gertler, 2003; Morgan, 2005)(2.1 혁신과 3.2 산업클러스터 참조). 이러한 연구의 특히 중요한 가닥(일관성)은 실행공동체(CoP), 특정 산업 부문(예를 들어, 바이오기술) 혹은 관리 활동(예를 들어, 보험청구 처리) 등과 관련된 기업 내 혹은 기업 간의 '다양한 학습 공동체 연합'에 뿌리내린 암묵적 지식에 초점을 둔다는 것이다(Wenger, 1998; Amin and Cohendet, 2004; Amin and Roberts, 2008). 이러한 공동체의 참여자들은 일상활동을 구조화하는 공식적(예를 들어, 계약주도적), 비공식적(예를 들어, 우발적 혹은 사회적) 관계를 통해서 지식을 창출하고 확산시킨다.

뿌리내림 연구의 네 번째 방향은 국제무역과 해외직접투자(FDI)에 대한 뿌리내림의 영향력을 고찰하는 것이다. 벨란디(Bellandi, 2001)에 따르면, 기업이 특정 해외 지역과 상호작용을 할 때, 그 지역경제에 뿌리내리지 않고, 그 기업의 모국에서 그 지역경제로 지식과 자원을 거의 이전하지 않거나, 그 지역으로 지식과 자원의 흐름을 증대할 수도 있는 집약적인 사회경제적 상호작용을 국지적으로 유지할 수 있는 '뿌리내려진 단위'를 발전시킬 수도 있다. 어느 정도의 거리를 두고 뿌리내림에 성공한다는 것은 투자 기업과 투자 대상 지역 양자에게 도전이 될 수 있다. 왜냐하면 이는 각자가 상대방의 수요를 파악하고 지원함에 있어서 지역의 우선순위를 잘 조정해야 하기 때문이다. 더욱이 뿌리내림 과정을 누가 통제할지를 결정해야 한다는 점에서 권력이 중요하다. 예를 들어, 밴쿠버의 영화산업은 역사적으로 미국의 해외직접투자에 의존해 왔기 때문에 부분적으로는 미국적 생산표준과 실행에 뿌리내리고 있다(Coe, 2000). 이와 반대로, 중국정부는 해외투자자가 수익성이 좋은 자동차 산업의 중국시장에 진출하려면 국지적 공급사슬네트워크에 반드시 뿌리내려 활동할 것을 '의무화'하였다(Liu and Dicken, 2006).

마지막으로, 경제지리학자들은 한 개인의 고용기회, 기업가적 전략 그리고/혹은 생존활동에서 그들이 수행하는 사회-공간적 뿌리내림의 역할을 평가하

핵심개념으로 배우는 경제지리학

기 위하여 뿌리내림이라는 용어를 사용한다. 개인은 장기간에 걸친 거주, 개인적인 교류의 범위와 질(예를 들어, 신뢰성)을 통해, 그리고 가족, 문화, 계급 그리고/혹은 젠더를 기반으로 하는 사회관계가 그들이 활용할 수 있는 직업 혹은 비즈니스 네트워크를 구조화하는 방식으로 특정 장소에 뿌리내리게 된다(Hanson and Pratt, 1991; Hanson and Blake, 2009). 이러한 형태의 뿌리내림은 특정한 사회집단(예를 들어, 여성, 이민자)의 기회에 대한 접근성이 구조적 불평등에 의해서 어떻게 제약받는지를 결정하는 데 중요한 역할을 수행한다(2.3 접근성 참조).

뿌리내림에 대한 비판

비록 뿌리내림은 경제지리학에서 중요한 개념으로서 널리 수용되고 있지만, 최근 중요한 방법론적, 이론적 비판이 많이 제기되고 있다. 이러한 관심과 논쟁은 어떻게 하면 경험적 연구에서 뿌리내림 개념을 더 적절히 적용할 것인지, 뿌리내림 연구가 이루어지는 일반적 스케일 그리고 가장 광범위하게는 뿌리내림 개념이 경제지리학 이론을 위해 여전히 유용한지에 대해 초점을 두고 있다. 방법론에 있어서 매키넌 외(Mackinnon et al., 2002)는 뿌리내림과 경제적 성과(예를 들어, 학습, 혁신, 집적) 간에 분명한 실증적 연관성이 존재하지 않는다고 비판하였다. 개인은 다원적이고 중첩적인 일련의 사회관계에 뿌리내리기 때문에, 인터뷰를 통해 뿌리내림에 관한 자료를 수집한다는 것은 매우 어려운 일이다(Oinas, 1999; Ettlinger, 2003). 따라서 연구자에게 남겨진 중요한 과제는 경제활동에 있어서 뿌리내림의 역할을 정확히 측정하는 수단과 지표를 개발하는 일이다.

두 번째 비판은 뿌리내림에 관한 연구의 스케일과 관련되어 있다. 헤스

(Hess, 2004)는 뿌리내림 연구가 대체로 지나치게 국지적 활동에 초점을 두고 있어 그 역할과 구성에 대하여 부분적으로만 설명한다고 주장하였다. 이러한 뿌리내림의 공간적 형태, 바꾸어 말하면 특정 장소 또는 특정 지역과 주체(예를 들어, 기업, 창업가)의 연결은 하나의 중요한 측면이지만, 또한 뿌리내림의 사회적·네트워크 형태가 어떻게 경제활동에 영향을 미치는지 이해하는 것도 경제지리학자에게는 매우 중요하다. 사회적 뿌리내림은 보다 큰 스케일의 문화적·정치적·사회적 제도와 주체들의 정체성과 세계에 대한 이해를 형성하는 속성과 관련되어 있다. 네트워크상의 뿌리내림은 주체가 형성되고 뿌리내려지는 사회적 관계를 의미한다(5.5 네트워크 참조). 헤스는 모든 경제주체(예를 들어, 기업, 노동자, 소비자)가 다양한 스케일의 제도와 구조에 독특하게 뿌리내리고 있으며, 이러한 이질성이 지역발전 과정과 글로벌 무역 및 투자관계에 중요한 역할을 수행한다고 주장하였다. 예를 들면, 다국적 소매기업은 본국에서의 이미지(즉, 사회적 뿌리내림)에 대한 우려 때문에 미성년자 노동이 일상화되어 있는 지역 혹은 장소에 투자하는 것을 주저하게 된다(Hughes et al., 2008). 이와 반대로, 이즈시(Izushi, 1997)가 일본 세라믹산업 사례에서 지적한 바와 같이, 특정 지역기업의 활동이 주로 외부의 핵심 구매자와의 관계에 뿌리내린다면, 이는 해당 기업이 지역경제를 위한 지식 확산 혹은 외부경제의 창출을 저해할 수도 있을 것이다.

마지막으로, 뿌리내림 개념이 유효성을 유지하고 있는가에 대하여 의문을 제기하는 학자들도 있다. 펙(Peck, 2005)은 뿌리내림의 연구가 계급관계와 같은 구조적인 요인을 간과하고 중간적인 사회적 맥락을 지나치게 강조한다고 주장했다. 존스(Jones, 2008)에 의하면, 뿌리내림은 기껏해야 발전을 추동하는 공간과정에 대하여 제한적인 이해만을 가능하게 하며, 경제과정(예를 들어, 네트워킹)과 경제적 성과(예를 들어, 성장)를 구분하지 않는다. 더 나아가 그는 경제지리학자들이 단지 맥락적 실제보다는 경제적 결과를 견인하는 사회·공간적 실천을 분석하는 것이 보다 바람직하다고 주장하였다. 이러한 비판에도 불구하고, 뿌리내림은 지리학자들이 장소, 지역, 공간에 자리 잡은 경제활동을 분석함에 있어서 여전히 중요한 개념적 렌즈이다.

요점

- 뿌리내림은 경제활동이 사회, 문화, 정치시스템과 분리될 수 없다는 것을 지칭하는 용어이다. 비록 이 개념은 당초 사회학자들에 의해서 개발되었지만, 경제지리학자들은 공간적·역사적 맥락 속의 비경제적 요인들이 어떻게 기업, 산업, 지역의 발전에 영향을 미치는지 연구하기 위하여 광범위하게 활용해 왔다.
- 개인, 기업, 산업은 거주 혹은 공간적 정착, 개인 간·기업 간 관계, 상호신뢰, 공유된 경험, 문화적 동질성, 불균등한 권력관계, 구조적 상호의존성 그리고 불평등 등을 통해, 그리고/혹은 경제적 기회와 가능성을 제약하는 제도적 권력을 통해 장소와 네트워크에 뿌리내리게 된다.
- 뿌리내림 연구는, 산업지구와 클러스터 형성에 있어서 그 역할, 지역경제발전, 학습 그리고 혁신 등에 대한 긍정적인 및 부정적인 기여, 대외무역과 투자관계에 대한 영향 그리고 그것이 어떻게 특정 사회집단(예를 들어, 여성, 이민자)이 누릴 수 있는 경제적 기회를 구축하는지에 초점을 두어 왔다.

더 읽을 거리

- 저틀러 외(Gertler et al., 2000)는 지역경제에 성공적으로 뿌리내린 해외직접투자의 도전을 고찰하였다. 글뤼클러(Glückler, 2005)는 뿌리내려진 사회적 실천이 어떻게 국제적인 컨설팅 시장을 형성했는가를 분석하였다. 제임스(James, 2007)는 미국에서 첨단기술산업의 문화적 뿌리내림을 구체적으로 밝혔다. 뿌리내림을 통한 지역적 고착에 대한 최근 분석으로는 멕시코 의류산업에 대한 로(Lowe, 2009)의 연구를 참조하라. 뿌리내림 개념의 한계에 대한 최근 논의로는 산업클러스터에서 혁신이 어떻게 발생하는지 분석한 에스바스-올리베르와 알보스-가리고스(Hervas-Oliver and Alvors-Garrigos, 2009)를 참조하라.

주석

1. 뿌리내린 연대라는 것은 신뢰, 사회경제적 상호의존성, 문화적 유사성, 권력관계 그리고/혹은 공유된 경험 등을 통해 구축된 개인 간의 강력한 관계성이다. 약한 연대는 일반적으로 이러한 특징을 거의 갖지 않지만 상이한 종류의 사람, 조직, 장소와의 새로운 관계를 제공할 수 있다.

핵심개념으로 배우는 경제지리학

5.5 네트워크

네트워크는 사람, 기업, 장소를 서로 연결하고 지식, 자본, 상품의 지역 내·지역 간 의 흐름을 가능하게 하는 사회경제적 구조이다. 이 개념은 경제활동이 어떻게 공간을 가로질러 조직되며, 경제관계(예를 들어, 기업 간, 기업가 간)가 지역의 성장과 발전에 어떻게 영향을 미치는가를 설명하는 데 도움된다. 경제지리학자들은 기본적으로 두 가지 시각에서 네트워크를 연구해 왔다. 첫 번째 시각은 네트워크가 산업클러스터, 글로벌 교역과 투자관계를 어떻게 조직하는가를 강조한다. 두 번째 시각은 개인과 기업이 경제영역에서 사회적 네트워크를 어떻게 구축하고 활용하는지, 그리고 네트워크에 대한 접근성이 젠더, 계급 그리고/또는 민족성과 연관된 사회적 불평등에 의해 어떻게 달라지는지에 초점을 둔다.

경제조직으로서 네트워크

네트워크는 가격 결정 메커니즘(시장)이나 권력의 행사가 아닌 사회경제적 관계를 통해서 경제의 조직화에 도움이 된다는 점에서 시장과 위계와는 구별된다(Powell, 1990; Powell and Smith-Doerr, 1994). 가격과 권력은 네트워크에서 누가 그리고 어떻게 참여하는가를 결정하는 데 역할을 할 수 있는 반면에 네트워크 연구는 기업 및 지역 간 관계가 어떻게 발전하고, 네트워크 관계의 구조적 특성(즉, 그 강도 혹은 불평등)이 지역발전과 혁신과정을 어떻게 형성하는지에 초점을 둔다. 지리학자들은 주로 네트워크의 형태, 기능 그리고 영향력을 두 가지 스케일, 즉 지역 스케일과 글로벌 스케일에서 연구해 왔다.

지역 스케일의 네트워크 연구는 네트워크가 집적경제와 클러스터 및 산업지구 형성에 어떻게 기여하는가에 초점을 둔다(3.2 산업클러스터 참조). 학습은 성공한 클러스터의 중요한 특성인데, 성공한 클러스터의 기업 간 네트워크는 새로운 지식을 창출하고 확산하는 데 중심적 역할을 수행한다(Camagni, 1991). 네트워크는 두 가지 메커니즘을 통해서 지식창출 및 정보확산에 기여한다. 첫 번째 메커니즘은 피고용자, 기업, 국가기관 간의 공간적 접근성을 통하여 클러스터 내에서 '소문(buzz)' 또는 정보의 흐름을 창출하는 네트워크 메커니즘이다(Bathelt et al., 2004). 두 번째는, 네트워크가 지역기업과 외지기업 간에 정보와 지식을 교환하는 '파이프라인'을 형성하는 메커니즘이다. 산타크로체(이탈리아)와 런던(영국)의 산업지구와 같은 '신마셜리안 결절'에 대한 아민과 스리프트(Amin and Thrift, 1992)의 연구는 해당 지역들의 성공이 글로벌 기업의 네트워크에 연결하는 능력에 어느 정도 의존했는지를 보여 준다. 이러한 산업지구와의 연대를 구축하기 위하여 지역정책 입안자들은 지식, 자원 그리고 자본의 흐름을 제고시키는 제도적 조건들을 창출할 필요가 있다(Amin, 1999; Coe et al., 2004)(5.3 제도 참조). 개발도상국의 경우에도 이와 같은 글로벌-로컬 연계는 발전 전망에 크게 영향을 미칠 수 있고, 네트워크 분석을 통해 어떤 장소와 사람들이 왜, 어떻게 다국적 무역 및 투자관계로부터 더 많은 이익을 향유할 수 있는가를 설명할 수 있다.[1] 예를 들어 벡 외(Bek at al., 2007)는 다양한 산업과 개발주체들이 영국 와인 소비자를 남아프리카 와인 생산자의 노동관행과 연결하는 네트워크를 형성하는 데 어떻게 기여하는지를 고찰하였다.

카스텔스(Castells, 1996)에 의하면, 글로벌 경제는 '네트워크들의 네트워크'이며, 그곳에서는 정보의 창출, 접근 그리고 활용이 어떤 장소와 지역이 가장 생산적이고 경쟁력이 있는가를 결정하는 데 핵심적인 역할을 한다. 정보추동적 자본주의 시대에서 기업 또는 지역의 경쟁력은 대체로 자본과 정보(예를

핵심개념으로 배우는 경제지리학

들어, 가격, 혁신, 시장 등)가 유동하는 글로벌 네트워크에 접속하는 능력에 달려 있다. 이러한 글로벌 차원의 '흐름의 공간'은 새로운 정보기술(IT), 냉전 이후의 정치개혁(예를 들어, 다자간 무역협정)과 해외진출, 하청, 다국적기업의 OEM 방식을 통해 발전한 신국제분업(NIDL) 등의 결과이다(4.2 세계화, 6.1 지식경제, 4.4 글로벌 가치사슬 등 참조).

신국제분업은 기업의 업무기능, 국제 금융기업, 생산자서비스, 통신 및 교통시스템이 집중되거나 통제하는 도시들의 글로벌 네트워크를 통해서 형성된다. 프리드먼(Friedmann, 1986)이 살펴본 바와 같이, 이러한 도시들은 불균등한 글로벌 발전을 추동하는 데 핵심적인 역할을 수행하고, 글로벌 경제활동을 조정하는 역할과 힘에 기여한 공간적 계층구조로 조직된다(4.1 중심-주변 참조). 가장 힘이 강한 도시, 즉 제1차 세계도시(런던, 뉴욕, 도쿄 등)는 자본축적의 중심지뿐만 아니라 다국적기업의 글로벌 교역과 투자 중심지의 역할을 한다. 제1차 세계도시는 제2차, 제3차 세계도시(예를 들어, 상파울루, 홍콩, 휴스턴 등)와 네트워크로 연결되어 있는데, 제2차, 제3차 세계도시는 특정 산업의 중심지로 기능하거나 그 지역의 다국적기업에게 고차 생산자서비스(예를 들어, 법률, 보험, 물류)와 금융서비스 등을 제공한다.(Knox and Taylor, 1995; Beaverstock et al., 1999; Taylor and Aranya, 2008). 예를 들면, 홍콩은 중국으로 유출·입하는 자본의 흐름을 조직하는 데 핵심적 역할을 수행하며, 휴스턴은 석유산업의 세계적 중심지이다(예를 들어, Rossi and Taylor, 2006 참조).

사회조직으로서 네트워크

네트워트 연구의 두 번째 흐름은 개인과 기업의 사회적 특성에 초점을 둔다. 이 분야의 연구는 경제사회학 및 조직이론에서 진행 중인 연구들과 매우 유사했다(예를 들어, Granovetter, 1985; Powell, 1990; Powell and Smith-Doerr, 2005). 경제지리학자들은 사회적 네트워크가 소규모 기업과 지역발전 과정에 영향을 어떻게 미치는지, 네트워크 구조가 사회적 불평등을 어떻게 반영하는지 그리고 네트워크가 개인 간의 사회적 상호작용을 통해 어떻게 진화하는지를 이해하기 위해 이러한 생각들을 확장해 왔다.

울콕(Woolcock, 1998: 153)은 사회적 자본을 '개인의 사회적 네트워크에 내재된 정보, 신뢰, 호혜성의 규범'으로 규정했는데, 개인 및 기업 간 네트워크는 사회적 자본을 동원할 수 있는 능력을 통해 지역발전에서 핵심적인 역할을 수행한다. 네트워크가 사회적 자본을 창출하고 동원하는 데 효과적일 때, 기업 내 및 기업 간 정보와 자원의 교환을 촉진시키고 기업가정신을 제고시킬 수 있다(Anderson and Jack, 2002; Nijkamp, 2003; Yeung, 2005)(2.2 기업가정신 참조). 네트워크 통제자(예를 들어, 대기업, '공동체 기업가')가 다양한 기업과 정책입안자들과 잘 상호작용하여 그들에게 지식을 확산할 수 있듯이, 도시 및 지역의 제도가 신뢰의 일반적 형태를 함양할 수 있다면, 그러한 네트워크는 더 넓은 규모의 발전에 가장 잘 공헌한다(Malecki and Tootle, 1997). 예를 들어, 머피(Murphy, 2002)와 맥키넌 외(Mackinnon et al., 2004)는 탄자니아와 스코틀랜드의 중소기업의 비공식적 네트워크가 혁신과 정보확산 그리고 시장접근을 어떻게 형성하는가를 잘 제시하였다. 네트워크화된 지역 또는 연합 경제가 출현하여 시간이 흐르면서 혁신과 학습을 촉진하는 것이 이상적이다(Cooke and Morgan, 1998; Malecki, 2000).

또한 사회적 자본은 네트워크 구조가 모든 사회에 존재하는 제도적, 문화적, 인종적 그리고 사회적 편견을 반영한다는 점에서 부정적인 면도 가지고 있다. 이러한 편견은 젠더, 인종, 민족성 또는 사회계급의 결과로 이미 상당한 사회적 자본을 갖고 있는 사람에게 특권을 부여하는 반면, 자질과 경쟁력이 있고 혁신적인 개인과 기업을 산업 혹은 노동 네트워크로부터 배제시킬 수도 있다. 예를 들면, 해리슨(Harrison, 1992)은 성공적인 산업지구를 구축하는 기업 간 네트워크가 문화적 동질성에 기초한다고 주장하였고, 터너(Turner, 2007)는 인도네시아에서 문화적 요인이 일상생활 생존네트워크를 어떻게 형성하는지를 잘 보여 주었으며, 핸슨과 블레이크(Hanson and Blake, 2009)는 정보, 금융 및 그 외 다른 형태의 지원에 대해 여성의 접근을 제한하는 젠더라는 구분에 의해 기업가적 네트워크가 어떻게 분절되는가를 보여 주었다.

행위자–네트워크 이론

행위자–네트워크 이론(ANT)은 경제지리학자들의 네트워크 이론화 작업에 커다란 영향을 미쳐 왔다. 행위자–네트워크 이론은 과학 및 기술 연구(특히 인류학자 및 사회학자들의 연구)로부터 등장하였고, 그 초기 추종자들은 과학적 발견과 연구의 원동력인 사회적, 기술적, 물질적 과정을 더 잘 이해하는 데 관심을 가졌다. 행위자–네트워크 이론은 기본적으로 브뤼노 라투르(Bruno Latour), 미셸 카용(Michel Callon), 존 로(John Law) 등에 의해 발전했지만, 토머스 쿤(Thomas Kuhn)의 과학혁명 연구, 미셸 세레스(Michel Serres)의 과학철학 그리고 현상학, 후기구조주의, 사회심리학 및 민속방법론을 포함하는 다양한 철학적 전통으로부터도 크게 영향을 받았다(Callon, 1986; Latour, 1991; Law, 1992; Knorr Cetina and Bruegger, 2002).

행위자–네트워크 이론가들은 경제주체의 행위들이 다양한 형태와 다중 스케일의 관계에 내재되어 있기 때문에, 그들의 행위들로부터 경제주체를 분리하는 것은 불가능하다고 주장한다. 이 이론에서는 고립된 주체(예를 들어, 대리점) 또는 네트워크(예를 들어, 구조)와 같은 것은 존재하지 않는다. 대신에 개인과 개인의 다른 사람과의 다양한 과거와 현재의 관계, 특정한 경제활동과 관련된 물적 조성물[예를 들어, 기술, 텍스트(문자정보), 화폐, 물리적 공간] 등 으로 구성된 행위자-네트워크만이 존재한다. 행위자들이 상호작용(교환, 투자, 연구 또는 지식 의사소통과 같은)에 관여할 때, 그들은 관계성 속에서 신뢰를 구축하고 그 물적 조성물을 참조함으로써 인지적 이해를 발휘한다(Murdoch, 1995; Murphy, 2006).**2** 권력은 이러한 상호작용을 통해 표현되며, 그 목적은 다른 사람들을 자신의 행위자-네트워크에 효과적으로 등록시키는 것이다. 번역은 등록 과정에서 아이디어가 전달되는 수단이다. 등록은 주체들의 시각을 정렬화하고 이는 결국 국지적 혹은 국지 간의 경제활동(예를 들어, 무역, 학습)을 촉진한다. 이러한 미시적인 사회적 상호작용과 협상이 경제공간, 상호관계 및 상호의존성을 구축한다(Murdoch, 1998).

카용(Callon, 1986)이 처음으로 프랑스 어업에 있어서 과학자, 어부, 바다가리비 간의 관계에 관한 분석에서 밝힌 바와 같이, 등록과 정렬 그리고 번역 과정에 대한 연구는 경제적 및 생태적 결과를 초래하는 사회적 역동성과 권력관계에 대한 중요한 통찰력을 제공할 수 있다. 이와 같은 연구는 맥락특수적인 세부사항에 대한 주목과 경제적, 산업적 그리고 기술적 발전과정을 형성함에 있어 개별 에이전시의 역할에 대한 세심한 관심 탓에 일부 경제지리학자들에게 매력적이었다. 보다 최근에 카용(Callon, 1999), 카용과 무니에사(Callon and Muniesa, 2005)는 비용 계산, 가격 평가, 교환관계의 실행에서 주체가 사용하는 인지적 틀을 통해서 시장은 사회적으로 그리고 공간적으로 배열된다고 주장하였다(Berndt and Boeckler, 2009). 다른 사람들에게도 행위자-네트워크 이론은 네트워크 관계가 공간과 시간 속에서 어떻게 형성되고, 유지되며, 확장되는지에 대한 논의에 크게 기여해 왔다(Grabher, 2006). 이러한 연구들의 공통된 주제는 관계적 접근성이다. 왜냐하면 공간적 근접성 개념만으로는 오늘날 경제활동의 지리를 이해하는 것이 불충분하기 때문이다(Bathelt and Glückler, 2003). 행위자들은 번역과 등록이 용이한 사회적 공간을 창출함으로써, 다중공간 스케일 내 그리고 다중공간 스케일 간의 안정적인 연계를 구축할 수 있고, 서로 간에 효과적으로 '거리를 두고' 활동할 수 있다(Dicken et al., 2001; Hess, 2004). 셰파드(Sheppard, 2002)에 따르면, 행위자-네트워크 이론은 글로벌 네트워크들이 어떻게 구축되고, 그것들이 개인, 기업, 장소들을 불평등한 권력관계에 어떻게 '위치시키는지'를 이해하기 위한 중요한 틀을 제공한다. 행위자-네트워크에서 유래한 아이디어들은 슬로바키아 의복 생산자와 유럽의 의류시장 간의 관계에 대한 스미스(Smith, 2003)의 분석, 기술, 사회, 지역발전 간의 관계에 대한 트뤼퍼(Truffer, 2008)의 개념적 논의 그리고 해외 다국적기업과 한국의 종자산업과의 네트워크에 대한 김(Kim, 2006)의 연구 등을 포함한 경제지리학의 다양한 연구에 적용되어 왔다.

네트워크에 대한 비판

네트워크 개념은 경제지리학에 광범위하게 영향을 미쳤다. 그럼에도 불구하고, 중요한 비판도 있다. 첫째, 일부 연구자들은 네트워크가 지나치게 긍정적으로 묘사되고, 네트워크가 영속화시키거나 재생산할 수 있는 권력과 불평등의 구조적 형태를 네트워크 연구가 제대로 다루지 못한다고 주장한다(Peck, 2005). 둘째, 네트워크 연구, 특히 행위자-네트워크 이론에서 유래한 아이디어를 적용하는 연구들이 지나치게 기술적이고, 사례연구 지향적이며, 미시-사회학적이라는 우려가 있다. 이러한 협소한 초점 탓에, 일부 연구자들은 보다 높은 수준의 사회적 · 경제적 현상(예를 들어, 제도)이 지역 및 국가경제에서 어떻게 등장하는지 엄밀하게 설명하는 데 있어서 네트워크 분석 능력에 의문을 가졌다(Sunley, 2008). 셋째, 다른 연구자들은 공간경제에 있어서 행위자들을 연결하는 신뢰적 연대와 강력한 연대가 지나치게 강조된다고 주장했다. 대신에 이를 넘어선 약한 연대 또는 그라프허(Grabher, 2006)가 새로운 사회적 상호작용이 발생하는, 덧없는 '공적 순간'으로 묘사한 것을 고찰할 필요가 있다. 끝으로, 일부 연구자들은 네트워크 연구가 방법론적으로 지나치게 임기응변적이고, 기업, 클러스터, 산업지구의 성과 측정이 네트워크의 구조와 그 범위 그리고 안정성의 측정과 부적절하게 연계되어 있다고 주장했다(Staber, 2001).

요점

- 네트워크는 사람, 기업, 장소를 서로 연결시키고 지역 내 및 지역 간에 지식, 자본, 상품의 흐름을 가능하게 만드는 사회경제적 구조이다. 이 개념은 산업 활동이 공간에 걸쳐 어떻게 조직되고 경제관계들(예를 들어, 기업 및 기업가 간)이 장소 내 성장과 발전에 어떻게 영향을 미치는지 설명하는 데 기여한다.
- 경제적 네트워크는 기업 간 관계, 글로벌 가치사슬, 지역 간 연계를 조직하고, 불균등 발전이 어떻게 그리고 왜 글로벌 경제에서 지속되는지에 대한 유익한 시점을 제공한다.
- 사회적 네트워크는 혁신, 기업가정신 및 지역발전에 기여할 수 있지만, 인종, 젠더, 민족성, 계급 등에 기초하여 개인을 배제시킬 수도 있다. 신뢰, 문화적 유사성 그리고/또는 상호이해 등에 기초한 관계적 근접성은 서로 다른 장소의 행위자들이 원거리 네트워크를 구축하는 데 기여한다.

더 읽을 거리

- 킹즐리와 말레키(Kingsley and Malecki, 2004)는 네트워크가 소규모 기업의 기업가정신과 성공에 어떻게 기여하는지 분석하고 있다. 글뤼클러(Glückler, 2007)는 네트워크의 진화를 개념화하고 네트워크구조가 지역의 혁신과 발전의 전망에 어떻게 영향을

핵심개념으로 배우는 경제지리학

미치는지에 대한 유형화를 연구했다. 테일러 외(Taylor et al., 2009)는 1970~2005년 동안 항공여객흐름에 대한 연구를 통해 선진국과 후진국을 연결하는 글로벌 네트워크의 구조를 고찰하였다. 하드지미칼리스와 허드슨(Hadjimichalis and Hudson, 2006)은 권력의 불평등을 분석함에 있어서는 불충분하다는 점에서 네트워크 개념을 비판했다.

주석

1. 발전지리학자들도 개발도상국 경제가 노동이동, 해외원조 관계, 사회운동 등과 관련된 다국적 네트워크에 의해 어떻게 영향을 받는지 연구하기 위하여 네트워크 분석을 점점 더 많이 이용하고 있다(Bebbington, 2003; Henry et al., 2004).
2. 비록 많은 연구자들은 무생물과 동물도 인간과 마찬가지로 주체성을 갖고 있다고 주장하는 보다 극단적인 형태의 행위자-네트워크 이론을 거부하지만, 물적 조성물이 사회적 접촉과 그 결과를 형성한다는 생각은 대부분이 인정하는 중요한 통찰력이다.

제6장

경제지리학의 새로운 주제

경제와 경제지리학의 미래는 어떻게 전개될 것인가? 이 장에서는 21세기에 주목받고 있는 경제적 경향에 따라 새롭게 부각되고 있는 개념에 초점을 두고자 한다.

지식경제의 개념에 대해서는 1960년대부터 논의가 시작되었다. 이 개념은 새롭게 부상하고 있는 경제활동 부문의 기반이 천연자원에서 지식자원으로 전환함에 따라 그 중요성이 점차 커지고 있다. 지식경제는 제조업 일자리의 감소 추세에 대응하여 새로운 일자리 창출의 대안적 원천을 모색하고 있는 선진산업국들의 미래로 인식되고 있다. 지식의 중요성을 인식함에 따라 근로자들에 대한 인식 또한 노동자에서 혁신가로 바뀌었다. 그러나 현실에서 노동집약적 활동과 지식집약적 활동은 고도로 상호의존적이라는 점에서, 많은 학자들은 양자 간을 이분법적으로 구분하는 것은 적절하지 못하다고 본다. 순수하게 지식집약적인 경제활동만으로 경제가 존립할 수 있을까?

지식경제와 마찬가지로, 경제의 금융화 또한 하룻밤 사이에 나타난 것이 아니라 제2차 세계대전 후에 점진적으로 나타나면서 2008년 금융위기와 함께 그 중요성이 더욱 부각되었다. 일부 학자들은 글로벌 금융자본주의가 전례 없는 기회를 제공할 것이라고 보고 있지만, 고도로 위험하기 때문에 지속가능성이 떨어진다고 보는 학자들도 있다. 이러한 형태의 자본주의는 금융시장의 투기적이고 안정적이지 못한 속성들을 제어하기 위한 새로운 형태의 거버넌스 구조를 필요로 한다.

오랫동안 생산의 영역에 초점을 두어 왔던 경제지리학자들에게 소비는 비교적 새로운 관심 분야이다. 오늘날 경제지리학의 소비에 대한 연구는 타 학문과의 교류를 통한 융합적 학문 분야로 발달하고 있다. 그러나 이 장에서 살펴보는 바와 같이 소비는 경제지리학에서 오랜 학문적 뿌리를 가지고 있다. 소비는 글로벌경제를 추동하는 산업 부문이 되고 있으며, 소비자 취향의 동질

핵심개념으로 배우는 경제지리학

화와 다양화는 계급의 생산에서뿐만 아니라 계급의 개념화에서도 다양한 영향을 미친다. 오늘날 소비자들은 정치적 동원력을 가지고 있는데, 예를 들면 지구 반대편에 있는 사람들의 근로 조건에 영향을 미치는 세력으로 기능하기도 한다.

마지막으로, 지속가능한 발전의 개념은 1980년대에 환경파괴에 관한 관심이 증가함에 따라 등장했다. 지속가능한 발전은 사회적·경제적·환경적 가치의 조화를 필요로 한다는 데에는 이견이 없지만, 그러한 상충된 가치들 간의 균형을 어떻게 달성할 것인지에 대해서는 논란이 분분하다. 지속가능성을 '약하게' 지지하는 세력은 시장의 힘이 지속가능한 발전을 유인할 것이라고 믿는 반면, '강하게' 지지하는 세력은 에너지 및 물질 흐름의 조화를 위해 국가의 개입이 필요하며, 경제성장에는 한계가 있다고 믿는다. 특히 경제지리학자들은 산업시스템 및 지역발전 과정의 지속가능성, 환경 친화적인 제품인증시스템의 효력, 지역발전과 일상생활에서 전 지구적 기후변화의 영향 등에 초점을 두고 있다.

6.1 지식경제

오늘날 지식은 경제성장에 기여하는 핵심적인 추동력이자 가장 중요한 자원의 하나로 여겨지고 있다(2.1 혁신 참조). 전통적으로, 경제지리학자들과 경제학자들은 노동과 자본을 주요한 성장 동력으로 간주했다. 그러나 자원은 풍부하지만 가난한 제3세계의 주변부 국가들을 통해 알 수 있듯이 천연 자원 그 자체만으로는 경제성장을 담보할 수 없다(4.1 중심-주변 참조).

다양한 대안적 관점들이 제기되었는데, 일부 학자들은 기술혁신에 초점을 두고 있고, 다른 학자들은 경제성장의 추동력으로, 신식민주의, 산업조직, 국가 제도와 규제, 국가와 지역 문화 등을 강조한다. 지식경제의 개념을 강조하는 학자들은 숙련 수준과 노동력의 창의성에 의해 발현되는 지식이 혁신과 경제성장의 핵심 추동력이라고 인식한다. 로머(Romer, 1986)가 신성장이론을 제시하기 전까지는, 경제학자들은 주목할 만한 성과도 없이, 지식을 내생적 투입요소로 모형화하고자 하였다. 로머는 내생적 기술변화가 장기적 경제성장을 어떻게 견인하는지를 증명하기 위해서 지식을 수확체증을 가진 생산투입요소로 가정하였다.

선진국의 정책 결정자들은 지속적인 탈공업화 현상에 대처하기 위한 고용창출의 원천으로서 신산업의 필요성에 관심을 가졌다. 지식경제와 밀접히 관련되어 있는 산업들은 역외 이전 가능성이 낮다고 보기 때문이다(예를 들어, 교육자와 의사). 이에 따라, 지식경제의 창출은 많은 국가에서 학문적 관심의 대상이자 정책적 목표가 되었다.

지식노동자의 출현

경제발전에서의 지식의 역할에 대한 연구는 경제성장단계이론의 일환으로 시작되었다(3.3 지역격차 참조). 경제적 진보는 차기 발전단계에 대한 다양한 의견을 남겨둔 채 농업에서 제조업으로의 전환으로 이해되었다. 경제학자인 매클럽(Machlup, 1962)은 지식생산의 비중이 급격하게 증가하고 있다는 데에 착안하여 미국경제에서 지식경제의 출현을 예측했다. 매클럽은 노동의 수요가 물적생산 노동에서 지식생산 노동으로 전환되고 있다고 보았다. 이에 따라 그는 지식생산에서 국가의 역할이 중요하다고 인식하고, 정부 출연 연구소와 대학에 교육 및 연구 투자를 강화할 필요가 있음을 역설했다.

저명한 경영학자인 드러커(Drucker, 1969)는 지식사회의 출현을 주장했다. 그는 그 근거로 경제의 토대가 육체노동자에서 지식노동자로 전환되었으며, 주요한 사회적 지출이 재화에서 지식으로 전환되었다는 점을 제시했다. 마찬가지로, 저명한 사회학자들도 제조업 기반 경제사회에서 서비스 기반 소비사회로 전환되고 있다는 점을 근거로 후기산업사회의 도래를 주장했다(Touraine, 1969; Baudrillard, 1970; Bell, 1973). 이들은 북미와 서유럽에서 우세하던 블루칼라 제조업노동이 화이트칼라 서비스노동으로 변화되고 있음을 주목했다. 이러한 지적 전통으로 인해, 지식노동자의 출현에 대한 초기의 연구들은 서비스산업의 출현에 대한 고찰에만 집중되었다. 하지만 오늘날에는 많은 제조업활동(예를 들어, 전자, 제약 등)이 지식집약적이며, 제조업체의 공간조직이 고도로 숙련된 지식노동자 풀의 존재 여부와 밀접히 관련되어 있다는 것은 잘 알려진 사실이다(Cooke, 2001; 2007 참조).

서비스에서 지식집약적 서비스로

제조업에서 서비스 중심 고용구조로의 전환에 대한 연구들은 이러한 전환이 왜 보편적으로 나타나는지를 설명하는 데 초점을 두었다. 푹스(Fuchs, 1968)는 서비스산업의 고용성장에 대하여 다음 세 가지 이유를 들었다. 첫째, 소득 증가는 서비스산업의 최종수요가 증가하는 데 기여한다. 둘째, 제조업 관련 서비스의 성장은 분업을 통해 서비스의 중간수요를 증가시킨다. 셋째, 통상적으로 서비스업의 생산성 증가는 제조업보다 낮고 서비스업은 제조업보다 많은 노동을 필요로 한다. 서비스경제에 대한 연구는 1980년대에 북미와 서유럽에서 활발하게 전개되었다(Stanback, 1980; Stanback et al., 1981; Gershuny and Miles, 1983; Daniels, 1985 참조). 그러나 이 연구 역시 커다란 비판에 직면했다. 그 하나는 서비스의 개념화에 문제가 있다는 것이었고(Singelmann, 1997; Cohen and Zysman, 1987; Sayer and Walker, 1993 참조), 다른 하나는 서비스업을 제조업의 부수적인 요소로 간주하였기 때문에 서비스업이 경제성장의 엔진이 될 수 있음을 간과하고 있다는 것이었다. 쿠즈네츠(Kuznets, 1971)는 서비스업은 지역의 거시경제의 성장에 의존하는 경향이 있고, 서비스 수요는 제조업 부문에 의해 발생된다고 주장했다. 허쉬만(Hirschman)은 이러한 관계를 부문 간 상호보완성으로 지칭하고, 서비스업과 제조업의 상호보완적 관계는 금전적 외부경제(pecuniary external economies)를 창출하기 때문에 경제성장에 중요하다고 보았다.[1] 코헨과 지스만(Cohen and Zysman, 1987)은 부문 간 연계의 지리적 측면을 강조했다. 이들은 제조업과 서비스업이 밀접하게 연계되어 있기 때문에, 서비스업에만 집중된 성장전략은 실효성이 떨어진다고 주장했다. 이 연구는 또한 대부분의 선진경제에서 제조업에서 서비스업으로 고용 구조가 전환되는 형태와 속도

핵심개념으로 배우는 경제지리학

가 각 국가별로 매우 다양하게 나타나고 있음을 밝혔다(Castells and Aoya-ma, 1994; Aoyama and Castells, 2002). 게다가, 발전단계이론을 개발도상국의 맥락에 적용하기에는 문제가 있다는 점도 지적되었다(Pandit, 1990a; 1990b).

더욱이, 다수의 서비스업은 노동집약적일뿐만 아니라 시장잠재력이 제한적인 내수 지향적 업종이고, 혁신의 잠재력이 취약하고 생산성의 성장이 낮았다(Miles, 2000). 그러나 최근의 연구에 의하면, 특정 서비스 부문은 수출이 가능하고(Wood, 2005), 고용성장뿐만 아니라 높은 생산성을 보이고 있다(Bey-ers, 2002).**2** 제조업 생산품 판매에 있어서 브랜드화, 광고, 금융패키지 등의 지식과 서비스 기능은 중요한 경쟁우위 요소로 간주되고 있다(Daniels and Bryson, 2002; Lundquist et al., 2008).

그 결과, 서비스 경제의 지식 부문을 분석하는 데 관심을 가졌던 경제지리학자들은 점차 그들의 연구 영역을 고차 생산자서비스 또는 지식집약적 서비스로 한정하였다(Gillespie and Green, 1987; Marshall et al., 1987; Warf, 1989; Daniels and Moulaert, 1991; Beyers, 1993; Clark, 2002). 고차 생산자서비스는 주된 고객이 소비자가 아닌 기업이며, 상당한 전문성을 필요로 하는 전문서비스로서 회계, 광고, 경영 컨설팅, 엔지니어링(건축, 소프트웨어 프로그래밍, 바이오엔지니어링), 법률 및 금융서비스 등을 포함한다. 보다 최근의 연구들은 고차 생산자서비스의 세계화 측면에 초점을 두고 있다(Leslie, 1995; Jones, 2005).

신경제

IT의 확대와 관련되어 있는 1990년대의 경제성장은 신경제(또는 디지털경제)를 태동시켰다. 신경제라는 용어는 넓은 의미에서 1990년대 후반의 경제 성과에 기여했던 다양한 구조적 변화를 뜻한다. 바이어스(Beyers, 2002: 2)에 따르면, 신경제는 '트랜지스터, 반도체, 무수한 응용프로그램 등 우리 삶의 모든 측면을 지배하는 전자기기들의 개발에서 비롯된 전자통신 혁명'(p.2)의 결과이다. 혹자는 IT의 영향을 제2차 산업혁명과 동등하게 인식한다. 정보통신기술은 그 효과가 특정 산업의 성장에만 국한되지 않고 금융, 제조, 도소매, 소비 등 다양한 산업 부문에 파급되었다. 따라서 IT는 경제의 전반적인 생산성을 높이는 데 크게 기여했다.

카스텔스(Castells, 1989)는 산업적 발전양식이 정보적 발전양식에 의해 대체된다고 주장했다. 이러한 시대의 정보처리활동은 생산과 소비 그리고 국가 규제를 지배한다. 새로운 기회를 모색하는 적극적인 기업가정신은 1990년대 후반에 미국 증시의 활황을 끌어올린 소위 닷컴붐(dot-com boom)을 이끌었던 신기술의 개발을 가능하게 하였다. 벤처캐피털은 비즈니스 창업을 위한 중요한 자금줄로 알려져 있었으나(Florida and Kenney, 1988), 벤처캐피털 기업들은 닷컴붐 시기에 그들이 투자한 기업들이 주식공개(IPO)를 통해 막대한 이윤을 거두게 됨으로써 세상에 모습을 드러내게 되었다. 신경제는 또한 실리콘밸리의 사례에서 뚜렷이 드러나듯이 적극적인 기업가적 문화를 창출했다(Saxenian, 1994)(5.1 문화 참조). IT 기업가들을 유치하고 뿌리내릴 수 있게 할 수 있는 지역의 능력은 지식경제에서 지역의 미래를 결정하는 중요한 지표로 간주된다(Saxenian, 1994; Malecki, 1997; McQuaid, 2002).

생산성 증가에 대한 기대와 적극적인 기업가정신의 결합 효과는 자본주의 하에서 신경제 논리를 구성한다. 그러나 일부 학자들은 신경제의 개념적 타당성에 의문을 제기하기도 했다. 그 예로 고든(Gordon, 2000)은 인터넷의 경제적 영향은 기존의 혁명적 기술의 경제적 영향과는 차원이 다르다고 주장했다.

핵심개념으로 배우는 경제지리학

지식경제에서의 지배적 계급

스리프트(Thrift, 1997)는 '문화적 전환(cultural turn)'의 맥락에서 신경제의 등장에 대해 주목했다(5.1 문화 참조). 학자들과 경영 컨설턴트들이 글로벌 사업조직에 영향을 미치는 지식담론을 생성하기 위해서 연합다고 보았다. 그는 자본주의에서 특정 담론의 역할을 강조하기 위하여 관리주의적 담론의 헤게모니를 '연성 자본주의(soft capitalism)'라고 부르고, 지속적인 회계 감사와 성과 측정과 같은 특정한 기업 문화를 발생시키는 '해로운 추상(harmful abstraction)'에 대해 경고했다(Thrift, 1998). 이러한 신관리주의적 담론은 오늘날 지배적으로 등장한 글로벌경제의 불확실성에 대한 은유뿐만 아니라 영속적인 긴급 상황 담론을 통해 만들어진다(Thrift, 1997; 2000). 그 결과, 세계적인 '자본의 문화적 순환'이 MBA 교육 과정을 통한 훈련을 통해 등장하였고 관리자들의 세계적 이동성 증대를 통해 양성되었다(Thrift, 1998; Hall, 2009).

카스텔스(Castells, 2000)는 '정보사회에서의 지배적인 과정과 기능을 지원하는 물질적 형태'를 '흐름의 공간(space of flows)'으로 개념화했다(Castells, 2000: 442). 그는 흐름의 공간이 공간적 형태와 과정의 측면에서, 전자적 교환의 회로, 결절과 허브 그리고 지배적이고 세계적인 경영 엘리트의 공간조직이라는 세 가지 층위로 구성되어 있다고 주장했다. 그 결과, 흐름의 공간은 '각각의 사회구조마다 고유한 지배적 이해관계를 둘러싸고 비대칭적으로 조직된다'(p.445). 하지만 세계적 엘리트들은 선진산업국가의 엘리트에만 국한되는 것은 아니다. 색스니언(Saxenian, 2006)에 따르면, 인디아, 타이완, 중국의 '엘리트 이민자들(new argonauts)'은 국제적인 비즈니스·사회 네트워크를 바탕으로, 글로벌 수준에서 발생하는 지식 순환의 주체로서 그 중요성이 커지고 있다.

플로리다(Florida, 2002)는 창의성을 경제성장의 주요 원천으로 인식하고, 자본주의가 창의성을 바탕으로 한 새로운 국면에 진입하고 있다고 주장했다. 그는 예술가, 언론인, 교수, 과학자 및 공학자 등 창조적 업무 특성을 가진 전문직 종사자 집단을 '창조계급(creative class)'으로 정의하고, 오늘날 도시의 전망은 이른바 창조계급의 유치 및 보유 여부에 달려 있다고 주장했다. 그의 연구는 성장산업의 입지와 창조계급 간에 연관성이 크다는 점을 보여 주었고, 어메니티(amenity, 기후, 여가 및 문화적 기회)와 관용성(tolerance, 그의 연구에서는 동성연애자 커플 가구의 비율로 측정)의 역할을 강조했다. 따라서 플로리다는 주민들의 관용과 다양성에 대한 연구가 미국 도시들의 경제적 전망을 구체화한다고 주장했다.

그 후 플로리다의 창조계급론은 도시정책을 수립하는 데 큰 영향을 미치기도 했지만, 창조성과 성장 간의 인과관계 측면에서 애매모호하다며 비판을 받기도 했다(Marcuse, 2003; Glaeser, 2005). 펙(Peck, 2005)은 플로리다의 창조계급론이 지배적인 시장 이데올로기에 있어서 고도로 이동성이 강한 도시 엘리트 집단에 초점을 둠으로써, 가진 자(창조계급)와 가지지 못한 자 간의 사회적 양극화와 문화예술 자원의 상품화와 같은 관련된 다른 문제를 희생시킬 것이라는 점을 지적했다. 스토퍼와 스콧(Storper and Scott, 2009)은 플로리다의 창조계급론이 주로 입지결정에 있어 어메니티에 초점을 둔 개인 선택의 측면을 강조하고 있으나, 도시성장의 오랜 역사에 비추어 보았을 때 사람이 직장(직업)을 찾아 거주지 이전을 하는 경우는 많지만 그 반대의 경우는 성립되기 어렵다는 사실을 간과하고 있다고 비판하였다.

핵심개념으로 배우는 경제지리학

지식경제의 지리

지식경제의 지리는 대개 지식노동자의 지리를 따른다. 고등교육을 받은 노동자가 지리적으로 집중하여 혁신환경(innovative milieux)(Aydalot, 1985)이나 학습지역(learning regions, Florida, 1995), 또는 지역혁신체계(regional innovation systems, Cooke, 2001; Asheim and Coenen, 2005)를 형성한다. 타이완의 신주과학단지나 중국 상하이의 잔지안과학단지 등은 강력한 국가 개입에 의해 조성된 반면, 실리콘밸리와 같은 사례는 명시적인 국가 개입 없이 자연발생적으로 형성되었다(Castells and Hall, 1994; Saxenian, 2007). 뉴욕, 런던, 도쿄와 같은 세계도시는 고차 생산자서비스의 주요한 집적지이다(Sassen, 1991)(2.1 혁신 참조).

정보기술(IT)의 출현은 세계화와 분절화(segmentation)를 동시에 유발했다. 분절화란 특정 서비스 부문이 전방 사무활동(front-office)과 후방 사무활동(back-office)으로 업무 분화되는 것을 의미한다. 후방 사무활동은 항공사 및 신용카드사를 위한 데이터 처리와 (콜센터와 같은) 원격 고객서비스 기능과 같은 일상적 사무활동(루틴활동)을 말한다. 미국의 경우, 후방 사무활동은 당초 집 근처에서 저임금의 파트타임으로 일하려고 하는 고학력 주부 노동력을 따라 교외지역으로 이전하였다(Nelson, 1986). 오늘날 후방 사무활동은 영어권이면서 임금이 저렴한 국가로 입지가 이동하고 있다(이른바 국제적 후방 사무활동). 반면에 일부 후방 사무활동의 경우, 역외 입지의 임금 상승(예를 들어, 아일랜드)이나 고객서비스의 질적 문제(예를 들어, 인도) 등으로 인해 준교외지역이나 농촌지역으로 회귀하고 있다(4.2 세계화 참조).

신경제의 지리는 사이버공간의 출현으로 인해 더욱 복잡해졌다. 오늘날, 가상공간(virtual space)은 비즈니스와 개인 간 의사소통과 사회적 네트워크 외에 소매, 재화와 서비스(오락이 중요한 구성요소인)의 소비, 정치 및 지역사회의 조직화 등과 같은 다양한 기능에서 현실 공간과 중첩되어 있다. 죽(Zook, 2001)은 온라인 콘텐츠가 콘텐츠 생산자의 지리를 밀접하게 따른다는 점을 밝혔다. 그리고 아오야마와 셰파드(Aoyama and Sheppard, 2003)는 지리적 공간이 가상공간의 구조를 근본적으로 형성시킨다는 원리에 근거하여 현실공간과 가상공간은 변증법적으로 관련되어 있다고 주장했다. 지리적 맥락, 규제의 영역적 구조, 물리적 소통 하부구조는 대부분의 경우, 사이버 공간에서 생산과 소비가 이루어지도록 하고, 지리적으로 유발된 마찰은 가상공간과 현실공간 간의 관계에서 중요한 역할을 한다. 결론적으로, 리머와 스토퍼(Leamer and Storper, 2001)가 주장한 바와 같이, 인터넷이 한편으로는 도시화를 심화시키고, 다른 한편으로는 특정 활동들의 분산을 발생시키는 역할을 한다.

요점

- 지식경제는 경제 부문 이론 및 서비스경제의 등장과 밀접한 관련이 있다. 그리고 지식경제는 선진국에서 지식노동자의 중요성이 높아지고 있다는 사실에 토대를 두고 있었다.
- 인터넷은 한편으로 신경제에서 지식노동의 중요성을 증폭시켰을 뿐만 아니라 경제의 조직화에 새로운 가능성을 창출했다.
- 지식노동자들은 특정 도시 및 지역에 거주하고 일하는 경향이 있기 때문에, 지식경제의 지리는 혁신의 공간적 집중을 나타낸다.

더 읽을 거리

- 경제지리학에서 지식의 역할에 대한 최근의 연구로는 Gertler and Levitt(2005)를 참조하라. 유럽을 사례로 한 창조계급에 대한 연구로는 Lorenzen and Andersen(2009)의 연구가 있다. 사이버 공간의 지리에 대한 최근의 연구로는 Zook and

핵심개념으로 배우는 경제지리학

Graham(2007)을 참조하라.

주석

1. 금전적 외부경제는 시장(예를 들어, 가격)을 통해 다른 경제 주체에 영향을 미치는 외부성의 일종이다.

2. 수출 가능 서비스업에는 회계 서비스, 금융 서비스 그리고 소비자가 기업입지로부터 상당히 떨어져 입지하고 있는 다른 종류의 서비스 등이 포함된다.

6.2 금융화

20세기 후반 들어 국제 금융시장의 1일 총거래액은 기하급수적으로 증가했다. 또한 많은 국가에서 금융산업의 총고용과 GDP 점유율이 점진적으로 증가하고 있다. 이처럼 금융화(financialization)의 중요성이 커지고 있음에도 불구하고, 이에 대한 개념 정의는 아직도 명확하게 내려지지 않고 있다. 일부 학자들은 금융화를 투기적 투자에서 발생하는 이윤의 중요성이 커지는 현상으로 정의한다. 이들 중 일부는 개인, 가계 그리고 기업의 행태에서 금융의 역할이 확대되는 것에 초점을 두는 반면(Erturk et al., 2007), 다른 학자들은 자본주의의 구조적 변화를 일으키는 금융의 역할에 초점을 둔다(Strange, 1986; Boyer, 2000). 그러나 일부의 학자들은 금융화가 금융시장에 의한 경제적 투자에 대한 지속적인 평가활동에 지나지 않는다고 본다.

기원과 원칙

교환 수단으로서 화폐의 출현은 시장경제와 국제무역의 발전을 가능하게 했다. 화폐는 교환을 가능하게 할 뿐만 아니라 수많은 금융혁신을 이끌었다. 가장 중요한 혁신은 신용계정 화폐(즉, 상업적 신용의 축적과 가계 저축, 부채 출현, 고정자산으로부터 유동자산의 발생)의 시작이며, 이는 은행을 비롯한 금융기관들의 발전을 주도했다. 17세기에는 주식시장, 외환시장, 옵션시장 및 선물시장 등을 포함하는 다양한 금융시장이 형성되었다. 통화체제(currency regime)는 과거에 지배적이었던 은본위제에서 금본위제로의 변혁을 경험했다. 금본위제는 19세기 들어 영국과 미국에 의해서 공식적으로 채택되었다. 두 차례의 세계대전은 금본위제의 유지를 어렵게 하였다. 그러나 제2차 세계

핵심개념으로 배우는 경제지리학

대전 이후 브레턴우즈협정(1944~1971년)에 의해, 2대 국제금융기관인 세계은행과 국제통화기금이 설립되었으며, 미국 달러를 기축 통화로 하는 국제통화체제가 확립되었다. 환율이 일시적으로 안정세를 보임에 따라 국제 금융거래는 증가하였으며, '신용 지급의 탈영역화'(Leyshon and Thrift, 1997)가 확대되었다. 특히 유로-달러와 같이 역외에서 거래되는 화폐의 비중이 높아졌다는 점은 이를 잘 보여 주는 사례이다(예를 들어, 미국 달러는 미국 본토보다 유럽에서 이자율이 높기 때문에 유럽에서 거래된다).

금융시장은 1차 시장과 2차 시장으로 분류된다. 1차 시장에서는 새로운 금융자산들이 기업을 위해 증식된다. 이는 일반적으로 (은행과 같은) 중개기관에 의해 이루어지는데, 이러한 중개기관은 유가증권(즉, 기업의 주식 또는 채권)을 발행하고, 가격을 매기며, 투자자들에게 판매한다. 이렇게 형성된 금융자산들은 증권거래 같은 2차 시장이 성숙되기 이전부터 투자자들 사이에서 거래되어 왔다. 금융시장은 장외(場外)시장(양자 간의 직접 거래)과 조직화된 거래로 구분되기도 한다. 조직화된 거래는 거래 조항이 표준화되어 있어서 투자가의 입장에서는 진입장벽이나 위험부담이 상대적으로 낮다. 이에 비해, 비표준화된 상품은 대부분이 장외시장을 통해 거래된다. 더 나아가, 금융시장은 증권거래시장(예를 들어, 주식시장, 상품시장, 상업용 부동산시장, 주택모기지시장)과, 채권시장, 통화시장, 화폐시장, 금융파생상품시장 등 상품과 직접적인 연계성 없이 금융거래를 하는 시장으로 분류될 수 있다. 앞에서 언급한 금융시장 중에서 주식시장이나 통화시장과 같은 일부 금융시장들은 매우 불안정한 특성을 가진다.

경제지리학에서 금융에 대한 연구는 1970년대부터 1980년대에 가장 활발하였던 제조업 중심 연구(이른바 '생산편향주의')의 반작용으로 시작되었다. 오늘날, 금융지리학은 경제지리학에서 연구가 활발한 분야이며, 세계도시 연구에서 연금기금 산업의 거버넌스 형태에 대한 연구에 이르기까지 다양한 측면에서 연구가 이루어지고 있다. 금융경제에 있어서 하나의 중요한 지리학적 측면은 실물자산에서 유동자산으로의 전환 과정과 관련된 것이다. 왜냐하면 그 과정에서 자본의 이동성이 고도로 높아지기 때문이다. 게다가 실물투자와 비교해서 금융투자는 대단히 단기투자의 속성을 띠고 있다. 이처럼 금융은 고도의 지리적 이동성과 단기적 속성을 가지고 있다는 점에서 투기적인 글로벌 경제를 야기하게 된다. 자본의 이동성은 지역경제의 현실적 맥락과 화폐와의 단절을 심화시키고 있다.

금융규제

금융시장은 정부정책과 직접적으로 연관되어 있다. 그 대표적인 것이 재정정책인데, 이는 중앙은행에 의해 관리된다.[1] 유럽통화동맹의 설립은 단일 유럽시장 실현의 수단이 되는 중요한 규제 변화를 의미하며, 이는 미국 달러나 일본 엔화와 같은 지배적 통화와 그러한 통화제도에 보다 효과적으로 대응하기 위한 힘을 결집하려는 전략의 일환으로 출현하였다. 금융시장은 시스템의 위기를 방지하고 일반 투자가나 은행 고객을 지킨다는 기본적인 두 가지 목표를 가지기 때문에 수없이 많은 규제를 받을 수밖에 없다.

금융의 역사에서 지난 수십 년간 일어난 가장 큰 특징은 금융흐름에 대한 대규모의 초국경적 규제 완화라고 할 수 있다(Laulajainen, 2003). 미국에서는 1970년대 중반부터 진행된 규제 완화(예를 들어, 예금 이율의 상한제나 경쟁을 제약하는 규제의 철폐, 새로운 금융상품의 도입, 초국경적 금융거래의 금지 규정 해제 등)가 경쟁을 더욱 촉진하였다. 규제 완화는 1990년에 정점에 달했던 민간 금융기관의 실패를 조장한 것으로 지적되었다(Warf and Cox,

1995). 그리고 정부의 개입을 최소화하는 급진적인 규제 완화는 경제의 금융화 과정을 가속화했다고 여겨진다. 또한 정부는 금융기관의 중요한 보증인(예를 들어, 통화발행) 역할을 한다. 그러나 부정행위나 규제의 허점을 악용하는 사례는 여전히 발생하고 있다. 스트레인지(Strange, 1986)는 현대의 금융시스템을 '거대 자금의 세계적인 카지노(또는 카지노 자본주의)'라고 지칭하고, 이것이 누구에게나 심각한 악영향을 끼칠 수 있다는 점을 우려하였다. 특히 1970년대 이후의 통화시장이나 금리의 불안정은 많은 국가경제를 금융위기에 취약하게 하였다.

투기자본과 의제자본

마르크스(Marx, 1894)는 실제 투자로 이어지기 전까지는 가치를 창출한 것이 아님에도 불구하고 선행적으로 가치를 부여하였다는 점에서 금융자본을 의제적(fictitious)이라고 표현하였다. 앞서 서술한 바와 같이 2차 시장의 발전은 금융자본을 의제적으로 만드는 데 큰 역할을 하였다. 금융자산은 비물질적이고 추상적일 뿐 아니라 근본적으로는 묵시적 약속이기 때문에 본질적으로 위험을 내포하고 있다(Laulajainen, 2003). 금융리스크는 수익률의 변동성을 반영하며 투자자는 대개 투자를 분산시킴으로써 리스크에 대응한다. 일반적으로 펀드매니저라고 불리는 전문적 투자자들은 기관투자자(주로 투자 은행이나 보험회사, 연금기구)를 대표하여 금융자산을 운용한다. 이러한 투자자들은 주식을 취득·매매하고, 재정(裁定)거래(아비트리지)[2]를 하며, 보험계약을 체결하고, 많은 종류의 리스크를 회피할 뿐만 아니라, 리스크를 더욱 더 분산시키기 위해 보험 및 파생금융상품과 같은 극히 투기적인 금융상품의 거래에도 관계한다. 투기는 금융시장이 기능하기 위해 불가피한 것이다(Clark,

1998).

금융경제는 또한 '실물'경제와 대비된다. 실물경제는 경제성장을 위한 유형의 재화나 서비스의 생산과 운반에 의존하는 경제를 말한다. 이에 비해 금융경제는 자산의 포트폴리오 관리를 중심으로 전개되는 것이다(Markowitz, 1959). 금융자산은 일반적으로 주식(즉, 기업의 재산과 생산력의 소유권), 채권(즉, 대출), 은행예금(즉, 기업 및 가계 저축) 등에 의해 측정된다. 금융시장은 초국경적 투자를 가능하게 하는 자본의 글로벌 순환(4.3 자본의 순환)의 형성을 촉진한다.

경제발전에서의 금융

신생기업의 자금 조달은 고수익의 잠재력 때문에 높은 위험에 견딜 수 있는 위험자본을 필요로 한다. 벤처캐피털이나 비즈니스엔젤[3]은 신생기업의 핵심 투자자이며, 기업가정신이나 혁신을 지원하는 중요한 역할을 한다(2.2 기업가정신, 2.1 혁신 참조). 1940년대 말 미국에서 처음 출현한 벤처캐피털 시장은 2차 대전 후 기업가정신을 장려하는 주요 수단이 되어 왔다(Leinbach and Amrhein, 1987; Florida and Kenney, 1988). 1990년대 말 닷컴붐 시기에는 실리콘밸리 주변의 주요한 벤처캐피털이 많은 신생기업의 초기 자금 조달에 중요한 역할을 하였다(Zook, 2004). 마찬가지로 개발도상국에서는 방글라데시의 그라민 은행을 비롯한 소규모 금융기관들이 저소득층을 대상으로 소액대출을 제공하였으며, 그 대출의 대부분은 여성들이 최소한의 금전적 자립을 통해 일상생활을 유지하게끔 하는 수단으로 제공되었다.

금융에 대한 관심은 국내경제에서 투자자로서 연금기금의 중요성(부분적으로는 정부출자에 의함)의 증대에 의해서도 나타난다. 연금의 재구조화에 있

핵심개념으로 배우는 경제지리학

어서의 규제 완화는 투자자로서 연금기금의 역할이 커지고 있다는 것과 고수익의 담보를 동기로 하는 과정을 의미한다(Clark et al., 2001; Engelen, 2003; Clark and Wojcik, 2005). 그러나 동시에 이는 연금기금을 위험부담에 노출시킨다. 클라크(Clark, 2000)는 앵글로아메리카 금융시장의 특징으로 연금기금의 규모나 역할이 크다는 점을 지적했다(연금기금 자본주의). 또한 그는 도시 인프라나 지역경제발전계획과 같은 공공자산 부문에 대한 투자자로서 연금기금의 역할이 커지고 있다는 점을 강조했다. 더욱이 기대 수명의 연장, 인구변화 그리고 은퇴 후의 생활에 대한 기대 심리의 변화로 연금기금은 금융시장에서 수익과 리스크를 어떻게 조화시킬 것인가 하는 커다란 도전을 받게 되었다.

가계와 개인

최근 수십 년간 금융시장에서 개인과 가계의 참여율은 점차 높아졌다. 소비자 신용과 같은 금융혁신(예를 들어, 개인 신용카드)은 가계의 소비활동을 촉진시켰다고 할 수 있다(6.3 소비 참조). 금융시장의 주요 고객은 은행, 보험회사, 연금기금 그리고 기업과 같은 기관투자자이긴 하지만, 개인투자자들의 직·간접적인 참여율 또한 점차 높아지고 있다.

일련의 규제 완화나 인터넷 이용(즉, 온라인 거래)의 확대는 일반 개인의 주식, 통화 및 선물 매매 활동을 촉진시켰다. 2008년 금융위기가 일어나기 전까지, 일본의 주부를 비롯한 중산층의 개인 온라인 트레이더들은 다양한 금융상품의 거래행위에 참여했었다(Fackler, 2007; McLaughlin, 2008). 게다가 오늘날 가계저축의 대부분은 투자신탁이나 연금기금으로 몰려들고 있다. 연금기금에 대한 의존은 가계의 경제적 복리가 금융시장의 가격 변동에 영향을 받을 확률이 높아지고 있음을 의미한다(Langley, 2006 참조).

금융위기

금융위기는 은행의 파산을 유발한다. 상호관련되어 있으나, 금융위기는 크게 다음의 두 가지 요인으로 구분할 수 있다. 하나는 지불능력의 위기(자산 규모를 초과하는 채무)에 의해 발생하는 금융위기이며, 다른 하나는 유동성 위기(청구서 정시 지불)에 의해 발생하는 금융위기이다. 금융위기가 일어나면, 최종 채무자(주로, 정부)는 구제금융을 신청한다. 미국에서는 1980년대에 전국적으로 상업용 부동산이 과잉 공급되고 텍사스에서 원유가 과잉 생산되어 경기가 침체하는 등 여러 요인에 의해 민간 금융기관의 파산이 잇따랐다(Warg and cox, 1995). 그 결과, 미국 정부가 많은 민간 금융기관들을 구제하게 되었고, 이는 1990년대에 정부 재정이 적자를 기록하게 된 요인으로 작용했다. 과거에 발생한 금융위기들은 규제개혁을 이끌었으나, 그러한 개혁으로 다음의 금융위기를 예방했다고 보기는 어렵다. 정부에 의한 금융구제는 경영자의 그릇된 결정으로 인해 국민의 혈세를 낭비하는 문제점을 초래할 뿐만 아니라, 궁극적으로는 정부가 구제해 줄 수밖에 없을 것이라는 기대심리를 재계에 심어주게 되어 재무적 측면에서 무모한 의사결정을 조장하는 면이 있다는 비판적 시각도 존재한다.

세계 각국에서도 이와 같은 금융위기가 일어날 수 있다. 1980년대 초에 멕시코, 아르헨티나, 브라질을 포함한 라틴아메리카의 채무위기는 대외 채무의 변제(이자 반환)를 불가능하게 하였다. 이러한 채무는 일반적으로 수입대체산업화정책을 지원할 목적의 금융인프라 구축사업에 의한 것이었다. 그러나 대외 채무의 대부분은 빈번한 재융자가 요구되는 단기 융자였다. 채무위기가 일단 표면화되면, 채무구제나 부채상환계획이 요구됨과 동시에, 국제통화기금 (IMF)의 개입이 시작되기 때문에 신규 대출은 어려워진다. 레이숀과 스리프트(Leyshon and Thrift, 1997)는 자국의 인플레이션을 막기 위한 미국의 고금리정책이 당시 금융위기의 요인 중 하나가 되었다고 주장했다.

아시아 경제위기(1997~1998년)와 2008년 글로벌 금융위기는 상업용 및 주택용 부동산의 가격이 급등하면서 시작되었다. 아시아 경제위기의 경우, 비정상적인 경제성장이 방콕 대도시권의 과도한 상업용 부동산 투기를 촉진하였다. 글로벌 금융위기의 경우는, 닷컴붐 이후 미국 주식시장의 부진과 역사적으로 낮은 이자율로 금융자본들이 그 대안으로 주택담보대출시장으로 흘러들고, 이로 인해 서브프라임 모기지가 만연해짐에 따라 야기되었다. 투자 은행 리먼브라더스의 파산과 뱅크오브아메리카의 메릴린치 인수는 구조적인 유동성 위기를 촉발시킴으로써 2008년 9월 15일 세계적인 주가 대폭락 사태가 발생했다.

금융수단의 복잡성이 증가한 점(그리고 그러한 상황에 금융규제 기관들이 적절하게 대응하지 못했던 점)이 2008년 글로벌 금융위기의 원인의 하나로 지목되고 있다. 금융거래의 층위가 다층화되고 있다는 점도 금융시스템의 복잡성과 불투명성을 유발하는 요인이라 할 수 있다. 오늘날, 금융산업 부문은 엄청난 수의 수학자들을 고용하고 있다. 이들은 금융혁신을 이끄는 복잡한 모델과 상품을 개발하는 데 기여하고 있으며, 가뜩이나 복잡한 시스템을 더욱 애매하고 어렵게 만들어 금융감독 당국이 파악하기조차 어렵게 만든다. 이 분야와 관련하여 앞으로 경제지리학자들은 금융위기의 지리적 근원과 표출 양상 그리고 은행들의 성과에 대한 지리적 차이에 대해 연구할 필요가 있다.

금융지리

금융통합이 '지리의 종언'을 이끌었다는 주장(O'Brien, 1992)에도 불구하고, 금융시장의 지리에는 몇 개의 중대한 차이가 있다. 예를 들어, 통화 및 채권 시장은 전 세계적 규모에서 장소를 불문하고 거래가 이루어지고 있지만, 주식은 아직 기업본사와 가까운 곳에서 거래되는 경향이 있다(Laulajainen, 2003). 집중과 분산이 금융지리의 특징이기도 하다. 한편으로 금융주체는 대부분 뉴욕(Kindleberger, 1974; Friedman, 1986; Sassen, 1991), 런던(Pryke, 1991; 1994; Thrift, 1994), 도쿄(Rimmer, 1986; Sassen, 1991)와 같은 세계도시에 집중되고 있으며, 이들 도시는 세계경제에 막대한 영향력을 행사하고 있다. 금융부문은 정보의 질에 가장 민감한 분야이기 때문에 대면접촉이 특히 중요하다(Agnes, 2000). 다른 한편에서는 금융회사는 정보기술(IT)의 도입에 매우 적극적이며, 프랑크푸르트(Grote et al., 2002), 암스테르담(Engelen, 2007), 두바이, 홍콩, 싱가포르와 같은 제2차 계층의 금융센터를 운영할 뿐만 아니라, 규제를 피하기 위해서 주변부 지역에 역외(offshore) 금융센터를 발달시켰다. 그 가운데 일부 역외 금융센터는 케이맨 제도, 바하마, 룩셈부르크, 리히텐슈타인 그리고 바레인과 같이 이미 조세피난처였던 곳에 설립되었다(Roberts, 1995).

경제의 금융화는 지역경제를 글로벌경제에 통합해 가는 과정이기도 하다(Tickell, 2000). 주요 도시로의 금융업무 집중은 주변지역의 지역금융시스템의 쇠퇴를 유발하여, 지역 중소기업들의 자금조달을 어렵게 만들기도 한다(Dow and Rodriguez-Fuentes, 1997)(5.5 네트워크 참조). 이러한 금융센터 내에서는 도심에 입지하는 전방 사무 기능과 교외에 입지하는 후방 사무 기능의 공간적 분리(separation)가 1970년대 미국에서 일반화되기 시작했다(Nel-

핵심개념으로 배우는 경제지리학

son 1986; Dicken 1998)(6.1 지식경제 참조).

그러나 금융시장에서 글로벌 집중이 나타날 가능성은 높지 않다. 세계의 금융 트레이더들은 배경이나 문화, 상황에 대한 대처 등의 측면에서 매우 이질적이다(Agnes, 2000; Thrift, 2000). 예를 들어, 폴라드와 새머스(Pollard and Samers, 2007)는 이슬람 율법이나 그와 관련된 문화적 관습이 리스크에 대한 인식을 어떻게 만들어 내며, 어떻게 해서 독특한 이슬람 금융 제도 및 상품을 만들어 내는가에 대하여 연구하였다. 트레이더들은 제한된 지식을 바탕으로 다양한 금융시장의 안정성과 신뢰성에 대해 추측을 하게 된다. 1997년 태국에서 시작된 아시아 금융위기 동안 트레이더들은 태국에서 철수했을 뿐 아니라 지리적으로 근접해 있다는 이유만으로 인근 국가의 금융시장에서도 철수하였다. 최근에는 금융화된 세계경제에 도덕경제나 사회적 선택을 주입하기 위한 방안으로 제기되고 있는 대안적 금융[예를 들어, 지역 통화운동(Lee, 1996)과 윤리적 투자]에 대한 관심이 커지고 있다.

요점

- 금융화의 개념에 대한 합의는 이루어지지 않았지만 세계경제에서 금융경제의 규모와 중요성이 커지고 있다는 사실은 분명하다. 일부는 금융화가 자본주의의 구조적 변화를 나타낸다고 주장한다.
- 규제는 금융화에 있어서 중심적 역할을 담당하며 위험자본 금융을 통해서 혁신을 유발하고 가계의 투자기회를 창출함으로써 경제성장을 촉진할 수도 있다. 그러나 규제는 역으로 금융위기의 원인이 될 수도 있다.
- 금융산업에 있어서 지리적 접근성의 중요성은 금융센터들을 출현시켰으며, 그로 인해 산업의 전문화 및 불균등 지역발전을 조장하였다.

더 읽을 거리

- 2008년 금융위기에 대해서는 Dore(2008)를, 미국의 서브프라임 모기지 시장의 역사에 대해서는 Ashton(2009)을 참조하라. 국제결제은행(BIS)의 2008년 연례 보고서 또한 금융위기에 대해 알기 쉽게 설명하고 있다. 또한 미국 공공라디오 프로그램인 "This American Life"의 에피소드 355에서는 주택담보대출(모기지) 위기를 특집으로 다루었으며('The Giant Pool of Money', 2008년 5월 9일), 그 원고는 http://www.thisamericanlife.org/radio-episode.aspx?episode=355에서 확인할 수 있다.

주석

1. 미국에서는 연방준비제도(약칭 'The Fred', 1913년 설립)가 중앙은행으로서 기능하며, 워싱턴 D.C에 있는 연방준비제도이사회가 금융정책을 수립한다.

2. 재정(裁定)거래는 시장 간의 가격 차를 교묘히 이용하는 것을 목적으로, 두 개 이상의 시장에서 유가증권, 채권, 통화 또는 선물거래와 같은 금융상품을 동시에 매매하는 행위를 의미한다.

3. 비즈니스엔젤은 투자자의 역할을 담당하는 자산가로, 공식적인 시장에 기반을 둔 거래 없이, 비전 있는 사업 아이디어를 가진 벤처 기업가를 위한 초기 자본을 제공한다.

6.3 소비

소비는 기초 수요(예를 들어, 식료품)를 충족시키기 위해 자원을 지출하는 행위인 동시에, 사회적 지위, 기호 그리고 선호를 표현하는 방법이기도 하다. 후자가 사회학자나 문화지리학자에게 특별한 관심을 받고 있는 반면, 경제지리학자는 소비가 도시 및 농촌의 경제적 경관 형성에 미치는 영향에 대해 관심을 둔다. 이러한 학문적 관심은 소비와 직접적으로 관련되어 있는 서비스 부문인 소매업의 입지와 조직에 관한 연구를 촉진하였다. 소비는 경제지리학의 주요한 관심사인 생산(production)('생산편향주의'로 알려짐)에 비해 오랫동안 부수적인 것으로 취급되었다(Wrigley et al., 2002). 그러나 최근에는 소비자운동을 포함한 대량소비사회의 지리적 현상에 대한 관심이 새롭게 부각되고 있다.

소비 입지론

소매업의 입지 특성은 20세기 초반부터 폭넓게 연구되었으며, 당시에 이론적으로 확립되었던 기본원리의 대부분이 오늘날에도 폭넓게 적용되고 있다. 고전적 입지론자인 호텔링(Hotelling, 1929)과 크리스탈러(Christaller, 1966 [1933])는 경쟁의 공간적 결과와 공간적으로 흩어져 있는 인구에 제공되는 소매서비스의 최적입지를 이론화하였다. 호텔링의 모델은 경쟁하는 두 명의 판매자가 이차원의 선형 시장에서 동일 제품을 판매한다는 조건, 즉 '과점'하에서 소매 경쟁이 지리적으로 어떻게 안정화되는가를 연구하였다. 아이스크림을 판매하는 2인의 경쟁자가 최적 입지를 찾아 해변을 따라 이동하는 상황에서, 호텔링은 각각의 노점 상인이 자신의 판매구역을 극대화하고 경쟁자가 더욱 큰 판매구역을 획득하는 것을 막기 위해 최종적으로는 해변의 한가운데에서 서로 등지고 입지하게 된다고 보았다. 호텔링의 분석은 왜 소매 기능이 공간적으로 편재하지 않고 오히려 집중되는지에 대해 '지리적 독점(geographic monopoly)'이라는 개념을 통해 설명하였다. 그러나 호텔링의 모델은 수요탄력성을 고려하지 않았다. 여기에서 수요탄력성이란 특정 가격에서 특정량을 구입하는 소비자의 성향을 말한다. 소비자의 관점에서 보면, 제품 가격에는 이동 비용(자택에서 상점에 도달하는 비용)이 포함되는데, 이것이 소매업 입지의 현실을 복잡하게 만드는 요인이다.

크리스탈러(Christaller, 1966[1933])는 소비자의 이동비용을 감안하여 수요 탄력성 문제를 강조하는 입지이론을 개발했다. 크리스탈러의 중심지 이론은 남부 독일에서 관찰되는 촌락의 육각형 분포패턴에서 착안한 것이다[그 후에, 베리(Berry, 1967)는 크리스탈러 이론을 적용하여 미국 아이오와주 남서부에 대해 연구하였다]. 크리스탈러는 재화의 도달범위(the range of a good)와 최소요구치(the threshold of a good)라는 두 가지 원리를 제시하였다. 재화의 도달범위는 소비자가 어떤 재화나 서비스의 구매를 위해 방문할 수 있는 최대거리를 뜻하고, 최소요구치는 소매업자가 사업체를 유지하기 위해 필요한 최소한의 시장 규모를 의미한다. 이 두 가지 원리를 통합하면 육각형의 시장지역과 각 육각형 영역의 중심지를 둘러싼 상이한 계층 규모의 도시들로 구성된 최적의 공간 패턴이 나타난다. 크리스탈러는 이러한 중심지가 소수의 고차중심지(대도시)와 다수의 저차중심지(중소도시)의 발전을 통해서 효율성을 촉진한다는 점을 개념화하였다. 고차중심지는 고차재화(자동차나 보석 등과 같이 구매 빈도가 낮은 고가의 상품)가 거래되는 장소인데 반해, 저차중심지는 이동비용이 적어 보다 쉽게 접근할 수 있어 저차재화(우유나 달걀 등 구매 빈도가 높은 저가의 상품)가 거래되는 장소로 기능한다. 그러나 크리스탈러의

핵심개념으로 배우는 경제지리학

모델은 물리적 장애물(예를 들어, 이동비용이 높아지는 산지의 존재 등)이 없는 평지이고, 단일한 교통수단을 사용하며, 운송비는 거리에 비례하고, 소득수준이 동등한 인구가 공간상에 균등하게 분포되어 있다는 단순화된 전제를 바탕으로 하고 있다. 또한 소비자는 비용을 최소화하고 자원을 극대화하는 합리적인 경제인으로 간주된다. 이러한 전제를 충실하게 재현할 수 없는 현실세계에서는 중심지 이론에 따른 육각형 패턴은 왜곡된다(Berry, 1967).

소매업에서 구매자 주도형의 상품사슬로

호텔링과 크리스탈러의 모델은 소매업 입지를 이해하기 위한 중요한 토대가 되었다. 최소요구치와 재화의 도달범위의 원리는 당연히 타당성을 가지고 있다. 소비의 관점에서 소비자는 원하는 재화나 서비스에 따라 이동비용을 최소화한다. 예를 들어, 소비자는 일반적으로 우유나 달걀과 같은 생활필수품을 구입할 때는 이동거리를 최소화하며, 부모의 환갑 기념 선물로 드릴 보석을 구입하기 위해서는 보다 먼 거리를 이동한다. 그러나 소비자 선호에 관한 몇몇 사례연구(Clarke et al., 2006; Wang and Lo, 2007)를 제외하면, 오늘날 소비에 대한 경제지리학적 연구는 소비의 입지적 특성에서 벗어나 소비자와 가장 직접적으로 관계된 부문인 소매업의 조직적 특성에 대한 것으로 초점이 전환되고 있다.

오늘날 경제지리학자들은 소매업 재구조화의 두 가지 주요한 측면에 대해 주로 관심을 가진다. 하나는 소규모 소매업체를 희생시킨 대규모 소매 유통업체의 지배력 영역이고, 다른 하나는 국내 소매업체를 압도하는 해외 소매업체의 지배력 영역이다. 이러한 관심은 특히 소비자에게 강한 정서적 반응을 불러일으켜 소비자 운동의 정치적 의제를 형성하기에 이르렀다. 대규모 소매유통업체의 지배력 강화에 대한 관심은 19세기 후반에 뉴욕, 런던, 파리, 베를린 등의 도시에서 백화점이 출현한 시기부터 시작되었다(예를 들어, Gellately, 1974 참조). 또한 에이앤피(A&P), 시어스(Sears), J.C. 페니(J.C. Penney) 등 1930년대 초반에 미국에서 시작된 체인스토어나 슈퍼마켓의 확산은 이들이 소규모 소매업에 미치는 영향에 대한 관심을 불러일으켰다. 초기의 이론들은 소규모 소매업(예를 들어, 부부가 경영하는 소매점)을 주로 시대에 뒤처지며 비효율적이고, 근대화가 필요한 업종으로 인식했다(Goldman, 1991). 하지만 다른 한편으로, 소규모 소매업체를 개인수요에 대응한 서비스 제공 그리고 기업가정신 고취, 커뮤니티 정체성 부여, 노동자 계급을 위한 취업 기회 제공, 혁신의 동기부여를 위축시키는 독점 업체의 지배력 강화 추세에 대한 대항마 등으로 보는 긍정적 관점도 존재했다.

해외 소매유통업체의 지배력 확대현상에 대한 관심은 월마트(Wal-Mart, 미국), 까르푸(Carrefour, 프랑스), 테스코(Tesco, 영국) 등 1990년대 후반에 다국적 소매유통업체의 출현에 따라 크게 부각되었다. 다국적 소매유통업체들은 자국 시장에서의 배출요인(경쟁 심화에 따른 시장 포화)과 흡입요인(새로운 시장 기회를 제공하는 진출국 시장의 규제 완화)의 결과로서 출현하였으며, 다수의 다국적 소매유통업체들은 소비자 주도의 상품사슬(4.4 글로벌 가치사슬 참조)을 통해 그들의 생산의 글로벌화를 꾀하였다. 일반적으로 대규모 글로벌 유통업체들은 고소득 국가의 소비자에게 공급할 재화와 서비스를 생산하기 위해 저소득 국가의 전속 하청업체를 활용한다. 일부 소매유통업체들은 급속하게 변화하는 패션 트렌드에 대응하여, 저가의 제품을 배송하기 위해서 매우 정교하면서도 수요에 즉각적으로 반응하는 글로벌 유통시스템을 구축하고 있다(예를 들어, 스페인의 의류 유통체인인 자라). 그러나 다수의 소매유통업체들은 여전히 소수의 선별된 세계도시(예를 들어, 파리, 뉴욕, 밀라노,

런던, 샌프란시스코)에서 점포 디자인과 마케팅에 관한 연구를 수행하면서 제품의 차별화와 고객 충성도를 제고하기 위한 브랜드 마케팅을 적극적으로 추진하고 있다.

대량소비사회와 소비자 행동

지난 2세기에 걸쳐서 고소득 국가 사람들은 노동시간의 점진적 감소, 그리고 비노동시간의 상대적 확대를 경험해 왔다. 베블런(Veblen, 1899)이 처음으로 언급한 것처럼, 이러한 변화는 소비 행동, 특히 레저, 엔터테인먼트, 관광 상품·서비스 등의 과시적 소비의 성장을 가져올 생활양식의 변화를 촉진시켰다. 막스 베버는 계급(class)과 지위(status)는 상호관련되어 있으나 아직까지는 구별된다고 간주하면서, 계급은 가계생산(소득창출)과 관계되지만 사회적 지위는 소비와 관계된다고 보았다(Gerth and Mills, 1946).

고도의 대량소비, 즉 로스토(Rostow, 1953)가 언급한 가장 선진적인 경제발전단계 아래에서, 선도적 산업부문은 내구 소비재나 서비스를 생산하기 위해 고도로 숙련된 노동자를 고용하고, 노동자나 그 가족은 단지 기본적인 식료품이나 주거 및 의복을 구매할 수 있는 수준 이상의 가처분 소득을 가지며, 다양한 가정용 제품들도 널리 보급된다. 많은 대량소비사회에서 소비는 도시발전 및 도시재개발의 원동력이 되고 있으며, 젠트리피케이션을 촉진시키고, 항만이나 공장과 같은 종래의 생산경관을 수변의 상업지구나 주거지구와 같은 소비경관으로 전환시키고 있다.

오늘날 대량소비사회에 있어서 주목할 만한 경향으로는 취향의 글로벌화를 들 수 있다. 리바이스 청바지나 랩뮤직이 세계적으로 유행하듯이, 한편에서는 문화적 취향의 동질화를 찾아볼 수 있다. 다른 한편으로 일부 학자는 기호의 특수성(오페라와 같은 '고도의 예술')에서 기호의 다양성(예를 들어, 월드뮤직)으로의 변화야말로 주목할 가치가 있다고 주장한다. 고소득 국가에서는 국제이민에 따른 문화적 다양성과 결합된 '소비 권태감'[1]이 '이국적', '외국적'인 제품에 대한 호기심과 수요의 증대에 기여하고 있다. 예를 들어, 월드뮤직의 인기는 타자의 문화 표현에 대한 관용과 존경을 나타내는 것이지만, 그것은 특권 계층의 문화적 취향에 따라 포장된 것이기도 하다(Connell and Gibson, 2004). 이러한 문화적 취향의 다양성은 계급을 구분하는 중요한 측면으로 등장하였으며, 소비자가 관광 목적지를 포함한 레저·엔터테인먼트 제품을 선택하는 동기가 되기도 한다.

계급 분화는 지리적 함의를 가지고 있다. 즉 소비자의 레저와 엔터테인먼트 상품, 관광 목적지 선택의 동기가 된다. 예를 들어, 관광 목적지는 미지의 알려지지 않은 장소로 점점 다각화되고 있다. 또한 관광이 과거에는 선진국 출신의 여행자에 의해 독점적으로 이루어졌으나, 지난 십여 년 동안 동유럽, 러시아, 아시아의 여행자 수가 증가하면서 여행자는 보다 다양화되었다. 정책 입안자는 관광산업의 성장뿐만 아니라 관광에 있어서 다양한 틈새시장(생태관광이나 문화관광 등)의 증대에 주목하고 있다(5.1 문화 참조). 결과적으로 관광은 제조업에 필요한 숙련, 자원 및 기술이 부족한 개발도상국들의 경제발전 수단으로서 중요성이 높아지고 있다(Wright and Stanbury, 1998 참조). 그러나 소비주도형 경제발전 모델에 관해서는 학자들 간에 견해 차이가 있다. 생산(즉, 제조업)은 너무나 중요하기 때문에 무시할 수 없다는 견해도 있으며, 소비 주도 경제의 개념적 타당성에 의문을 제기하는 견해도 있다(6.1 지식경제 참조)

핵심개념으로 배우는 경제지리학

소비 공간

규제는 (주거 근린을 보호하고 도시팽창을 관리하기 위한) 도시계획과 용도지구제 및 점포규모제한법, (과잉경쟁에서 소규모 소매업자를 보호하고 부당행위를 규제하기 위한 반독점 규제의 형태) 경쟁법, (노동자 착취를 막기 위한) 점포 영업시간 제한 규제를 통해 소비의 다양한 측면을 형성하는 데 중요한 역할을 한다. 일반적으로, 엄격한 소매업 규제는 소규모 소매업자에게 호의적인 경향이 있다. 예를 들어, 유럽에서는 다른 국가보다 국가개입을 통한 소비 규제가 강하기 때문에 소비에 대한 규제의 영향이 특히 중요하다(Marsden and Wrigley, 1995; 1996). 마찬가지로 쇼핑 관습(매일 식료품 쇼핑 대 주말 식료품 쇼핑), 문화적 기호나 다이어트(신선식품 대 가공식품), 가사의 남녀 간 분업, 이용 가능한 운송 방법(대중교통 대 자가용) 등에 반영된 문화적 요인들은 소매업 부문의 공간적 · 조직적 구조에 영향을 미친다. 예를 들어, 동아시아와 동남아시아에 서구적 슈퍼마켓이 도입되었음에도 불구하고, 전통적인 '재래시장(wet market)'**2**이 여전히 성행하는 것은 문화적 요인이 소매업 부문에서 국가 간 차이를 형성하는 중요한 요소라는 것을 시사한다(Goldman, 2001).

경제지리학자는 오늘날 사회 · 문화지리학자(Crang, 1994; Goss, 2004; 2006)나 사회학자(예를 들어, Zukin, 1995; Bhachu, 2004)로부터 소비에 관한 연구를 위한 영감을 얻고 있다. 예를 들어, 젠더, 계급, 인종에 기반한 구조적인 사회적 불평등은 소비의 필연적 측면이며, 다양한 유형의 사회적 배제를 조장할 수도 있다(Domosh, 1996; Gregson and Crewe, 1997; Williams, 2002)(5.2 젠더 참조).

오늘날의 소비자 문화는 상품을 불신화하고 정체성을 개조하며 자아를 상품화하여, 결과적으로 독특한 상징적 지리를 생산한다(Jackson, 2004). 세이어(Sayer, 2003)는 문화의 상품화를 분석함에 있어서 사용자에 의해서 부여된 '상징 가치'와 같은 개념들을 빌어서 주관성이나 규범적 측면에 대한 이슈를 끌어들이는 방법론인 '도덕 경제' 접근법을 사용하였다. 한편으로는, 문화와 상품의 역할을 고찰하기 위해 글로벌 상품사슬 분석틀을 채택한 연구도 있다. 예를 들어, 레슬리와 리머(Leslie and Reimer, 2003)는 패션산업과 가구산업의 접점, 그리고 이것들의 잡지, 소매·제조 공간에서의 구현에 대하여 분석하였다.

경제지리학자는 문화지리학자들과 함께 중고품 가게와 지역통화 실험의 인기에 대해 연구한 바 있다(Gregson and Crewe, 2003; Leyshon, 2004). 또한, 최근에 지리학에서 점차 관심이 커지고 있는 한 분야로는 대안적인 소비공간의 출현에 관한 연구를 들 수 있다. 대안적인 교환네트워크에 대한 연구에서 강조되는 것은 사회적인 지지를 얻어 지역에 뿌리내려진 소비·교환·재이용의 네트워크가 지역경제에서 중요한 구성요소라는 점이다(Gibson-Graham, 1996).

소비자는 점차 창조성의 주요 원천으로 인식되고 있다. 과거에는 소비자의 역할을 수동적이거나 기껏해야 "자문적"이라고 간주할 뿐이었다. 오늘날 소비자는 단순히 구매결정을 하는 최종사용자(end user)라기보다는 오히려, 소프트웨어 코드의 공동생산자로서, 그리고 패션, 음악, 비디오 게임, 영화[마이스페이스(MySpace)나 유튜브(YouTube) 등의 다양한 웹사이트를 통해 인터넷을 경유하여 유통됨] 등의 다양한 문화 콘텐츠의 공동생산자로서 점차 간주되고 있다. 소비자와 생산자 사이의 경계는 인터넷의 시작과 함께 새로운 방식으로 재정의되고 있으며, 이는 생산자와 소비자와의 구분을 더욱 애매하게 하고 있다(von Hippel, 2001)(2.1 혁신 참조). 소비자는 단지 주문자 상품으로 이익을 볼 뿐만 아니라, 점차 만족감이나 충족감을 끌어낸다. 심지어 소비자들은 자신의 재능을 보여줌으로써 특정 커뮤니티 내에서 사회적 지위를 차지하기도 한다.

소비자의 힘

경제에서 소비자의 역할은 20세기 동안에 극적으로 변화하였다(Larner, 1997). 노동조합의 힘이 약해짐에 따라 개인이나 집단이 기업행동에 영향을 미치고, 소비자의 복리를 옹호하는 하나의 중요한 수단으로 구매력을 행사하게 되었다.

소비자운동은 개인이나 집단이 자본주의 발전과정에 영향을 미치는 하나의 주요한 방법이다. 생산이 세계화되고, 때로는 노동 및 환경 규제 메커니즘이 제대로 갖추어지지 않은 지역으로 이전함에 따라, 지역 혹은 국내 수준의 기존 규제 메커니즘은 더 이상 글로벌 상품사슬을 통제할 수 없다. 이에 개인이나 집단들은 소비자운동을 통해 긴 노동시간, 저임금, 불안정한 노동환경, 노동자 보호 및 인권 보장이 미흡한 노동조건을 개선하기 위해 힘쓰고 있다. 소비자운동이 특히 활발한 2개 분야는 노동력 착취 공장(의류, 봉제 및 신발산업에서 가장 흔함)에 대항하는 운동과 글로벌 시장의 불안정한 가격 변동(커피 등)에 직면하거나 농약이나 화학비료에 위험한 수준에 노출된 개발도상국의 농업 노동자를 보호하는 운동이다. 일부는 기업이나 브랜드에 대항하는 소비자의 캠페인이나 불매운동이 기업의 사회적 책임(CSR)을 확보하는 수단이 된다고 믿는다. 그러나 다른 한편에서는 이러한 운동이 개발도상국의 농부나 노동자의 임금 하락을 초래하여 열악한 노동조건에 빠지게 함으로써 그들에게 오히려 도움이 되지 않는다고 믿는다.

소비자는 우리가 다양한 종류의 자원을 이용할 때, 보다 적극적인 역할을 수행하게 된다. 이러한 생산과 소비 간의 거리 증가는 농업, 농식품산업, 임업, 석유산업을 포함한 자원기반산업에서도 찾아볼 수 있다(Hughes and Reimer, 2004). 미국에 기반을 둔 비영리 환경보호단체인 환경방어기금(EDF: Environment Defense Fund)은 예를 들어, 수은량이나 어획방법 등에 따라 해산물을 순위화한 '시푸드 셀렉터 포켓판'(pocket seafood selector)을 만들었다. 그래서 소비자는 가정이나 식당에서 먹는 식품에 관해 보다 나은 선택을 할 수 있게 되었다. 유기농업운동은 화학비료 사용에 대한 환경운동의 발단을 제공하였으나, 1990년대와 2000년대에는 식품 안정성을 가장 중요하게 생각하는 소비자운동과 통합되었다(Hughes et al., 2007). 슬로푸드운동은 지역 농가를 지원하고 생활협동조합운동을 통해 지역에서 생산된 식품의 판매를 촉진하며, 유기농업 등 안전하고 환경적으로 지속가능한 실행에 대해 동기를 부여한다. 이러한 종류의 소비자운동은 공급사슬이 전 세계적으로 확대된 가운데, 식품 생산의 투명성을 높이고, 개발도상국의 농업종사자들에게 최저생활임금을 받도록 보장하고자 한다(공정무역운동)(Hughes and Reimer, 2004). 또한 오늘날 홀푸드마켓(미국)이나 웨이트로즈(영국)와 같은 새로운 틈새 유통업체에 의해 유기농 식품은 식품유통에서 주류의 일부로 부상하게 되었으며, 유기농 식품의 이윤 창출 가능성을 인지한 월마트나 테스코 등의 대규모 소매유통업체들도 이 영역에 뛰어들고 있다.

그 외의 새로운 경향으로는 사이버운동의 등장을 들 수 있다. 인터넷은 분명히 다양한 소비자집단의 캠페인이나 불매운동의 조직화를 용이하게 했다. 또한 인터넷은 개인이 기업에 대한 부정적 경험을 알리는 것도 가능하게 했다. 이러한 현상은 소비자가 구입한 노트북 A/S에 대한 불만에서부터 온라인 판매, 호텔, 레스토랑, 엔터테인먼트 제품(음악, 서적, 게임 소프트 등), 여행지 등

핵심개념으로 배우는 경제지리학

에 대한 웹사이트를 통한 고객평가에 이르기까지 광범위하게 나타나고 있다.

요점

- 소비는 전통적으로 소매업 부문의 입지와 조직을 통해 이해되어 왔다.
- 세계화와 글로벌 상품사슬에 대한 광범위한 의존은 소매업 부문의 조직과 소비자의 선택을 근본적으로 변화시켰다.
- 경제에 있어서 소비의 역할에 대한 견해는 수동적인 소비에서 소비자운동, 공동 생산, 사용자 주도의 혁신 등을 통한 소비자의 적극적인 참여로 변화하고 있다.

더 읽을 거리

- 혁신에 있어서 소비자의 역할에 관한 논의로는 Grabher et al.(2008)를 참조하라. 경제지리학에서 다국적 소매업에 대한 오늘날의 주제에 대해서는 Coe and Wrigley (2007)의 연구를 참조하라.

주석

1. 시장의 포화와 풍요로움은 소비자에게 소비를 따분하게 해서 소비에 있어서 특별한 '체험'을 추구하도록 한다고 제안되었다(Pine and Gilmore, 1999).
2. 동아시아, 동남아시아 일부 지역의 전통시장으로, 야채, 육류, 해산물(닭이나 거북이와 같은 살아 있는 동물도 포함)이 개별 상인에 의해 판매된다.

6.4 지속가능한 발전

지속가능한 발전의 개념은 생태적·사회적·경제적 관심을 물질적·사회적·환경적 복지의 세대 간 형평성을 확보하고자 하는 단일 발전 모델로 통합하는 것이다. 이 개념은 광범위한 비판에도 불구하고, 경제지리학자들로 하여금 경제활동이 지역적 및 세계적 스케일에서 환경에 어떠한 영향을 미치는지에 대해 비판적으로 고찰하도록 하였다. 경제지리학자들은 지속가능성과 관련하여 다음의 세 가지 측면에 대해 관심을 가져 왔다. 첫째, 어떻게 하면 산업이 보다 지속가능할 수 있을까? 둘째, 어떻게 하면 지역사회가 지속가능한 발전을 보다 효과적으로 실천할 수 있을까? 셋째, 세계적 기후변화가 세계경제 전반에 걸쳐 사람과 지역의 사회경제적 취약성을 어떻게 증가시키는가?

기원과 원칙

지속가능한 발전의 기원은 앨도 리오폴드(Aldo Leopold), 레이철 카슨(Rachel Carson), 도넬라 메도스(Donella Meadows), 에른스트 프리드리히 슈마허(E.F. Schumacher) 등과 같은 초기의 환경운동가나 과학자까지 거슬러 올라가서 그 개념을 검토한 다수의 학자(예를 들어, Dresner, 2008; Adams, 2009)에 의해 상세히 보고되었다. 이들은 산업화나 대중소비주의의 속도와 스케일 그리고 그 결과를 고찰하고, 소비의 감소, 산업 친환경화, 인구증가의 억제 등을 통해서 글로벌 사회가 자연과의 물질적인 관계에서 보다 더 효과적으로 균형을 이루어 낼 때만 인류의 장기적인 생존이 가능하다고 주장하였다. 1980년대까지는 주요 국가와 개발기구들이 지속가능한 발전에 관심을 가졌으며, 그 개념은 세계환경및발전위원회(WCED)가 발간한 브룬트란트

보고서(The Brundtland Report) '우리공동의 미래(Our common future)' (WCED, 1987)에서 처음 공식적으로 정의되었다.

WCED에 의해 정의된 지속가능한 발전은 천연자원이나 생태계의 질을 유지해야 할 필요성과 경제·산업발전의 이익을 극대화하려는 욕망을 사회가 잘 조절해야만 한다는 것을 의미한다. WCED의 정의는 자원 이용과 사회·경제적 형평성에 관한 세 가지 인식을 강조한다. 첫째로, 재생가능자원(예를 들어, 태양열, 동식물 자원)은 자연적인 재생 속도보다 느리게 소비되어야만 한다. 둘째로, 재생불능자원(예를 들어, 석유, 광물자원)은 최적의 단기간의 사회적 선을 위해 효율적으로 사용되어야 하며, 그 또한 기술진보나 새로운 과학적 발견을 통해 대체자원이 창출되는 것을 전제로 해야 한다. 셋째로, 세대 간의 형평성은 지속가능한 발전 정책의 주도적인 원칙이 되어야 한다. 이는 현 세대의 물질적 수요를 충족시키기 위해서 미래 세대의 희생을 담보로 해서는 안된다는 것을 의미한다. WCED는 이러한 목표들을 달성하기 위해서 모든 국가가 지속가능성에 공헌해야 하며, 환경보전에 관한 국제 조약(예를 들어, 지구환경기금이나 교토의정서)의 체결 및 국제적 기구의 설립을 통해서 이러한 목표들이 달성될 수 있다고 주장하였다.

WCED의 정의는, 대체로 약한 형태의 지속가능한 발전 개념으로 간주된다. 약한 지속가능성 지지자들은 만약 재생가능한 자원이 가능한 한 많이 사용되고 친환경적인 기술이 개발된다면, 또한 인류가 모든 형태의 자본(인적자본, 자연자본, 물적자본 등)을 최소한의 수준에서 유지한다면, 경제성장은 환경에 대해 유해한 영향을 미치지 않을 것이라고 주장했다(World Bank, 2003). 시장의 힘은 지속가능한 사회로의 이행을 추동하는 데 가장 적합하며, '약한 지속가능성'의 지지자들 가운데 일부는 단기적인 경제성장에 초점을 맞추는 것이 '환경 쿠즈네츠 곡선'으로 알려진 장기적인 현상, 즉 '1인당 소득의 증가에 따라 오염수준이 낮아진다'는 상황을 이끌 것이라고 주장했다(Grossman and Krueger, 2005). '약한 지속가능성'은 세계은행(World Bank, 2003) 등의 개발기구들도 지지하고 있으며, 이는 주로 신고전파 경제모델을 환경문제에 적용하는 환경경제학 분야와 관련되어 있다(예를 들어, Tietenberg, 2006 참조). 오염, 토양파괴, 생물종의 멸종 등과 같은 부정적 외부성(negative externalities)을 제거하는 것이 공통의 연구과제이며, 환경경제학자는 시장이 부정적 외부성을 막는 역할을 할 수 있다고 강조한다. 하나의 핵심 아이디어는 오염자부담원칙이다. 즉, 국가가 기업이 유발한 공해와 관련된 모든 사회적·환경적 비용을 기업에게 부담시킨다면 친환경산업이 더욱 발전할 것이라는 견해이다.

'약한 지속가능성' 논의는 천연자원과 에너지 흐름 및 생태계 서비스를 신고전파 경제발전 모델에서 이해하는 근본적인 한계점을 가진다는 비판을 받아 왔다. '강한 지속가능성'의 지지자들은 끝없이 계속되는 인구증가와 자원소비가 참혹한 생태적, 사회경제적 결과를 초래할 것이라고 주장하는 맬서스적 입장에 보다 더 충실하다.[1] 이들은 천연자원의 대체나 기술혁신으로는 극복하기 어려운 성장의 한계가 있으며, 따라서 인류가 살고 있는 지구가 감당할 수 있는 범위 내에서만 경제활동을 영위하는, 소위 안정상태의 경제(steady-state economy)를 지향해야 한다고 주장한다(Daly, 1977; Daily and Ehrlich, 1992). 생태경제학은 이러한 대안적인 경제시스템 모델을 개발하기 위한 학문 분야로서, 지구상의 자연시스템과 인간시스템(예를 들어, 대기, 수권, 생물권, 글로벌경제 등)을 상호의존적이고 상호관련되어 있는 것으로 인식한다(Daly and Farley, 2004). 이러한 상호관련성과 상호의존성은 경제시스템의 지속적 성장이 잠재적으로 다른 생명유지시스템의 불가역적인 손상을 통해서만 실현될 수 있다는 것을 의미한다. 이에 개발정책은 환경과학에 의해

핵심개념으로 배우는 경제지리학

이끌어져야만 하지만, 모든 정책 결정에는 예방 원칙을 적용하지 않으면 안된다. 예방 원칙에 따르면, 지구환경의 불가역적인 손상을 방지하기 위한 행동은 환경문제의 원인과 결과에 대한 과학적 확실성와 상관없이 실행되어야 한다(예를 들어, 지구온난화가 장기적으로 지구환경에 어떠한 영향을 미칠지 명확한 근거가 도출되지 않았더라도, 잠재적인 위험 요소가 있다면 탄소 배출은 즉각적으로 감축되어야 한다).

지속가능발전론에 대한 비판

지속가능한 발전은 여러 학문 분야에서 받아들여졌지만, 그 개념에 관해서는 많은 비판들이 제기되어 왔다. 레드클리프트(Redclift, 1993; 2005)는 지속가능한 발전은 모순적이며, 애매모호하고 본질적으로 신고전파 경제성장 패러다임을 기저에 둔 또 다른 형태의 경제 근대화에 불과하다고 비판했다. 특히 이 개념은 지속가능성의 정의를 누가 내리느냐, 그들은 어디에 살고 있는가, 그리고 다음 세대의 요구와 권리에 대한 가정에 달려 있기 때문에 인간의 기본적인 요구와 권리는 무엇에 의해 구성되는가 하는 점이 문제가 되고 있다. 이와 관련하여 이 개념의 의미와 정신은 사회적 형평성이나 환경보호보다 경제적 목적을 우선시하는 국제기구(예를 들어, 세계은행)에 의해 훼손되었다는 주장도 제기되었다(Sneddon et al., 2006). 이보다 강력한 비판으로는, 지속가능한 발전이 자본주의의 파괴적, 착취적인 속성을 강화하는 담론적 수단으로 이용되고 있다는 주장도 있다(Goldman, 2004).

인간과 환경의 관계에 대한 다수의 대안적 관점들(예를 들어, 심층생태학, 생태사회주의, 에코페미니즘 등)(논의를 위해 Adams, 2009 참조)이 있으나, 지리학자들은 대체로 정치생태학(예를 들어, Robbins, 2004)을 통해 지속가능성 개념과 조우하였다. 정치생태학자들에게 있어서, 지속가능한 발전의 함의나 가능성은 그 개념이나 정책이 그 유래가 되는 정치경제적인 제도(예를 들어, 정부, 계급관계나 개발기구 등)와 관련되어 있을 때만 완전히 이해될 수 있다. 이러한 견해에 따르면, 지속가능한 발전의 개념은 과학적 이론이 아니라, 특정 지역 출신으로, 그들의 사회경제적 권력을 유지·강화하는 것에 기득권을 가지는 엘리트 집단에 의해 만들어진 정치 프로젝트에 지나지 않는다 (Bryant, 1998). 정치생태학자들은 이러한 관점을 적용하여 지속가능한 발전 전략의 모순과 부정적 결과를 강조해 왔다(예를 들어, McGregor, 2004).

경제지리학과 지속가능한 발전

지속가능한 발전에 대한 관심은 환경경제지리학이라는 경제지리학의 하위 분야의 출현에 기여했다. 환경경제지리학 분야의 연구자들은 경제활동의 공간적·지리적 특징이 환경의 질에 어떠한 영향을 미치고, 보다 지속가능한 지역사회와 산업 및 지역을 만드는 데 어떠한 역할을 하는지에 대해 관심을 가지고 있다. 대부분의 환경경제지리학 연구는 다음 세 가지 주제 중 하나에 초점을 둔다. 즉, 산업의 지속가능성, 도시 및 농촌 생활의 지속가능성, 세계 기후변화, 경제의 세계화와 사회경제적 취약성 간의 연계관계이다.[2]

산업시스템의 발전에 관한 연구는 어떻게 국가 또는 지역의 특수적인 요인과 제도가 지속가능성의 궤적을 형성하는가에 초점을 둔다. 아시아의 산업 전환에 대한 연구는 특히 중요하며, 지속가능한 발전을 위한 효과적인 거버넌스, 정책수립 그리고 환경모니터링의 중요성을 분석하였다(Angel and Rock, 2003; Rock and Angel, 2006). 지속가능성의 전환은 기업이 환경적 성과 관점에서 세계적으로 최상의 사례(global best practices)를 채택하는 데 필요한

핵심개념으로 배우는 경제지리학

능력을 개발할 때 그리고 지역의 규제기구가 자율성을 가지고 산업 오염 수준을 긴밀하게 모니터링할 수 있을 때, 가장 잘 실현된다. 이와 관련된 연구 분야로는 산업생태학과 생태적 근대화론의 아이디어를 활용하여 산업클러스터 이론에 적용한 것이 있다(Frosch, 1995; Huber, 2000). 생태산업클러스터(예를 들어, 독일의 BASF사의 화학콤비나트)는 ─기업의 폐기물을 다른 기업의 투입요소로 이용하는 기업들의 집적지─산업 성장에 따른 환경적 영향을 줄일 수 있다(Gibbs, 2003; McManus and Gibbs, 2008)(3.2 산업클러스터 참조).

또한 기업 및 지역 스케일을 넘어서, 산업의 지속가능성은 국제무역의 이동이 어떻게 일어나는지 또 소비된 이후의 폐기물이 어떻게 관리되는지에 따라 좌우된다. 예를 들어, 폐전자제품(컴퓨터, 휴대전화, 오디오 기기 등)에서 생겨나는 전자폐기물(e 폐기물)은 1970년대 이후 기하급수적으로 증가하고 있으며, 글로벌 전자폐기물 재생산업이 출현하였다. 하지만 이 전자폐기물 재생산업은 특히 개발도상국의 보건과 환경에 부정적 영향을 미쳤다(Pellow, 2007). 이와 같은 경향에 대항하기 위해 사업 지도자, 정책 입안자 그리고 환경활동가는 전자폐기물의 관리나 교역에 대한 세계적 표준과 규제를 개발하고 있다(예를 들어, Basel Action Network의 웹페이지 www.ban.org 참조).

경제지리학자들도 지속가능한 도시 및 농촌 지역사회의 전망에 대한 연구를 해 왔다. 도시는 도시 내에서의 소비·생산·유통 활동을 통해 대량의 폐기물과 오염물질을 배출하며, 이 때문에 단위면적당 자원(즉, 에너지, 식료품, 임산품, 건조 환경)의 수요인 생태적 발자국을 남기게 된다(Wackernagel and Rees, 1996). 연구자들은 지속가능성의 아이디어가 어떻게 지역계획 전략과 도시의 브라운필드(공장 유휴지) 재생정책에 활용될 수 있는지에 대해 고찰하였다(McCarthy, 2002; Counsell and Haughton, 2006). 또한 이러한 정책들이 사회적 및 환경적 정의에 어떠한 의미를 가지는지에 대해서도 검토하였다(Agyeman and Evans, 2004; Pacione, 2007). 또한 주택 연구 분야에서는, 새로운 주거지 개발이 지속불가능한 '소비경관'을 어떻게 만드는지(예를 들어, Leichenko and Solecki, 2005), 또 개별 가구의 소비와 쓰레기 관리 습관의 변화가 도시 및 교외지역의 지속가능성에 어떠한 영향을 미치는지(예를 들어, Barr and Gilg, 2006)에 대한 이슈가 주요한 연구 주제이다. 농촌 지역사회에 관해서 지리학자들은 공업국가에서 농업 기반 지역 및 대안적 푸드네트워크의 전망과 개발도상국의 농촌생활의 지속가능성이 경제자유화정책에 의해 어떻게 도전을 받아 왔는가에 대해 고찰하였다(예를 들어, Bebbington and Perreault, 1999).

마지막으로, 경제지리학자는 기후변화와 관련하여 지역 사회 및 경제가 지구온난화에 어떻게 적용할 것인지 그리고 온실가스는 어떻게 하면 보다 효과적으로 규제될 수 있는지에 대해서 연구를 하게 되었다. 기후변화는 글로벌한 현상임에도 불구하고, 그 영향은 지역에 따라 현저하게 다르게 나타나기 때문에, 지역 특성에 맞는 사회경제적 대응 전략이 요구된다(Yohe and Schlesinger, 2002). 가난한 지역사회와 지역은 특히 취약한데, 레이첸코와 오브라이언(Leichenko and O'Brien, 2008)이 '이중피폭'이라고 명명한 상황, 즉 사람들의 생활 안전이 경제 글로벌화에 따른 도전과 지구온난화에 의한 환경적 영향에 의해 동시에 위협받는 상황을 경험하기 때문에 피해를 받게 될 것이다. 온실가스 규제와 기후변화에 대한 적응을 위해서 들어가는 비용과 그 책임은 특정 지역이나 국가가 아니라 모든 지역과 국가가 분담해야 한다는 점에서, 지역적 스케일뿐 아니라 지구적 스케일에서의 집단적 행동은 매우 중요하다(Adger, 2003; O'Brien and Leichenko, 2006; Bumpus and Liverman, 2008).

핵심개념으로 배우는 경제지리학

요점

- 지속가능한 발전의 개념은 생태적·사회적·경제적 관심사를 물질적·사회적·환경적 복지의 세대 간 형평을 확보하려는 환경적 단일 발전 모델로 통합하는 것이다.
- 약한 지속가능한 발전을 지지하는 측은 성장지향적인 경제시스템이 지속가능성과 양립할 수 있다고 주장하는 반면, 강한 지속가능한 발전을 지지하는 측은 경제시스템을 안정 상태의 경제시스템으로 급진적으로 전환해야 한다고 주장한다.
- 지속가능한 발전에 대해서는 다양한 비판이 제기되고 있다. 특히 정치생태학에서는 이 개념이 가진 개념적 모호성, 이 개념을 지지하는 권력 구조, 지속가능성 정책의 부정적 결과 등에 대해 비판한다.
- 환경경제지리학은 산업의 지속가능성, 도시생활과 농촌생활의 지속가능성 그리고 세계 기후변화 및 경제의 글로벌화와 사회경제적 취약성 간의 연계관계에 대해 연구한다.

더 읽을 거리

- 소에즈와 슐츠(Soyez and Schultz, 2008)는 학술지 『Geoforum』의 특집호(5개의 개별 논문이 수록)를 통해 환경경제지리학의 하위 분야에 대해 소개하였다. 크루거와 기브스(Krueger and Gibbs, 2007)는 미국과 유럽의 도시계획 주제와 관련해서 지속가능한 발전 개념에 대해 비판적으로 평가하였다. 번스(Bunce, 2008)의 베이도스 관광 기반 경제의 지속가능성을 분석한 사례연구와 작은 도서 국가가 직면하고 있는 도전에 대한 연구를 참고하라.

주석

1. 토머스 맬서스(Thomas Malthus, 1766-1834)는 그의 저서 『인구론』을 통해 인구성장은 '적극적인' 요인(예를 들어, 식량 부족에 따른 사망률 증가)이 없는 한 지구의 인구 한계수용력을 초과할 것이며, '예방' 정책(예를 들어, 산아제한)을 통해 지속가능한 인구 수준을 유지할 것이라고 주장하였다.

2. 이와 관련된 연구들은 글로벌 가치사슬이 새로운 규제나 인증시스템을 통해서 어떻게 보다 '녹색친화성'을 높일 수 있는지를 고찰하고(예를 들어, Ponte, 2008, 4.4 글로벌 가치사슬 참조), 글로벌경제에 원자재를 공급하는 천연자원 주변지역(즉, 천연자원이 풍부한 농촌지역)의 지속가능성을 평가하였다(예를 들어, Hayter et al., 2003, 4.1 중심-주변 참조).

도입

Aglietta, M. (1979) *A Theory of Capitalist Regulation: The US Experience.* An English translation of *Régulation et Crises du Capitalisme.* London: New Left Books(originally published in 1976).

Alonso, W. (1964) *Location and Land Use.* Cambridge, MA: Harvard University Press.

Atwood, W. W. (1925) 'Economic geography.' *Economic Geography* 1: 1 (March).

Barnes, T. J (2000) 'Inventing Anglo-American Economic Geography, 1889-1960.' Chapter in E. Sheppard and T. Barnes (eds), *A Companion to Economic Geography.* New York: Blackwell, pp.11-26.

Barnes, T., Sheppard, E., Tickell, A. and J. Peck (eds) (2007) *Politics and Practice in Economic Geography.* London: Sage Publications.

Berry, B.J.L. & Garrison, W.L. (1958) 'The functional bases of the central place hierarchy', *Economic Geography* 34(2): 145-54.

Bluestone, B. and Harrison, B. (1982) *The Deindustrialization of America: Plant Closings, Community Abandonment, and the Dismantling of Basic Industry.* New York: Basic Books.

Castells, M. (1984) *City and the Grassroots: A Cross-cultural Theory of Urban Social Movements.* Berkeley and Los Angeles, CA: University of California Press.

Castells, M. (ed) (1985) *High Technology, Economic Restructuring, and the Urban-Regional Process in the United States.* Thousand Oaks, CA: Sage Publications.

Chandler, A. D., Jr. (1977) *The Visible Hand: The Managerial Revolution in American Business.* Harvard University Press.

Chojnicki, Z. (1970) 'Prediction in economic geography', *Economic Geography*, 46S

핵심개념으로 배우는 경제지리학

(Proceedings, International Geographic Union, Commission on Quantitative Methods): 213-22.

Clark, G.L. (1986) 'Restructuring the U.S. Economy: The NLRB, the Saturn Project and economic justice', *Economic Geography* 62(4): 289-306.

Combes, P.-P., Mayer, T. and Thisse, J.-F. (2008) *Economic Geography: The Integration of Regions and Nations.* Princeton, NJ: Princeton University Press.

Dear, M. (1988) 'The postmodern challenge: Reconstructing human geography', *Transactions, Institute of British Geographers* 13(3): 262-74.

Fisher, C.A. (1948) 'Economic geography for a changing world', *Transactions of the Institute of British Geographers* 14: 71-85.

Frank, A.G. (1966) 'The development of underdevelopment', *Monthly Review* 18: 17-31.

Gereffi, G. (1994) 'The organization of buyer-driven global commodity chains: How U.S. retailers shape overseas production networks', in G. Gereffi and M. Koreniewicz (eds) *Commodity Chains and Global Capitalism.* Westport, CT: Praeger. pp.95-122.

Giddens, A. (1984) *The Constitution of Society.* Cambridge: Polity Press.

Granovetter, M.S. (1985) 'Economic action and social structure: The problem of embeddedness', *American Journal of Sociology* 91(3): 481-510.

Hartshorne, R. (1939) *The Nature of Geography: A Critical Survey of Current Thought in the Light of the Past.* Philadelphia: Association of American Geographers.

Harvey, D. (1968) 'Some methodological problems in the use of the Neyman Type A and the negative binomial probability distributions for the analysis of spatial point patterns', *Transactions of the Institute of British Geographers* 44: 85-95.

Harvey, D. (1969) *Explanation in Geography.* London: Edward Arnold. pp.113-129.

Harvey, D. (1974) 'What kind of geography for what kind of public policy?' *Transactions of the Institute of British Geographers* 63: 18-24.

Harvey, D. (1989) *The Condition of Postmodernity: An Enquiry into the Origins of Cultural Change.* Oxford: Basil Blackwell.

Hoover, E.M. (1948) *The Location of Economic Activity.* New York: McGraw-Hill. pp.1-185.

Huntington, E. (1940) *Principles of Economic Geography.* New York: Wiley & Sons.

Isard, W. (1949) 'The general theory of location and space-economy', *The Quarterly*

Journal of Economics 63(4): 476-506.

Isard, W. (1953) 'Regional commodity balances and interregional commodity flows', *The American Economic Review* 43(2): 167-180.

Keasbey, L.M. (1901a) 'The study of economic geography', *Political Science Quarterly* 16(1): 79-95.

Keasbey, L.M. (1901b) 'The principles of economic geography', *Political Science Quarterly* 16(3): 472-481.

Krugman, P. (1991) 'Increasing returns and economic geography', *Journal of Political Economy* 99(3): 483-499.

Malecki, E. J. (1985) 'Industrial location and corporate organization in high technology industries', *Economic Geography* 61(4): 345-369.

Nelson, R.R. and Winter, S.G. (1974) 'Neoclassical vs. evolutionary theories of economic growth: Critique and prospectus', *The Economic Journal* (December): 886-905.

Piore, M.J. and Sabel, C.F. (1984) *The Second Industrial Divide: Possibilities for Prosperity*. New York: Basic Books.

Schoenberger, E. (1985) 'Foreign manufacturing investment in the United States: Competitive strategies and international location', *Economic Geography* 61(3): 241-259.

Scott, A.J. (1969) 'A model of spatial decision-making and locational equilibrium', *Transactions of the Institute of British Geographers* 47: 99-110.

Scott, A. J. and M. Storper (eds) (1986) *Production, Work, Territory: The Geographical Anatomy of Industrial Capitalism*. Boston: Allen & Unwin.

Smith, J.R. (1907) 'Economic geography and its relation to economic theory and higher education', *Bulletin of the American Geographical Society* 39(8): 472-481.

Smith, J.R. (1913) *Industrial and Commercial Geography*. Henry Holt & Company: New York.

Soja, E. (1989) *Postmodern Geographies: The Reassertion of Space in Critical Social Theory*. London: Verso.

Wallerstein, I. (1974) *The Modern World-System: Capitalist Agriculture and the Origins of the European World-Economy in the Sixteenth Century*. New York: Academic Press.

Williamson, O. (1981) 'The modern corporation: Origins, evolution, attributes', *Journal of Economic Literature* 19 (December): 1537-1568.

■ 제1장 경제지리학의 핵심 주체

1.1 노동력

Boschma, R., Eriksson, R. and Lindgren, U. (2009) 'How does labour mobility affect the performance of plants? The importance of relatedness and geographical proximity', *Journal of Economic Geography* 9(2): 169-190.

Cho, S.K. (1985) 'The labour process and capital mobility: the limits of the new international division of labour', *Politics and Society* 14: 185-222.

Christopherson, S. (1983) 'The household and class formation: determinants of residential location in Ciudad Juarez', *Environment and Planning D: Society and Space* 1: 323-338.

Christopherson, S., and Lillie, N. (2005) 'Neither global nor standard: corporate strategies in the new era of labor standards', *Environment and Planning A* 37: 1919-1938.

Dicken, P. (1971) 'Some aspects of decision-making behavior of business organizations', *Economic Geography* 47: 426-437.

Florida, R. (2002). *The Rise of the Creative Class: And How It's Transforming Work, Leisure, Community and Everyday Life.* New York: Basic Books.

Glassman, J. (2004) 'Transnational hegemony and US labor foreign policy: towards a Gramscian international labour geography', *Environment and Planning D: Society and Space* 22: 573-593.

Hamilton, T. (2009) 'Power in numbers: a call for analytical generosity toward new political strategies', *Environment and Planning A* 41: 284-301.

Harvey, D. (1982) *The Limits to Capital.* London: Verso.

Herod, A. (1997) 'From a geography of labor to a labor geography: labor's spatial fix and the geography of capitalism', *Antipode* 29(1): 1-31.

Herod, A. (2002) *Labour Geographies: Workers and the Landscapes of Capitalism.* NewYork: Guilford.

Holmes, J. (2004) 'Re-scaling collective bargaining: union responses to restructuring in the North American auto industry', *Geoforum* 35(1): 9-21.

Hughes, A., Wrigley, N. and Buttle, M. (2008) 'Global production networks, ethical campaigning, and the embeddedness of responsible governance', *Journal of Economic Geography* 8(3): 345-367.

Kuemmerle, W. (1999) 'Foreign direct investment in industrial research in the pharmaceutical and electronics industries - results from a survey of multinational firms', *Research Policy* 28(2-3): 179-193.

Malecki, E.J. and Moriset, B. (2008) *The Digital Economy: Business Organization, Production Processes, and Regional Developments*. Abingdon, UK and New York: Routledge.

Marx, K. (1867) *Das Capital: Kritik der politischen Oekonomie. Buch 1: Der Produktionsprocess des Kapitals*. Hamburg: Verlag von Otto Meissner.

Massey, D. (1984) *Spatial Divisions of Labour: Social Structures and the Geography of Production*. New York: Methuen.

McDowell, L. (1991) 'Life without father and Ford', *Transactions of the Institute of British Geographers* 16: 400-419.

Nakano-Glenn, E. (1985) 'Racial ethnic women's labour: the intersection of race, gender, and class oppression', *Review of Radical Political Economy* 17: 86-106.

Peck, J. (1996) *Work-Place: The Social Regulation of Labour Markets*. NewYork: Guilford Press.

Peck, J. (2001) *Workfare States*. NewYork: Guilford Press.

Peck, J. and Theodore, N. (2001) 'Contingent Chicago: restructuring the spaces of temporary labour', *International Journal of Urban and Regional Research* 25(3): 471-496.

Peet, J.R. (1975) 'Inequality and poverty: a Marxist-geographic theory', *Annals of the Association of American Geographers* 65(4): 564-571.

Ricardo, D. (1817) *Principles of Political Economy and Taxation*. London: John Murray.

Riisgaard, L. (2009) 'Global value chains, labour organization and private social standards: lessons from East African cut flower industries', *World Development* 37(2): 326-340.

Rutherford, T.D. and Gertler, M.S. (2002) 'Labour in "lean" times: geography, scale

핵심개념으로 배우는 경제지리학

and the national trajectories of workplace change', *Transactions of the Institute of British Geographers* 27(2): 195-212.

Savage, L. (2006) 'Justice for janitors: scales of organizing and representing workers', *Antipode* 38(3): 648-667.

Savage, L. and Wills, J. (2004) 'New geographies of trade unionism', *Geoforum* 35(1): 5-7.

Saxenian, A. (2006) *The New Argonauts: Regional Advantage in a Global Economy.* Cambridge, MA: Harvard University Press.

Smith, A. (1776). *An Inquiry into the Nature and Causes of the Wealth of Nations.* London: W. Strahan and T. Cadell.

Storper, M. and Walker, R. (1983) 'The theory of labour and the theory of location', *International Journal of Urban and Regional Research* 7: 1-43.

Vind, I. (2008) 'Transnational companies as a source of skill upgrading: the electronics industry in Ho Chi Minh City', *Geoforum* 39(3): 1480-1493.

Walsh, J. (2000) 'Organizing the scale of labour regulation in the United States: service sector activism in the city', *Environment and Planning A* 32: 1593-1610.

Walker, R. and Storper, M. (1981) 'Capital and industrial location', *Progress in Human Geography* 7(1): 1-41.

Weber, A. (1929) *Theory of the Location of Industries.* An English translation of *Über den Standort der Industrien* by C.J. Friedrich. Chicago: University of Chicago Press (originally published in 1909).

Wills, J. (1998) 'Taking on the CosmoCorps? Experiments in transnational labour organization', *Economic Geography* 74(2) (April): 111-130.

1.2 기업

Angel, D.P. and Savage, L.A. (1996) 'Global localization? Japanese research and development laboratories in the USA', *Environment and Planning A* 28(5): 819-833.

Aoyama, Y. (2000) 'Keiretsu, networks and locations of Japanese electronics industry in Asia', *Environment and Planning A* 2 (February): 223-244.

Barney, J. (1991) 'Firm resources and sustained competitive advantage', *Journal of Management* 17(1): 99-120.

Barney, J., M. Wright, and Ketchen, J. (2001) 'The resource-based view of the firm: ten years after 1991', *Journal of Management* 27(6): 625-641.

Beugelsdijk, S. (2007) 'The regional environment and a firm's innovative performance: a plea for a multilevel interactionist approach', *Economic Geography* 83(2): 181-199.

Chandler, A.D., Jr. (1962) *Strategy and Structure: Chapters in the History of the American Industrial Enterprise.* Cambridge, MA: MIT Press.

Chandler, A.D., Jr. (1977) *The Visible Hand: The Managerial Revolution in American Business.* Harvard University Press.

Coase, R.H. (1937) 'The nature of the firm', *Economica* 4(16): 386-405.

Denzau, A.T. and North, D.C. (1994) 'Shared mental models: ideologies and institutions', *Kyklos* 47(1): 3-31.

Dicken, P. (1971) 'Some aspects of decision-making behaviour in business organizations', *Economic Geography* 47: 426-437.

Dicken, P. (1976) 'The multiplant business enterprise and geographical space', *Regional Studies* 10: 401-412.

Dicken, P. and Lloyd, P. (1980) 'Patterns and processes of change in the spatial distribution of foreign-controlled manufacturing employment in the United Kingdom, 1963-1975', *Environment and Planning A* 12: 1405-1426.

Dicken, P. and Malmberg, A. (2001) 'Firms in territories: a relational perspective', *Economic Geography* 77(4): 345-363.

Donaghu, M.T and Barff, R. (1990) 'Nike just did it: international subcontracting and flexibility in athletic footwear production', *Regional Studies* 24(6): 537-552.

Dunning, J.H. (1977) 'Trade, location of economic activity and the multinational enterprise: A search for an eclectic approach', in B. Ohlin, P.O. Hesselborn and P.M. Wijkman (eds), *The International Allocation of Economic Activity.* London: Macmillan, pp.395-418.

Encarnation, D.J. and Mason, M. (eds) (1994) *Does Ownership Matter?: Japanese Multinationals in Europe.* Oxford: Oxford University Press.

Fields, G. (2006) 'Innovation, time and territory: space and the business organization of Dell computer', *Economic Geography* 86(2): 119-146.

Florida, R. and Kenney, M. (1994) 'The globalization of Japanese R&D: the economic geography of Japanese R&D investment in the United States', *Economic Geogra-*

핵심개념으로 배우는 경제지리학

phy 70(4): 344-369.

Grabher, G. (2002) 'The project ecology of advertising: tasks, talents and teams', *Regional Studies* 36(3): 245-262.

Harrison, B. (1992) 'Industrial districts: old wine in new bottles', *Regional Studies* 26(5): 469-483.

Holloway, S.R. and Wheeler, J.O. (1991) 'Corporate headquarters relocation and changes in metropolitan corporate dominance, 1980-1987', *Economic Geography* 67(1): 54-74.

Hughes, A., Buttle, M. and Wrigley, N. (2007) 'Organisational geographies of corporate responsibility: a UK-US comparison of retailers' ethical trading initiatives', *Journal of Economic Geography* 7(4): 491-513.

Lee, Y.-S. (2003) 'Lean production systems, labour unions, and greenfield locations of Korean new assembly plants and their suppliers', *Economic Geography* 79(3): 321-339.

Markusen, A.R. (1985) *Profit Cycles, Oligopoly and Regional Development.* Cambridge, MA: MIT Press.

Maskell, P. (1999) 'The firm in economic geography', *Economic Geography* 77(4) (October): 329-344.

Maskell, P. and Malmberg, A. (2001) 'The competitiveness of firms and regions: "ubiquitification" and the importance of localized learning', *European Urban and Regional Studies* 6(1): 9-25.

Monk, A. (2008) 'The knot of contracts: the corporate geography of legacy costs', *Economic Geography* 84(2): 211-235.

Penrose, E.T. (1959) *The Theory of the Growth of the Firm.* Oxford: Oxford University Press.

Piore, M.J. and Sabel, C.F. (1984) *The Second Industrial Divide: Possibilities for Prosperity.* New York: Basic Books.

Phelps, N.A. (2000) 'The locally embedded multinational and institutional capture', *Area* 32(2): 169-178.

Prahalad, C.K. (1993) 'The role of core competencies in the corporation', *Research Technology Management* 36(6) (November/December): 40-47.

Reich, R.B. (1990) 'Who Is Us?' *Harvard Business Review* (January-February): 53-64.

Riordan, M.H. and Williamson, O.E. (1985) 'Asset specificity and economic organization', *International Journal of Industrial Organization* 3: 365-378.

Sabel, CF (1993) 'Studied trust: building new forms of cooperation in a volatile economy', *Human Relations* 46(9): 1133-1170.

Sako, M. (1992) *Prices, Quality and Trust: Inter-firm Relations in Britain and Japan.* Cambridge: Cambridge University Press.

Schoenberger, E. (1997) *The Cultural Crisis of the Firm.* Cambridge, MA: Blackwell Publishers.

Scott, A.J. (1988) *New Industrial Spaces: Flexible Production Organization and Regional Development in North America and Western Europe.* London: Pion.

Simon, H.A. (1947) *Administrative Behaviour.* New York: Macmillan.

Törnqvist, G. (1968) 'Flows of Information and the Location of Economic Activities', *Geografiska Annaler. Series B, Human Geography* 50(1): 99-107.

Tyson, L.D. (1991) 'They are not us: why American ownership still matters', *American Prospect* 4(Winter): 37-49.

Watts, H. (1980) *The Large Industrial Enterprise.* London: Croom Helm.

Williamson, O.E. (1981) 'The modern corporation: origins, evolution, attributes', *Journal of Economic Literature* XIX(December): 1537-1569.

Williamson, O.E. (1993) 'Calculativeness, trust, and economic organization', *Journal of Law and Economics* 36(1): 453-486.

Yeung, H.W.-c. (1997) 'Business networks and transnational corporations: a study of Hong Kong firms in the ASEAN region', *Economic Geography* 73(1): 1-25.

Yeung, H.W.-c. (1999) 'The internationalization of ethnic Chinese business firms from Southeast Asia: strategies, processes and competitive advantage', *International Journal of Urban and Regional Research* 23(1): 103-127.

Yeung, H.W.-c. (2000) 'Organising "the firm" in industrial geography I: networks, institutions and regional development', *Progress in Human Geography* 24(2): 301-315.

1.3 국가

Albert, M. (1993) *Capitalism Against Capitalism.* London: Whurr.

Amsden, A.H. (1989) *Asia's Next Giant: South Korea and Late Industrialization.* New

York: Oxford University Press.

Arndt, H.W. (1988) '"Market failure" and underdevelopment', *World Development* 16(2): 219-229.

Arrighi, G. (2002) 'The African crisis: World systemic and regional aspects', *New Left Review* 15: 5-36.

Berger, S. and Dore, R. (eds) (1996) *National Diversity and Global Capitalism.* Ithaca, NY: Cornell University Press.

Brenner, N. (2004) *New State Spaces: Urban Governance and the Rescaling of Statehood.* Oxford: Oxford University Press.

Brohman, J. (1996) *Popular Development: Rethinking the Theory and Practice of Development.* Oxford: Blackwell.

Clark, G.L. and Dear, M.J. (1984) *State Apparatus: Structures of Language and Legitimacy.* Boston: Allen and Unwin.

Cox, K. (2002) *Political Geography: Territory, State, and Society.* Oxford: Blackwell.

Das, R.J. (1998) 'The social and spatial character of the Indian State', *Political Geography* 17(7): 787-808.

Dicken, P. (2007) *Global Shift: Mapping the Changing Contours of the World Economy.* 5th edn. New York: Guilford Press.

Evans, P.B. (1995) *Embedded Autonomy: States and Industrial Transformation.* Princeton, NJ: Princeton University Press.

Gilbert, A. (2007) 'Inequality and why it matters', *Geography Compass* 1(3): 422-447.

Glassman, J. (1999) 'State power beyond the "territorial trap": the internationalization of the state', *Political Geography* 18(6): 669-696.

Glassman, J. and Samatar. A.I. (1997) 'Development geography and the Third World state', *Progress in Human Geography* 21(2): 164-198.

Hall, P.A. and D. Soskice (eds) (2001) *Varieties of Capitalism: The Institutional Foundations of Comparative Advantage.* Oxford: Oxford University Press.

Harvey, D. (2005) *A Brief History of Neoliberalism.* New York: Oxford University Press.

Haughwout, A.F. (1999) 'State infrastructure and the geography of employment', *Growth and Change* 30(4): 549-566.

Hindery, D. (2004) 'Social and environmental impacts of World Bank/IMF-funded economic restructuring in Bolivia: an analysis of Enron and Shell's hydrocarbons projects', *Singapore Journal of Tropical Geography* 25(3): 281-303.

Hollander, G. (2005) 'Securing sugar: national security discourse and the establishment of Florida's sugar-producing region', *Economic Geography* 81(4): 339-358.

Jessop, B. (1990) *State Theory: Putting Capitalist States in their Place*. University Park, PA: Pennsylvania State University Press.

Jessop, B. (1994) 'Post-Fordism and the state', in A. Amin (ed.) *Post-Fordism: A Reader*, Oxford: Blackwell. pp.251-279.

Johnson, C. (1982) *MITI and the Japanese Miracle: The Growth of Industrial Policy 1925-1975*. Palo Alto, CA: Stanford University Press.

Jones, M. (2001) 'The rise of the regional state in economic governance: "partnerships for prosperity" or new scales of state power?', *Environment and Planning A* 33(7): 1185-1211.

Lall, S. (1994) 'The East Asian miracle: does the bell toll for industrial strategy?', *World Development* 22(4): 645-654.

Lonsdale, R.E. (1965) 'The Soviet concept of the territorial-production complex', *Slavic Review* 24(3): 466-478.

Manger, M. (2008) 'International investment agreements and services markets: Locking in market failure?', *World Development* 36(11): 2456-2469.

O'Neill, P. (1997) 'Bringing the qualitative state into economic geography', in R. Lee and J. Wills (eds) *Geographies of Economies*. London: Arnold. pp.290-301.

Peck, J. (2001) *Workfare States*. New York: Guilford Press.

Peck, J. and Theodore, N. (2007) 'Variegated capitalism', *Progress in Human Geography* 31(6): 731-772.

UNCTAD (United Nations Conference on Trade and Development) (2005) *World Investment Report 2008: Transnational Corporations and the Internationalization of R&D*. Geneva: UNCTAD.

World Bank (1994) *The East Asian Miracle: Economic Growth and Public Policy*. Washington, DC: World Bank.

핵심개념으로 배우는 경제지리학

2.1혁신

Arrow, K. (1962) 'The economic implications of learning-by-doing', *Review of Economic Studies* 29(3): 155-173.

Arthur, B.W. (1989) 'Competing technologies, increasing returns and lock-in by historical events', *The Economic Journal* 99(394): 116-131.

Blake, M. and Hanson, S. (2005) 'Rethinking innovation: context and gender', *Environment and Planning A* 37: 681-701.

Boschma, R. and Frenken, K. (2009) 'Some notes on institutions in evolutionary economic geography', *Economic Geography* 85(2): 151-158.

Boschma, R.A. and Lambooy, J.G. (1999) 'Evolutionary economics and economic geography', *Journal of Evolutionary Economics* 9: 411-429.

Boschma, R.A. and Martin, R. (2007) 'Constructing an evolutionary economic geography', *Journal of Economic Geography* 7(5): 537-548.

Brown, L. (1981) *Innovation Diffusion: A New Perspective.* London: Methuen.

David, P.A. (1985) 'Clio and the Economics of QWERTY', *American Economic Review* 75(2): 332-337.

Domar, E. (1946) 'Capital expansion, rate of growth, and employment', *Econometrica* 14(April): 137-147.

Dosi, G. (1982) 'Technological paradigms and technological trajectories: a suggested interpretation of the determinants and directions of technical change', *Research Policy* 11(3): 147-162.

Dosi, G. (1997) 'Opportunities, incentives and the collective patterns of technical change', *Economic Journal* 107(444) (September): 1530-1547.

Essletzbichler, J.(2009) 'Evolutionary economic geography, institutions, and political economy', *Economic Geography* 85(2):159-165.

Essletzbichler, J. and Rigby, D.L. (2007) 'Exploring evolutionary economic geographies', *Journal of Economic Geography* 7(5): 549-571.

Feldman, M.P. and Massard, N. (eds) (2001) *Institutions and Systems in the Geography of Innovation.* Boston: Kluwer Academic Publishers.

Freeman, C. (1974) *The Economics of Industrial Innovation*. Harmondsworth: Penguin.

Freeman, C. (1988) *Technical Change and Economic Theory*. London: Pinter.

Freeman, C. (1991) 'Innovation, changes of techno-economic paradigm and biological analogies in economics', *Revue Economique* 42(2): 211-231.

Freeman, C. (1995) 'The "National System of Innovation" in historical perspective', *Cambridge Journal of Economics* 19: 5-24.

Gertler, M. (2003) 'Tacit knowledge and the economic geography of context, or the undefinable tacitness of being (there)', *Journal of Economic Geography* 3(1): 75-99.

Grabher, G. (2009) 'Yet another turn? The evolutionary project in economic geography', *Economic Geography* 85(2):119-127.

Grabher, G., Ibert, O. and Floher, S. (2008) 'The neglected king: the customer in the new knowledge ecology of innovation', *Economic Geography* 84(3): 253-280.

Hall, P. and Preston, P. (1988) 'The long-wave debate', Chapter 2 in *The Carrier Wave*. London: Unwin Hyman: 12-27.

Hägerstrand, T. (1967) *Innovation Diffusion as a Spatial Process*. Chicago: University of Chicago Press.

Harrod, R.F. (1948) *Toward a Dynamic Economcis: Some Recent Developments of Economic Theory and Their Applications to Policy*. London: Macmillan.

Hodgson, G.M. (2009) 'Agency, institutions, and Darwinism in evolutionary economic geography', *Economic Geography* 85(2):167-173.

Kondratieff, N. (1926) Die langen Wellen der konjuktur. *Archiv für Socialwissenschaft* 56: 573-609.

Kondratieff, N. (1935) 'The long waves in economic life', *The Review of Economic Statistics* 17: 105-115.

Kuznets, S.S. (1940) 'Schumpeter's business cycles', *American Economic Review* 30: 250-271.

Lundvall, B.-Å. (1988) 'Innovation as an interactive process: from user-producer interaction to the national system of innovation', in G. Dosi, C. Freeman, R. Nelson, G. Silverberg and L. Soete (eds) *Technical Change and Economic Theory*. London: Pinter. pp.349-369.

Lundvall, B-Å. and Johnson, B. (1994) 'The learning economy', *Industry and Innova-*

tion 1(2): 23-42.

MacKinnon, D., Cumbers, A., Pike, A., Birch, K. and R. McMaster (2009) 'Evolution in economic geography: institutions, political economy, and adaptation', *Economic Geography* 85(2): 129-150.

Martin, R. (2010) 'Rethinking regional path-dependence: beyond lock-in to evolution', *Economic Geography* 86(1): 1-27.

Martin, R. and Sunley, P. (2006) 'Path dependence and regional economic evolution', *Journal of Economic Geography* 6(4): 395-437.

Nelson, R.R. and Winter, S.G. (1974) 'Neoclassical vs. evolutionary theories of economic growth: critique and prospectus', *The Economic Journal* 84(336): 886-905.

Pike, A., Birch, K., Cumbers, A., MacKinnon, D. and McMaster, R. (2009) 'A geographical political economy of evolution in economic geography', *Economic Geography* 85(2): 175-182.

Polanyi, M. (1967) *The Tacit Dimension.* Chicago: University of Chicago Press.

Porter, M. (1990) *The Competitive Advantage of Nations.* New York: Free Press.

Rogers, E. M. (1962) *Diffusion of Innovations.* New York: The Free Press.

Rosenberg, N. (1982) *Inside the Black Box: Technology and Economics.* Cambridge: Cambridge University Press.

Schumpeter, J. (1928) 'The instability of capitalism', *The Economic Journal* 38(151): 361-386.

Schumpeter, J. (1939) *Business Cycles: A Theoretical, Historical and Statistical Analysis of the Capitalist Process,* 2 vols. New York: McGraw-Hill.

Schumpeter, J.A. (1942) *Capitalism, Socialism and Democracy.* New York: Harper.

Solow, R. (1957) 'Technical change and the aggregate production function', *Review of Economics and Statistics* 39: 312-320.

Storper, M. (1997) *The Regional World: Territorial Development in a Global Economy.* New York: Guilford.

Utterback, J. and Abernathy, W. (1975) 'A dynamic model of process and product innovation', *Omega* 3(6): 639-656.

von Hippel, E. (1976) 'The dominant role of users in the scientific instrument innovation process', *Research Policy* 5(3): 212-239.

von Hippel, E. (2005) *Democratizing Innovation*. Cambridge, MA: MIT Press.

2.2 기업가정신

Acs, Z. and Audretsch, A. (2003) 'Introduction', in Z. Acs and D. Audretsch (eds) *Handbook of Entrepreneurship Research*. Boston: Kluwer Academic Publishers. pp.3-20.

Acs, Z., Carlsson, B. and Karlsson, C. (eds) (1999) *Entrepreneurship, Small and Medium- Sized Enterprises and the Macroeconomy*. Cambridge: Cambridge University Press.

Aoyama, Y. (2009) 'Entrepreneurship and regional culture: the case of Hamamatsu and Kyoto, Japan', *Regional Studies* 43(3): 495-512.

Bengtsson, M. and Soderholm, A. (2002) 'Bridging distances: organizing boundarys-panning technology development projects', *Regional Studies* 36(3): 263-274.

Birch, D. (1981) 'Who creates jobs?', *The Public Interest* 65: 3-14.

Birley, S. (1985) 'The role of networks in the entrepreneurial process', *Journal of Business Venturing* 1: 107-117.

Blake, M. (2006) 'Gendered lending: gender, context and the rules of business lending', *Venture Capital* 8(2): 183-201.

Blake, M. and Hanson, S. (2005) 'Rethinking innovation: context and gender', *Environment and Planning A* 37: 781-701.

Bosma, N.S. and Schutjens, V. (2007) 'Outlook on Europe: patterns of promising entrepreneurial activity in European regions', *Tijdschrift voor economische en sociale geografie* 98(5): 675-686.

Bosma, N.S. and Schutjens, V. (2009) 'Mapping entrepreneurial activity and entrepreneurial attitudes in European regions', *International Journal of Entrepreneurship and Small Business* 9(2).

Bosma, N.S., Acs, Z.J., Autio, E., Coduras, A. and Le, J. (2008) *Global Entrepreneurship Monitor: 2008 Executive Report*. Babson College, Universidad del Desarrollo (Santiago, Chile) and London Business School (London).

Chinitz, B. (1961) *Economic Study of the Pittsburgh Region*. Pittsburgh Regional Plan Association, Pittsburgh, Pennsylvania.

de Soto, H. (1989) *The Other Path: The Invisible Revolution in the Third World*. New

핵심개념으로 배우는 경제지리학

York: HarperCollins.

Flora, J., Sharp, J., Flora, C. and Newlon, B. (1997) 'Entrepreneurial social infrastructure and locally initiated economic development in the nonmetropolitan United States', *Sociological Quarterly* 38(4): 623-645.

Gartner, W. and Shane, S. (1995) 'Measuring entrepreneurship over time', *Journal of Business Venturing* 10: 283-301.

Greenbaum, R. and Tita, G. (2004) 'The impact of violence surges on neighborhood business activity', *Urban Studies* 4(13): 2495-2514.

Hanson, S. and Blake, M. (2009) 'Gender and entrepreneurial networks', *Regional Studies* 43(1): 135-149.

Hess, M. (2004) '"Spatial" relationships? Towards a reconceptualization of embeddedness', *Progress in Human Geography* 28(2): 165-186

Jack, S. and Anderson, A. (2002) 'The effects of embeddedness on the entrepreneurial process', *Journal of Small Business Venturing* 17(5): 467-488.

Kalantaridis, C. and Zografia, B. (2006) 'Local embeddedness and rural entrepreneurship: case study evidence from Cumbria, England', *Environment and Planning A* 38: 1561-1579.

Keeble, D. and Walker, S. (1994) 'New firms, small firms, and dead firms: spatial patterns and determinants in the UK', *Regional Studies* 28(4): 411-427.

Kenney, M. and Patton, D. (2005) 'Entrepreneurial geographies: support networks in three high-technology industries', *Economic Geography* 8(2): 201-228.

Kilkenny, M., Nalbarte, L. and Besser, T. (1999) 'Reciprocated community support and small town-small business success', *Entrepreneurship and Regional Development* 11: 231-246.

Kirzner, I.M. (1973) *Competition and Entrepreneurship*. Chicago: University of Chicago Press.

Malecki, E. (1997) *Technology and Economic Development: The Dynamics of Local, Regional, and National Change*. New York: John Wiley.

Malecki, E.J. (1994) 'Entrepreneurship in regional and local development', *International Regional Science Review* 16(1 & 2): 119-153.

Malecki, E.J. (1997) 'Entrepreneurs, networks, and economic development: a review of recent research', in J.A. Katz and R.H. Brockhaus (eds) *Advances in Entrepre-*

neurship, Firm Emergence and Growth (Vol. 3). Greenwich, CT: JAI Press Inc. pp.57-118.

Mandel, J. (2004) 'Mobility matters: women's livelihood strategies in Porto Novo, Benin', *Gender, Place, and Culture* 1(2): 257-287.

Murphy, J.T. (2006) 'The socio-spatial dynamics of creativity and production in Tanzanian industry: urban furniture manufacturers in a liberalizing economy', *Environment and Planning A* 38(10): 1863-1882.

Nijkamp, P. (2003) 'Entrepreneurship in a modern network economy', *Regional Studies* 37: 395-405.

Pallares-Barbera, M., Tulla, A. and Vera, A. (2004) 'Spatial loyalty and territorial embeddedness in the multi-sector clustering of the Bergued, a region in Catalonia (Spain)', *Geoforum* 35: 635-649.

Reynolds, P. (1991) 'Sociology and entrepreneurship: concepts and contributions', *Entrepreneurship Theory and Practice* 15: 47-70.

Reynolds, P. and White, S.B. (1997) *The Entrepreneurial Process*. New London, CT: Quorum Books.

Sarasvathy, S., Dew, N., Ramakrishna, S. and Venkataraman, S. (2003) 'Three views of entrepreneurial opportunity', in Z. Acs and D. Audretsch (eds) *Handbook of Entrepreneurship Research: An Interdisciplinary Survey and Introduction*. Boston: Kluwer Academic Publishers. pp.141-160.

Saxenian, A. (1994) *Regional Advantage: Culture and Competition in Silicon Valley and Route 128*. Cambridge, MA: Harvard University Press.

Saxenian, A. (2006) *The New Argonauts: Regional Advantage in a Global Economy*. Cambridge, MA: Harvard University Press.

Schoonhoven, C.B. and Romanelli, E. (eds) (2001) *The Entrepreneurship Dynamic: Origins of Entrepreneurship and the Evolution of Industries*. Stanford, CA: Stanford Business Books.

Schumpeter, J.A. (1942) *Capitalism, Socialism, and Democracy*. New York: Harper & Brothers.

Schumpeter, J.P. (1936) *The Theory of Economic Development: An Inquiry into Profits, Capital, Credit, Interest, and the Business Cycle*. Trans. from the German by R. Opie. Cambridge, MA: Harvard University Press.

핵심개념으로 배우는 경제지리학

Schutjens, V. and Stam, E. (2003) 'The evolution and nature of young firm networks: a longitudinal perspective', *Small Business Economics* 21: 115-134.

Shane, S. and Eckhardt, J. (2003) 'The individual-opportunity nexus', in Z.J. Acs and D.B. Audretsch (eds) *Handbook of Entrepreneurship Research.* Norwell, MA: Kluwer Academic Publishers. pp.161-191.

Shaw, E. (1997) 'The "real" networks of small firms', In D. Deakns, P. Jennings and C. Mason (eds) *Small Firms: Entrepreneurship in the Nineties.* London: Paul Chapman Publishing Ltd. pp.7-17.

Sorenson, O. and Baum, J. (2003) 'Editors' introduction: geography and strategy - the strategic management of space and place', *Advances in Strategic Management* 20: 1-19.

Stam, E. (2007) 'Why butterflies don't leave: locational behavior of entrepreneurial firms', *Economic Geography* 83(1): 27-50.

Stevenson, H. (1999) 'A perspective on entrepreneurship', in W.A. Sahlman, H.H. Stevenson, and M.J. Roberts (eds) *The Entrepreneurial Venture.* Boston, MA: Harvard Business School Press.

Thornton, P.H. (1999) 'The sociology of entrepreneurship', *Annual Review of Sociology* 25: 19-46.

Thornton, P. and Flynn, K. (2003) 'Entrepreneurship, networks, and geographies', in Z. Acs and D. Audretsch (eds) *Handbook of Entrepreneurship Research: An Interdisciplinary Survey and Introduction.* Boston: Kluwer Academic Publishers. pp.401-433.

Turner, S. (2007) 'Small-scale enterprise livelihoods and social capital in Eastern Indonesia: ethnic embeddedness and exclusion', *The Professional Geographer* 59(4): 407-420.

United States Census Bureau (2009) 'Statistics about business size (including Small Business) from the U.S. Census Bureau': http://www.census.gov/epcd/www/smallbus. html (accessed on 17 September 2009).

Waldinger, R., Aldrich, H. and Ward, R. (1990) *Ethnic Entrepreneurs: Immigrant Businesses in Industrial Societies.* Newbury Park, CA: Sage Publications.

Wang, Q. (2009) 'Gender, ethnicity, and self-employment: a multilevel analysis across US metropolitan areas', *Environment and Planning A* 41: 1979-1996.

Wang, Q. and Li, W. (2007) 'Entrepreneurship, ethnicity and local contexts: Hispanic entrepreneurs in three US southern metro areas', *GeoJournal* 68: 167-182.

Yeung, H. (2009) 'Transnationalizing entrepreneurship: a critical agenda for economic geography', *Progress in Human Geography* 33: 1-26.

Zhou, Y. (1998) 'Beyond ethnic enclaves: location strategies of Chinese producer service firms in Los Angeles', *Economic Geography* 74(3): 228-251.

Zook, M.A. (2004) 'The knowledge brokers: venture capitalists, tacit knowledge and regional development', *International Journal of Urban and Regional Research* 28: 621-641.

2.3 접근성

Aoyama, Y., Ratick, S.J., and Schwarz, G. (2006) 'Organizational dynamics of the U.S. logistics industry from an economic geography perspective', *Professional Geographer* 58(3): 327-340.

Aoyama, Y. and Ratick, S.J. (2007) 'Trust, transactions, and inter-firm relations in the U.S. logistics industry', *Economic Geography* 83(2): 159-180.

Bathelt, H. (2006) 'Geographies of production: growth regimes in spatial perspective 3 - toward a relational view of economic action and policy', *Progress in Human Geography* 30(2): 223-236.

Black, J. and Conroy, M. (1977) 'Accessibility measures and the social evaluation of urban structure', *Environment and Planning A* 9: 1013-1031.

Blumen, O. and Kellerman, A. (1990) 'Gender differences in commuting distance, residence, and employment location: metropolitan Haifa, 1972-1983', *The Professional Geographer* 42: 54-71.

Cairncross, F. (2001) *The Death of Distance: How the Communications Revolution is Changing Our Lives*. Cambridge, MA: Harvard Business School Press.

Cass, N., Shove, E. and Urry, J. (2005) 'Social exclusion, mobility and access', *The Sociological Review* 53(3): 539-555.

Christaller, W. (1966) *Central Places in Southern Germany*. An English translation of *Die zentralen Orte in Süddeutschland* by C.W. Baskin. Englewood Cliffs, NJ: Prentice Hall (originally published in 1933).

Cook, G., Pandit, N., Beaverstock, J., Taylor, P. and Pain, K. (2007) 'The role of loca-

핵심개념으로 배우는 경제지리학

tion in knowledge creation and diffusion: evidence of centripetal and centrifugal forces in the City of London financial services agglomeration', *Environment and Planning A* 39: 1325-1345.

Crane, R. (2007) 'Is there a quiet revolution in women's travel? Revisiting the gender gap in commuting', *Journal of the American Planning Association* 73: 298-316.

Garrison, W.L. (ed.) (1959) *Studies in Highway Development and Geographic Change.* New York: Greenwood Press.

Goetz, A.R., Vowles, T.M. and Tierney, S. (2009) 'Bridging the qualitative-quantitative divide in transport geography', *The Professional Geographer* 61(3): 323-335.

Gilbert, M.R., Masucci, M., Homko, C. and Bove, A.A. (2008) 'Theorizing the digital divide: information and communication technology use frameworks among poor women using a telemedicine system', *Geoforum* 39(2): 912-925.

Hanson, S. and Johnston, I. (1985) 'Gender differences in worktrip length: explanations and implications', *Urban Geography* 6: 193-219.

Hanson, S. and Pratt, G. (1991) 'Job search and the occupational segregation of women', *Annals of the Association of American Geographers* 81: 229-253.

Hiebert, D. (1999) 'Local geographies of labor market segmentation: Montreal, Toronto, and Vancouver, 1991', *Economic Geography* 75: 339-369.

Janelle, D. (2004) 'Impact of information technologies', in S. Hanson and G. Giuliano (eds) *The Geography of Urban Transportation*, 3rd edn. New York: Guilford Press. pp.86-112.

Johnston-Anumonwo, I. (1997) 'Race, gender, and constrained work trips in Buffalo, NY, 1990', *The Professional Geographer* 49: 306-317.

Kain, J. (1968) 'Housing segregation, Negro employment, and metropolitan decentralization', *Quarterly Journal of Economics* 87: 175-197.

Kwan, M.-P. (1999) 'Gender and individual access to urban opportunities: a study using space-time measures', *The Professional Geographer* 51(2): 210-227.

Kwan, M.-P. and Weber, J. (2003) 'Individual accessibility revisited: implications for geographical analysis in the twenty-first century', *Geographical Analysis* 35(4): 1-13.

Leinbach, T.R., Bowen, J.T. (2004) 'Air cargo services and the electronics industry in Southeast Asia', *Journal of Economic Geography* 4: 299-321.

Madden, J. (1981) 'Why women work closer to home', *Urban Studies* 18: 181-194.

Malecki, E. and Moriset, B. (2008) *The Digital Economy. Business Organization, Production Processes and Regional Developments.* New York: Routledge.

Malecki, E. and Wei, H. (2009) 'A wired world: the evolving geography of submarine cables and the shift to Asia', *Annals of the Association of American Geographers*, 99: 360-382.

McLafferty, S. and Preston, V. (1991) 'Gender, race, and commuting among service sector workers', *The Professional Geographer* 43: 1-14.

Mokhtarian, P. and Meenakshisundaram, R. (1999) 'Beyond tele-substitution: disaggregate longitudinal structural equation modeling of communication impacts', *Transportation Research C* 7(1): 33-52.

Mokhtarian, P. (2003) 'Telecommunications and travel: the case for complementarity', *Journal of Industrial Ecology* 6: 43-57.

Murphy, J. T. (2006) 'Building trust in economic spaces', *Progress in Human Geography* 30(4): 427-450.

Parks, V. (2004a) 'Access to work: the effects of spatial and social accessibility on unemployment for native-born black and immigrant women in Los Angeles', *Economic Geography* 80(2): 141-172.

Parks, V. (2004b) 'The gendered connection between ethnic residential and labourmarket segregation in Los Angeles', *Urban Geography* 25(7): 589-630.

Schafer, A. and Victor, D. (2000) 'The future of mobility of the world population', *Transportation Research A* 34(3): 171-205.

Schwanen, T. and Kwan, M.-P. (2008) 'The internet, mobile phone, and space-time constraints', *Geoforum* 39: 1362-1377.

Song Lee, B. and McDonald, J. (2003) 'Determinants of commuting time and distance for Seoul residents: the impact of family status on the commuting of women', *Urban Studies* 40: 1283-1302.

Transportation Research Board (2009) *Effects of Land Development Patterns on Motorized Travel, Energy, and CO2 Emissions.* Washington, DC: Transportation Research Board.

Weber, A. (1929) *Theory of the Location of Industries.* An English translation of *Über den Standort der Industrien* by C.J. Friedrich. Chicago: University of Chicago Press

핵심개념으로 배우는 경제지리학

(originally published in 1909).

Warf, B. (2001) 'Segueways into cyberspace: multiple geographies of the digital divide', *Environment and Planning B: Planning and Design* 28: 3-19.

Women and Geography Study Group (1984) *Geography and Gender.* London: Heinemann.

Wright, R. and Ellis, M. (2000) 'The ethnic and gender division of labour compared among immigrants to Los Angeles', *International Journal of Urban and Regional Research* 24: 583-600.

■ 제3장 경제변화에 있어서 산업과 지역

3.1 산업입지

Alonso, W. (1964) *Location and Land Use.* Cambridge, MA: Harvard University Press.

Barnes, T.J. (2004) 'The rise (and decline) of American regional science: lessons for the new economic geography?' *Journal of Economic Geography* 4(2): 107-129.

Barnes, T.J. (2000) 'The Space-Economy' Entry for Johnston et al. (eds) *The Dictionary of Human Geography,* 4th edn. pp.773-774.

Brülhart, M. (1998) 'Economic geography, industry location and trade: The evidence', *The World Economy* 21(6): 775-801.

Dicken, P. (2007) *Global Shift: Mapping the Changing Contours of the World Economy.* 5th edn., London: Sage.

Frank, A.G. (1967) *Capitalism and Underdevelopment in Latin America.* New York: Monthly Review Press.

Holland, S. (1976). *Capital Versus the Regions.* New York: St. Martin's Press.

Hoover, E.M. (1967) 'Some programmed models of Industry Location', *Land Economics* 43: 303-311.

Isard, W. (1956) *Location and Space-Economy.* New York: Wiley.

Krugman, P.R. (1991) *Geography and Trade.* Cambridge, MA: MIT Press.

Kuhn, H.W. and Kuenne, R.E. (1962) 'An efficient algorithm for the numerical solution of the generalized Weber problem in space economics', *Journal of Regional Science* 4: 21-33.

Lösch, A. (1954 [1940]) *The Economics of Location*. An English translation of *Die räumliche Ordnung der Wirtschaft* by W.H. Woglom. New Haven, CT: Yale University Press (originally published in 1940).

Massey, D. (1979) 'In what sense a regional problem?', *Regional Studies* 13(2): 233-243.

Pred, A. (1967) 'Behavior and location: foundations for a geographic and dynamic location theory, Part 1', *Lund Studies in Geography*, Series B, 27.

Smith, D.M. (1981) *Industrial Location: An Economic Geographical Analysis*, 2nd edn. New York: John Wiley & Sons.

Storper, M. and Scott, A.J. (2009) 'Rethinking human capital, creativity and urban growth', *Journal of Economic Geography* 9: 147-167.

Storper, M. and Walker, R.A. (1989) *The Capitalist Imperative: Territory, Technology, and Industrial Growth*. Oxford: Basil Blackwell.

Taylor, M.J. and Thrift, N.J. (1982) The *Geography of Multinationals*. London: Croom Helm.

Wallerstein, I. (1979) *The Capitalist World-Economy*. Cambridge: Cambridge University Press.

Weber, A. (1929 [1909]) *Theory of the Location of Industries*. An English translation of *Über den Standort der Industrien* by C.J. Friedrich. Chicago: University of Chicago Press (originally published in 1909).

3.2 산업클러스터

Amin, A. and Cohendet, P. (2004) *Architecture of Knowledge: Firms, Capabilities and Communities*. Oxford: Oxford University Press.

Amin, A. and Thrift, N. (1992) 'Neo-Marshallian nodes in global networks', *International Journal of Urban and Regional Research* 16: 571-587.

Asheim, B.T. and Coenen, L. (2005) 'Knowledge bases and regional innovation systems: comparing Nordic clusters', *Research Policy* 34(8): 1173-1190.

Audretsch, D. and Feldman, M.P. (1996) 'R&D spillovers and the geography of innovation and production', *American Economic Review* 86(3): 630-640.

Aydalot, P. (ed.) (1986) *Milieux Innovateurs en Europe*. Paris: GREMI.

Bagnasco, A. (1977) *Tre Italie: La Problematica Territoriale Dello Sviluppo Italiano*. Bologna: Il Mulino.

Bathelt, H. (2005) 'Geographies of production: growth regimes in spatial perspective (II) - knowledge creation and growth in clusters', *Progress in Human Geography* 29(2): 204-216.

Bathelt, H., Malmberg, A. and Maskell, P. (2004) 'Clusters and knowledge: local buzz, global pipelines and the process of knowledge creation', *Progress in Human Geography* 28(1): 31-56.

Brown, J. and Duguid, P. (1991) 'Organizational learning and communities of practice: Toward a unified view of working, learning, and innovation', *Organization Science* 2: 40-57.

Brusco, S. (1982) 'The Emilian model: productive decentralisation and local integration', *Cambridge Journal of Economics* 6(2): 167-184.

Castells, M. and Hall, P. (1994) *Technopoles of the World: The Making of Twenty- First-Century Industrial Complexes.* London: Routledge.

Clark, G.L. (2002) 'London in the European financial services industry: locational advantage and product complementarities', *Journal of Economic Geography* 2(4): 433-453.

Cooke, P. and Morgan, K. (1994) 'The regional innovation system in Baden-Württemberg', *International Journal of Technology Management* 9: 394-429.

Feldman, M. P. (1994) 'Knowledge complementarity and innovation', *Small Business Economics* 6(5): 363-372.

Feldman, M.P. and Audretsch, D.B. (1999) 'Innovation in cities: science-based diversity, specialization and localized competition', *European Economic Review* 43: 409-429.

Florida, R. (2002) *The Rise of the Creative Class: And How It's Transforming Work, Leisure, Community and Everyday Life.* New York: Basic Books.

Friedman, T.L. (2005) *The World is Flat: A Brief History of the Twenty-first Century.* New York: Farrar, Straus and Giroux.

Glaeser, E.L., H.D. Kallal, J.A. Scheinkman and Shleifer, A. (1992) 'Growth of cities', *Journal of Political Economy* 100: 1126-1152.

Granovetter, M. (1985) 'Economic action and social structure: the problem of embeddedness', *American Journal of Sociology* 91(3): 480-510.

Harrison, B. (1992) 'Industrial districts: old wine in new bottles', *Regional Studies*

26(5): 469-483.

Harrison, B., Kelley, M.R. and Jon, G. (1996) 'Innovative firm behavior and local milieu: exploring the intersection of agglomeration, firm effects, and technological change', *Economic Geography* 72(3): 233-258.

Hoover, E.M. (1948) *The Location of Economic Activity*. New York: McGraw Hill.

Jacobs, J. (1969) *The Economy of Cities*. New York: Vintage.

Leamer, E. and Storper, M. (2001) 'The economic geography of the internet age', *Journal of International Business Studies* 32(4): 641-666.

Markusen, A. (1996) 'Sticky places in slippery space: a typology of industrial districts', *Economic Geography* 72(3): 293-313.

Marshall, A. (1920) *Principles of Economics*. First published in 1890. London: Macmillan.

Martin, R. and Sunley, P. (2003) 'Deconstructing clusters: chaotic concept or policy panacea?', *Journal of Economic Geography* 3(1): 5-35.

Piore, M.J. and Sabel, C.F. (1984) *The Second Industrial Divide: Possibilities for Prosperity*. New York: Basic Books.

Porter, M.E. (2000) 'Location, competition, and economic development: local clusters in a global economy', *Economic Development Quarterly* 14(1): 15-34.

Ratti, R. (1992) 'Eléments de théorie économique des effets frontiers et de politique de développement regional Exemplification d'après le cas des agglomérations de frontière Suisses', *Revue Suisse d'Economie Politique et de Statistique* 128(3): 325-338.

Richardson, Harry W. and Richardson, M. (1975) 'The relevance of growth center strategies to Latin America', *Economic Geography* 51(2): 163-178.

Russo, M. (1985) 'Technical change and the industrial district: the role of interfirm relations in the growth and transformation of ceramic tile production in Italy', *Research Policy* 14(6): 329-343.

Saxenian, A. (1994) *Regional Advantage: Culture and Competition in Silicon Valley and Route 128*. Cambridge, MA: Harvard University Press.

Scott, A. (1988) *New Industrial Spaces: Flexible Production Organization and Regional Development in North America and Western Europe*. London: Pion.

Scott, A. (2005) *On Hollywood: The Place, the Industry*. Princeton, NJ: Princeton Uni-

핵심개념으로 배우는 경제지리학

versity Press.

Simmel, G. (1950) *The Sociology of Georg Simmel*. Compiled and translated by Kurt Wolff. Glencoe, IL: The Free Press.

Storper, M. (1995) 'The resurgence of regional economies, ten years later: The region as a nexus of untraded interdependencies', *European Urban and Regional Studies* 2: 191-221.

Storper, M. (1997) *The Regional World: Territorial Development in a Global Economy*. New York: Guilford.

Storper, M. (2009) 'Roepke lecture in economic geography - regional context and global trade', *Economic Geography* 85(1) (January): 1-22.

Storper, M. and Venables, A.J. (2004) 'Buzz: face-to-face contact and the urban economy', *Journal of Economic Geography* 4(4): 351-370.

Van Oort, F. (2002) 'Innovation and agglomeration economies in the Netherlands', *Tijdschrift voor economische en sociale geografie* 93(3): 344-360.

Wenger, E. (1999) *Communities of Practice: Learning, Meaning and Identity*. Cambridge: Cambridge University Press.

Young, A. (1928) 'Increasing returns and economic progress', *Economic Journal* 38: 527-542.

3.3 지역격차

Alonso, W. (1968) 'Urban and regional imbalances in economic development', *Economic Development and Cultural Change* 17(1): 1-14.

Arthur, W.B. (1989) 'Competing technologies, increasing returns, and lock-in by historical events', *Economic Journal* 99: 116-131.

Castells, M. and Hall, P.G. (1994) *Technopoles of the World: The Making of Twenty-First-Century Industrial Complexes*. London: Routledge.

Clark, C. (1940) *The Conditions of Economic Progress*. London: Macmillan.

Combes, P.-P., Mayer, T. and Thisse, J.-F. (2008) *Economic Geography: The Integration of Regions and Nations*. Princeton: Princeton University Press.

Harrison, B. and Bluestone, B. (1988) *The Great U-Turn: Corporate Restructuring and the Polarizing of America*. New York: Basic Books.

Hirschman, A.O. (1958) *The Strategy of Economic Development*. New Haven, CT: Yale

University Press.

Holland, S. (1976) *Capital Versus the Regions*. New York: St. Martin's Press.

Hoover, E.M. and Fisher, J. (1949) 'Research in regional economic growth', Chapter V in Universities-National Bureau Committee for Economic Research (ed.) *Problems in the Study of Economic Growth*. New York: National Bureau of Economic Research.

Hudson, R. (2007) 'Regions and regional uneven development forever? Some reflective comments upon theory and practice', *Regional Studies* 41(9): 1149-1160.

Jacobs, J. (1969) *The Economy of Cities*. New York: Vintage.

Krugman, P. (1991) 'Increasing returns and economic geography', *The Journal of Political Economy* 99(3): 483-499.

Kuklinski, A.R. (ed.) (1972) *Growth Poles and Growth Centres in Regional Planning*. The Hague: Mouton.

Kuznets, S. (1955) 'Economic growth and income inequality', *American Economic Review* 65(March): 1-28.

Lanaspa, L.F. and Fernando, S. (2001) 'Multiple equilibria, stability, and asymmetries in Krugman's core-periphery model', *Papers in Regional Science* 80: 425-438.

Lanaspa, L.F. and Sanz, F. (2001) 'Multiple equilibria, stability, and asymmetries in Krugman's core-periphery model', *Papers in Regional Science* 80, 425-438.

Markusen, A.R., Hall, P., Campbell, S. and Deitrick, S. (1991) *The Rise of the Gunbelt: The Military Remapping of Industrial America*. New York: Oxford University Press.

Myrdal, G. (1957) *Economic Theory and Under-developed Regions*. London: Gerald Duckworth.

North, D.C. (1955) 'Location theory and regional economic growth', *The Journal of Political Economy* 63(3): 243-258.

North, D.C. (1956) 'A Reply', *The Journal of Political Economy* 64(2): 165-168.

Ohlin, B. (1933) *Interregional and International Trade*. Cambridge, MA: Harvard University Press.

Perroux, F. (1950) 'Economic space, theory and applications', *Quarterly Journal of Economics* 64(1): 89-104.

Pike, A., Rodríguez-Pose, A. and Tomaney, J. (2006) *Local and Regional Development*.

핵심개념으로 배우는 경제지리학

London: Routledge.

Richardson, H.W. and M. Richardson (1975) 'The relevance of growth center strategies to Latin America', *Economic Geography* 51(2): 163-178.

Tiebout, C.M. (1956a) 'Exports and regional economic growth', *The Journal of Political Economy* 64(2): 160-164.

Tiebout, C.M. (1956b) 'Exports and regional economic growth: rejoinder', *The Journal of Political Economy* 64(2): 169.

World Bank (2009) *World Development Report: Reshaping Economic Geography.* Washington, DC: The World Bank.

3.4 포스트포디즘

Aglietta, M. (1979 [1976]) *A Theory of Capitalist Regulation: The US Experience.* An English translation of *Régulation et Crises du Capitalisme.* London: New Left Books (originally published in 1976).

Amin, A. and K. Robins (1990) 'The re-emergence of regional economies? The mythical geography of flexible accumulation', *Environment and Planning D: Society and Space* 8(1): 7-34.

Bagnasco, A. (1977) *Tre Italie: La Problematica Territoriale Dello Sviluppo Italiano.* Bologna: Il Mulino.

Best, M. (1990) *The New Competition.* Cambridge, MA: Harvard University Press.

Bluestone, B. and Harrison, B. (1982) *Deindustrialization of America: Plant Closings, Community Abandonment, and the Dismantling of Basic Industries.* New York: Basic Books.

Boyer, R. (1979) 'Wage formation in historical perspective: The French experience', *Cambridge Journal of Economics* 3(2): 99-118.

Boyer, R. (1990) *The Regulation School Approach: A Critical Introduction.* New York: Columbia University Press.

Brusco, S. (1982) 'The Emilian model: productive decentralisation and local integration', *Cambridge Journal of Economics* 6(2): 167-184.

Chandler, A.D. (1977) *The Visible Hand: The Managerial Revolution in American Business.* Cambridge, MA: Harvard University Press.

Christopherson, S. and Storper, M. (1986) 'The city as studio; the world as back lot: the impact of vertical disintegration on the motion picture industry', *Environment and Planning D* 4(3): 305-320.

Cooke, P. and Morgan, K. (1994) 'The regional innovation system in Baden-Württemberg', *International Journal of Technology Management* 9: 394-429.

Coriat, B. (1979) *L'atelier et le chronometer: Essai sur le taylorisme, le fordisme et la production de masse.* Paris: Christian Bourgois Editeur.

Dunford, M. (1990) 'Theories of regulation', *Environment and Planning D* 8(3): 297-321.

Fujita, K. and Hill, R.C. (1993) 'Toyota city: industrial organization and the local state in Japan', in K. Fujita and R.C. Hill (eds) *Japanese Cities in the World Economy.* Philadelphia, NJ: Temple University Press. pp.175-199.

Gertler, M. (1988) 'The limits to flexibility: comments on the Post-Fordist vision of production and its geography', *Transactions of the Institute of British Geographers* 13(4): 419-432.

Gertler, M. (1989) 'Resurrecting flexibility? A reply to Schoenberger', *Transactions of the Institute of British Geographers* 14(1): 109-112.

Harrison, B. (1994) *Lean and Mean: The Changing Landscape of Corporate Power in the Age of Flexibility.* New York: Basic Books.

Herrigel, G. (1996) 'Crisis in German decentralized production: unexpected rigidity and the challenge of an alternative form of flexible organization in Baden Wurttemberg', *European Urban and Regional Studies* 3(1): 33-52.

Jessop, B. (1990) 'Regulation theories in retrospect and prospect', *Economy and Society* 19(2): 153-216.

Kenney, M. (ed.) (2000) *Understanding Silicon Valley: The Anatomy of an Entrepreneurial Region.* Stanford, CA: Stanford Business Books.

Lipietz, A. (1986) 'New tendencies in the international division of labour: regimes of accumulation and modes of regulation', in A.J. Scott and Storper, M. (eds) *Production, Work, Territory: The Geographical Anatomy of Industrial Capitalism.* Boston: Allen & Unwin. pp.16-40.

Peck, J. and Theodore, N. (1998) 'The business of contingent work: growth and restructuring in Chicago's temporary employment industry', *Work, Employment and Society* 12(4): 655-674.

핵심개념으로 배우는 경제지리학

Piore, M.J. and Sabel, C.F. (1984) *The Second Industrial Divide: Possibilities for Prosperity*. New York: Basic Books.

Russo, M. (1985) 'Technical change and the industrial district: the role of interfirm relations in the growth and transformation of ceramic tile production in Italy', *Research Policy* 14(6): 329-343.

Rutherford, T. and Gertler, M. (2002) 'Labour in lean times: geography, scale and the national trajectories of workplace change', *Transactions of the Institute of British Geographers* 27: 195-212.

Sabel, C., Herrigel, G., Deeg, R. and Kazis, R. (1989) 'Regional prosperities compared: Baden-Württemberg and Massachusetts in the 1980s', *Economy and Society* 18 (4): 374-404.

Saxenian, A. (1985) 'Silicon Valley and Route 128: regional prototypes or historic exceptions?', in M. Castells (ed.) *High Technology, Space and Society*. Beverley Hills, CA: Sage Publications.

Saxenian, A. (1994) *Regional Advantage: Culture and Competition in Silicon Valley and Route 128*. Cambridge, MA: Harvard University Press.

Schoenberger, E. (1988) 'From Fordism to flexible accumulation: technology, competitive strategies, and international location', *Environment and Planning D* 6(3): 245-262.

Schoenberger, E. (1989) 'Thinking about flexibility: a response to Gertler', *Transactions of the Institute of British Geographers* 14(1): 98-108.

Storper, M. and Christopherson, S. (1987) 'Flexible specialization and regional industrial agglomerations - the case of the United-States motion-picture industry', *Annals of the Association of American Geographers* 77(1): 104-117.

Taylor, F.W. (1911) *Principles of Scientific Management*. New York and London: Harper & Brothers.

Womack, J.P., Jones, D.T. and Roos, D. (1990) *The Machine that Changed the World: The Story of Lean Production*. New York: HarperPerennial.

4.1 중심-주변

Arrighi, G. (2002) 'The African crisis: world systemic and regional aspects', *New Left Review* 15: 5-36.

Arrighi, G. (2007) *Adam Smith in Beijing: Lineages of the Twenty-first Century*. London: Verso.

Auty, R.M. (1993) *Sustaining Development in Mineral Economies: The Resource Curse Thesis*. London: Routledge.

Baran, P. (1957) *The Political Economy of Growth*. New York: Monthly Review Press.

Barton, J.R., Gwynne, R.N. and Murray, W.E. (2007) 'Competition and co-operation in the semi-periphery: closer economic partnership and sectoral transformations in Chile and New Zealand', *Geographical Journal* 173(3): 224-241.

Castells, M. (1996) *The Rise of the Network Society: The Information Age: Economy, Society and Culture Vol. I*. Cambridge, MA: Blackwell.

Castells, M. (1998) *End of the Millennium: The Information Age: Economy, Society and Culture Vol. III*. Cambridge, MA: Blackwell.

Emmanuel, A. (1972) *Unequal Exchange: A Study of the Imperialism of Trade*. London: New Left Books.

Fage, J.D., Roberts, A.D. and Oliver, R.A. (1986) *The Cambridge History of Africa*. Cambridge: Cambridge University Press.

Frank, A.G. (1966) 'The development of underdevelopment', *Monthly Review* 18: 17-31.

Frank, A.G. (1998) *Reorient: Global Economy in the Asian Age*. Berkeley, CA: University of California Press.

Freudenburg, W. (1992) 'Addictive economies: extractive industries and vulnerable localities in a changing world economy', *Rural Sociology* 57: 305-332.

Gilbert, M.R., Masucci, M., Homko, C. and Bove, A.A. (2008) 'Theorizing the digital divide: information and communication technology use frameworks among poor women using a telemedicine system', *Geoforum* 39(2): 912-925.

Gwynne, R.N., Klak, T. and Shaw, D.J.B. (2003) *Alternative Capitalisms: Geographies of Emerging Regions*. London: Arnold.

Hall, T.D. (2000) 'World-systems analysis: A small sample from a large universe', in T.D. Hall (ed.) *A World-Systems Reader: New Perspectives on Gender, Urbanism, Cultures, Indigenous Peoples, and Ecology*. Lanham, MD: Rowman & Littlefield. pp.3-27.

Harvey, D. (2006) *Spaces of Global Capitalism: Towards a Theory of Uneven Geographical Development*. London: Verso.

Hayter, R., Barnes, T.J. and Bradshaw, M.J. (2003) 'Relocating resource peripheries to the core of economic geography's theorizing: Rationale and agenda', *Area* 35(1): 15-23.

Kellerman, A. (2002) *The Internet on Earth: A Geography of Information*. New York: Wiley.

Klak, T. (ed.) (1998) *Globalization and Neoliberalism: The Caribbean Context*. Lanham, MD: Rowman and Littlefield.

Makki, F. (2004) 'The empire of capital and the remaking of centre-periphery relations', *Third World Quarterly* 25(1): 149-168.

Pain, K. (2008) 'Examining 'core-periphery' relationships in a global city-region: the case of London and South East England', *Regional Studies* 42(8): 1161-1172.

Rosser, A. (2007) 'Escaping the resource curse: The case of Indonesia', *Journal of Contemporary Asia* 37(1): 38-58.

Rostow, W.W. (1960) *The Stages of Economic Growth: A Non-Communist Manifesto*. Cambridge: Cambridge University Press.

Straussfogel, D. (1997) 'World-systems theory: toward a heuristic and pedagogic conceptual tool', *Economic Geography* 73(1): 118-130.

Taylor, P.J. and Flint, C. (2000) *Political Geography: World-system, Nation-State and Locality*. London: Longman.

Terlouw, K. (2009) 'Transnational regional development in the Netherlands and Northwest Germany, 1500-2000', *Journal of Historical Geography* 35(1): 26-43.

Wallerstein, I. (1974) *The Modern World-System: Capitalist Agriculture and the Origins of the European World-Economy in the Sixteenth Century*. New York: Academic Press.

Williamson, J. (2004) 'The Washington Consensus as policy prescription for development', World Bank Practitioners of Development lecture given on 13 January

2004. Transcript accessed from the Institute for International Economics webpage on 8 June 2009: http://www.iie.com/publications/papers/williamson0204. pdf.

World Bank (1993) *The East Asian Miracle: Economic Growth and Public Policy*. New York: Oxford University Press.

4.2 세계화

Amin, A. (2002) 'Spatialities of globalisation', *Environment and Planning A* 34(3): 385-399.

Amin, A. and Graham, S. (1997) 'The ordinary city', *Transactions of the Institute of British Geographers* 22(4): 411-429.

Amin, A. and Thrift, N. (1993) 'Globalization, institutional thickness, and local prospects', *Revue d'Economie Regionale et Urbaine* 3: 405-427.

Appadurai, A. (1990) 'Disjuncture and difference in the global cultural economy', *Theory, Culture & Society* 7(2): 295-310.

Appadurai, A. (1996) *Modernity at Large: Cultural Dimensions of Globalization*. Minneapolis, MN: University of Minnesota Press.

Bardhan, A.D. and Howe, D.K. (2001) 'Globalization and restructuring during downturns: a case study of California', *Growth and Change* 32(2): 217-235.

Bhagwati, J. (2004) *In Defense of Globalization*. New York: Oxford University Press.

Brenner, N. (2000) 'The urban question as a scale question: reflections on Henri Lefebvre, urban theory and the politics of scale', *International Journal of Urban and Regional Research* 24(2): 361-378.

Bridge, G. (2002) 'Grounding globalization: the prospects and perils of linking economic processes of globalization to environmental outcomes', *Economic Geography* 78(3): 361-386.

Castells, M. (1996) *The Rise of the Network Society: The Information Age: Economy, Society and Culture Vol. I*. Cambridge, MA: Blackwell.

Cox, K.R. (2008) 'Globalization, uneven development and capital: reflections on reading Thomas Friedman's *The World Is Flat*', *Cambridge Journal of Regions, Economy and Society* 1(3): pp.389-410.

Dicken, P. (1994) 'Global-local tensions: firms and states in the global space-economy',

Economic Geography 70(2): 101-128.

Dicken, P. (2004) 'Geographers and 'globalization': (yet) another missed boat?', *Transactions of the Institute of British Geographers* 29(1): 5-26.

Dicken, P. (2007) *Global Shift. Mapping the Changing Contours of the World Economy*, 5th edn. London: Sage.

Friedman, T.L. (2005) *The World Is Flat: A Brief History of the Twenty-first Century*. New York: Farrar, Straus and Giroux.

Fröbel, F., Heinrichs, J. and Kreye, O. (1978) 'The world market for labour and the world market for industrial sites', *Journal of Economic Issues* 12(4): 843-858.

Gereffi, G. (1999) 'International trade and industrial upgrading in the apparel commodity chain', *Journal of International Economics* 48: 37-70.

Grant, R. and Nijman, J. (2004) 'The rescaling of uneven development in Ghana and India', *Tijdschrift voor Economische en Sociale Geografie* 95(5): 467-481.

Held, D. and McGrew, A. (2007) *Globalization/Anti-Globalization: Beyond the Great Divide*, 2nd edn. Cambridge: Polity Press.

Hess, M. (2004) '"Spatial" relationships? Towards a reconceptualization of embeddedness', *Progress in Human Geography* 28(2): 165-186.

Hymer, S. (1976) *The International Operations of National Firms: A Study of Foreign Direct Investment*. Cambridge, MA: MIT Press.

Jessop, B. (1999) 'Reflections on globalisation and its (il)logic(s)', in K. Olds, P. Dicken, P.F. Kelly, L. Kong and H.W.-C. Yeung (eds) *Globalisation in the Asia- Pacific: Contested Territories*. London: Routledge. pp.19-38.

Jones, R.C. (1998) 'Remittances and inequality: a question of migration stage and geographic scale', *Economic Geography* 74(1): 8-25.

Kelly, P.F. (1999) 'The geographies and politics of globalization', *Progress in Human Geography* 23(3): 379-400.

Marston, S.A., Jones III, J.P. and Woodward, K. (2005) 'Human geography without scale', *Transactions of the Institute of British Geographers* 30(4): 416-432.

Maskell, P. and Malmberg, A. (1999) 'Localized learning and industrial competitiveness', *Cambridge Journal of Economics* 23: 167-185.

Mitchell, K. (1995) 'Flexible circulation in the Pacific Rim: capitalisms in cultural context', *Economic Geography* 71(4): 364-382.

Mohan, G. and Zack-Williams, A.B. (2002) 'Globalisation from below: conceptualizing the role of the African Diasporas in Africa's development', *Review of African Political Economy* 29(92): 211-236.

Nagar, R., Lawson, V., McDowell, L. and Hanson, S. (2002) 'Locating globalization: feminist (re)readings of the subjects and spaces of globalization', *Economic Geography* 78(3): 257-284.

Reinert, K.A. (2007) 'Ethiopia in the world economy: trade, private capital flows, and migration', *Africa Today* 53(3): 65-89.

Rigg, J., Bebbington, A., Gough, K.V., Bryceson, D.F., Agergaard, J., Fold, N. and Tacoli, C. (2009) '*The World Development Report 2009* "reshapes economic geography": geographical reflections', *Transactions of the Institute of British Geographers* 34(2): 128-136.

Rosen, E.I. (2002) *Making Sweatshops: The Globalization of the U.S. Apparel Industry.* Berkeley, CA: University of California Press.

Saxenian, A.L. and Hsu, J.-Y. (2001) 'The Silicon Valley-Hsinchu connection: technical communities and industrial upgrading', *Industrial and Corporate Change* 10(4): 893-920.

Scott, A.J. (2006) 'The changing global geography of low-technology, labour-intensive industry: clothing, footwear, and furniture', *World Development* 34(9): 1517-1536.

Sheppard, E. (2002) 'The spaces and times of globalization: place, scale, networks, and positionality', *Economic Geography* 78(3): 307-330.

Sklar, L. (2002) *Globalization Capitalism and its Alternatives.* Oxford: Oxford University Press.

Stiglitz, J. (2002) *Globalization and Its Discontents.* New York: W.W. Norton.

Storper, M. (1992) 'The limits to globalization: technology districts and international trade', *Economic Geography* 68(1): 60-93.

Swyngedouw, E.A. (1992) 'Territorial organization and the space/technology nexus', *Transactions of the Institute of British Geographers* 17(4): 417-433.

Swyngedouw, E.A. (1997) 'Excluding the other: the production of scale and scaled politics', in R. Lee and J. Wills (eds) *Geographies of Economies.* London: Arnold. pp.167-176.

Taylor, M.J. and Thrift, N.J. (1982) 'Models of corporate development and the multinational corporation', in M.J. Taylor and N.J. Thrift (eds) *The Geography of Multinationals: Studies in the Spatial Development and Economic Consequences of Multinational Corporations*. New York: St. Martin's Press. pp.14-32.

Tokatli, N. (2008) 'Global sourcing: Insights from the global clothing industry - the case of Zara, a fast fashion retailer', *Journal of Economic Geography* 8(1): 21-38.

Vernon, R. (1966) 'International investment and international trade in the product cycle', *The Quarterly Journal of Economics* 80(2): 190-207.

Wade, R.H. (2004) 'Is globalization reducing poverty and inequality?', *World Development* 32(4): 567-589.

Wong, M. (2006) 'The gendered politics of remittances in Ghanaian transnational families', *Economic Geography* 82(4): 355-382.

World Bank (2009) *2009 World Development Report: Reshaping Economic Geography*. Washington: World Bank.

Yeung, H.W.C. (1998) 'Capital, state and space: contesting the borderless world', *Transactions of the Institute of British Geographers* 23: 291-309.

4.3 자본의 순환

Arrighi, G. (2002) 'The African crisis: world systemic and regional aspects', *New Left Review* 15: 5-36.

Bartelt, D.W. (1997) 'Urban housing in an era of global capital', *Annals of the American Academy of Political and Social Science* 551: 121-136.

Bello, W. (2006) 'The capitalist conjuncture: over-accumulation, financial crises, and the retreat from globalisation', *Third World Quarterly* 27(8): 1345-1367.

Brenner, N. (2001) 'The limits to scale? Methodological reflections on scalar structuration', *Progress in Human Geography* 25(4): 591-614.

Christophers, B. (2006) 'Circuits of capital, genealogy, and television geographies', *Antipode* 38(5): 930-952.

Desai, M. (1979) *Marxian Economics*. Oxford: Blackwell.

Foot, S.P.H. and Webber, M. (1990) 'State, class and international capital 2: the development of the Brasilian steel industry', *Antipode* 22(3): 233-251.

Gibson-Graham, J.K. (2008) 'Diverse economies: Performative practices for "other worlds"', *Progress in Human Geography* 32(5): 613-632.

Glassman, J. (2001) 'Economic crisis in Asia: the case of Thailand', *Economic Geography* 77(2): 122-147.

Glassman, J. (2007) 'Recovering from crisis: the case of Thailand's spatial fix', *Economic Geography* 83(4): 349-370.

Harvey, D. (1982) *The Limits to Capital*. London: Blackwell.

Harvey, D. (1989) *The Urban Experience*. Baltimore, MD: Johns Hopkins University Press.

Harvey, D. (2001) *Spaces of Capital: Towards a Critical Geography*. New York: Routledge.

Hudson, R. (2004) 'Conceptualizing economies and their geographies: spaces, flows and circuits', *Progress in Human Geography* 28(4): 447-471.

Hung, H.F. (2008) 'Rise of China and the global overaccumulation crisis', *Review of the International Political Economy* 15(2): 149-179.

Jessop, B. (2000) 'The crisis of the national spatio-temporal fix and the tendential ecological dominance of globalizing capitalism', *International Journal of Urban and Regional Research* 24(2): 323-360.

Jones, M. and Ward, K. (2004) 'Capitalist development and crisis theory: towards a "fourth cut"', *Antipode* 36(3): 497-511.

King, R., Dalipaj, M. and Mai, N. (2006) 'Gendering migration and remittances: evidence from London and northern Albania', *Population, Space and Place* 12(6): 409-434.

Lee, R. (2002) '"Nice maps, shame about the theory"? Thinking geographically about the economic', *Progress in Human Geography* 26(3): 333-355.

Lee, R. (2006) 'The ordinary economy: tangled up in values and geography', *Transactions of the Institute of British Geographers* 31(4): 413-432.

Leyshon, A. and Thrift, N. (1996) *Money/Space: Geographies of Monetary Transformation*. London: Routledge.

Marx, K. (1967) *Capital*. Volumes I-III, New York: International Publishers.

McMichael, P. (1991) 'Slavery in capitalism: the rise and demise of the U.S. antebellum cotton culture', *Theory and Society* 20(3): 321-349.

Peterson, V.S. (2003) *A Critical Rewriting of Global Political Economy: Integrating Re-*

핵심개념으로 배우는 경제지리학

productive, Productive, and Virtual Economies. London: Routledge.

Roberts, S.M. (1995) 'Small place, big money: the Cayman Islands and the international financial system', *Economic Geography* 71(3): 237-256.

Schoenberger, E. (2004) 'The spatial fix revisited', *Antipode* 36(3): 427-433.

Smith, N. (1990) *Uneven Development: Nature, Capital and the Production of Space*. Oxford: Basil Blackwell.

Smith, N. (2002) 'New globalism, new urbanism: gentrification as global urban strategy', *Antipode* 34(3): 427-450.

Swyngedouw, E. (1997) 'Excluding the other: the production of scale and scaled politics', in R. Lee and J. Wills (eds) *Geographies of Economies*. London: Arnold. pp.167-176.

Warf, B. (2002) 'Tailored for Panama: offshore banking at the crossroads of the Americas', *Geografiska Annaler Series B: Human Geography* 84(1): 33-47.

Wilson, B.M. (2005) 'Race in commodity exchange and consumption: separate but equal', *Annals of the Association of American Geographers* 95(3): 587-606.

Wyly, E.K., Atia, M. and Hammel, D.J. (2004) 'Has mortgage capital found an inner-city spatial fix?', *Housing Policy Debate* 15(3): 623-685.

4.4 글로벌 가치사슬

Barrientos, S., Dolan, C. and Tallontire, A. (2003) 'A gendered value chain approach to codes of conduct in African horticulture', *World Development* 31(9): 1511-1526.

Coe, N.M., Dicken, P. and Hess, M. (2008) 'Global production networks: realizing the potential', *Journal of Economic Geography* 8(3): 271-295.

Coe, N.M., Hess, M., Yeung, H.W., Dicken, P. and Henderson, J. (2004) '"Globalizing" regional development: a global production networks perspective', *Transactions of the Institute of British Geographers* 29(4): 468-484.

Dicken, P., Kelly, P.F., Olds, K. and Yeung, H.W. (2001) 'Chains and networks, territories and scales: towards a relational framework for analyzing the global economy', *Global Networks* 1(2): 89-112.

Fold, N. (2002) 'Lead firms and competition in "Bi-polar" commodity chains: grinders and branders in the global cocoa-chocolate industry', *Journal of Agrarian Change* 2(2): 228-247.

Gereffi, G. (1994) 'The organization of buyer-driven global commodity chains: how U.S. retailers shape overseas production networks', in G. Gereffi and M. Koreniewicz (eds) *Commodity Chains and Global Capitalism*. Westport, CT: Praeger. pp.95-122.

Gereffi, G. (1995) 'Global production systems and Third World development', in B. Stallings (ed.) *Global Change, Regional Response: The New International Context of Development*. Cambridge: Cambridge University Press. pp.100-142.

Gereffi, G. (1999) 'International trade and industrial upgrading in the apparel commodity chain', *Journal of International Economics* 48(1): 37-70.

Gereffi, G. and Korzeniewicz, M. (eds) (1994) *Commodity Chains and Global Capitalism*. Westport, CT: Praeger.

Gereffi, G., Humphrey, J. and Sturgeon, T. (2005) 'The governance of global value chains', *Review of International Political Economy* 12(1): 78-104.

Gereffi, G., Koreniewicz, M. and Koreniewicz, R.P. (1994) 'Introduction: global commodity chains', in G. Gereffi and M. Koreniewicz (eds) *Commodity Chains and Global Capitalism*. Westport, CT: Praeger. pp.1-14.

Gibbon, P. (2003) 'The African growth and opportunity act and the global commodity chain for clothing', *World Development* 31(11): 1809-1827.

Gibbon, P. and Ponte, S. (2005) *Trading Down: Africa, Value Chains, and the Global Economy*. Philadelphia, NJ: Temple University Press.

Giuliani, E., Pietrobelli, C. and Rabellotti, R. (2005) 'Upgrading in global value chains: lessons from Latin American clusters', *World Development* 33(4): 549-573.

Henderson, J., Dicken, P., Hess, M., Coe, N.M. and Yeung, H.W. (2002) 'Global production networks and the analysis of economic development', *Review of International Political Economy* 9(3): 436-464.

Hilson, G. (2008) '"Fair trade gold": antecedents, prospects and challenges', *Geoforum* 39(1): 386-400.

Hopkins, T.K. and Wallerstein, I. (1986) 'Commodity chains in the world-economy prior to 1800', *Review* 10(1): 157-170.

Hudson, R. (2008) 'Cultural political economy meets global production networks: a productive meeting?', *Journal of Economic Geography* 8(3): 421-440.

Humphrey, J. (2003) 'Globalization and supply chain networks: the auto industry in Brazil and India', *Global Networks* 3(2): 121-141.

Humphrey, J. and Schmitz, H. (2000) 'Governance and upgrading: linking industrial cluster and global value chain research', *IDS Working Paper 120*, Brighton: Institute of Development Studies at the University of Sussex.

Humphrey, J. and Schmitz, H. (2002) 'Developing country firms in the world economy: governance and upgrading in global value chains', INEF Report Heft 61/2002, Institut für Entwicklung und Frieden der Gerhard-Mercator-Universität Duisburg.

Izushi, H. (1997) 'Conflict between two industrial networks: technological adaptation and inter-firm relationships in the ceramics industry in Seto, Japan', *Regional Studies* 31(2): 117-129.

Morris, M. and Dunne, N. (2004) 'Driving environmental certification: its impact on the furniture and timber products value chain in South Africa', *Geoforum* 35(2): 251-266.

Neilson, J. (2008) 'Global private regulation and value-chain restructuring in Indonesian smallholder coffee systems', *World Development* 36(9): 1607-1622.

Neumayer, E. and Perkins, R. (2005) 'Uneven geographies of organizational practice: explaining the cross-national transfer and diffusion of ISO 9000', *Economic Geography* 81(3): 237-259.

Okada, A. (2004) 'Skills development and inter-firm learning linkages under globalization: lessons from the Indian automobile industry', *World Development* 32(7): 1265-1288.

Ouma, S. (2010) 'Global standards, local realities: private agri-food governance and the restructuring of the Kenyan horticulture industry', *Economic Geography* 86(2): 197-222.

Raikes, P., Jensen, M.F. and Ponte, S. (2000) 'Global commodity chain analysis and the French filiére approach: comparison and critique', *Economy and Society* 29(3): 390-417.

Riisgaard, L. (2009) 'Global Value Chains, labour organization and private social standards: lessons from East African cut flower industries', *World Development* 37(2): 326-340.

Schmitz, H. (1999) 'Global competition and local cooperation: success and failure in the Sinos Valley, Brazil', *World Development* 27(9): 1627-1650.

Sturgeon, T., Van Biesebroeck, J. and Gereffi, G. (2008) 'Value chains, networks and clusters: reframing the global automotive industry', *Journal of Economic Geography* 8(3): 297-321.

■ 제5장 경제변화의 사회문화적 맥락

5.1 문화

Amin, A. and Thrift, N. (2004) *Cultural Economy Reader.* Malden, MA and Oxford: Blackwell.

Amin, A. and Thrift, N. (2007) 'Cultural-economy and cities', *Progress in Human Geography* 31(2): 143-161.

Aoyama, Y. (2007) 'The role of consumption and globalization in a cultural industry: the case of flamenco', *Geoforum* 38(1): 103-113.

Aoyama, Y. (2009) 'Artists, tourists, and the state: cultural tourism and the flamenco industry in Andalusia, Spain', *International Journal of Urban and Regional Research* 33(1) (March): 80-104.

Appadurai, A. (1996) *Modernity at Large: Cultural Dimensions of Globalization.* Minneapolis, MN: University of Minnesota Press.

Barnes, T.J. (2001) 'Retheorizing economic geography: from the quantitative revolution to the "cultural turn"', *Annals of the Association of American Geographers* 91(3) (September): 546-565.

Bourdieu, P. (1984) *Distinction: a Social Critique of the Judgment of Taste.* Cambridge, MA: Harvard University Press.

Butler, J. (1990) *Gender Trouble: Feminism and the Subversion of Identity.* New York: Routledge.

Castree, N. (2004) 'Economy and culture are dead! Long live economy and culture!', *Progress in Human Geography* 28(2): 204-226.

Chang, T.C. and B. Yeoh (1999) '"New Asia - Singapore": Communicating local cultures through global tourism', *Geoforum* 30(2): 101-115.

Christopherson, S. (2002) 'Why do labor market practices continue to diverge in a global economy? The "missing link" of investment rules', *Economic Geography* 78(1): 1-20.

Christopherson, S. (2004) 'The divergent worlds of new media: how policy shapes work in the creative economy', *Review of Policy Research* 21(4): 543-558.

Coe, N. (2001) 'A hybrid agglomeration? The development of a satellite-Marshallian industrial district in Vancouver's film industry', *Urban Studies* 38(10) (September): 1753-1775.

Connell, J. and Gibson, C. (2003) *Sound Tracks: Popular Music, Identity and Place.* London and New York: Routledge.

Crang, P. (1994) 'It's showtime: on the workplace geographies of display in a restaurant in southeast England', *Environment and Planning D: Society and Space* 12(6): 675-704.

Crewe, L. (2003) 'Markets in motion: geographies of retailing and consumption III', *Progress in Human Geography* 27(3): 352-362.

Dear, M. (1988) 'The postmodern challenge: reconstructing human geography', *Transactions, Institute of British Geographers* 13(3): 262-274.

Derrida, J. (1967) *Of Grammatology.* Baltimore, MD: Johns Hopkins University Press.

Dixon, D.P. and Jones, J.P. (1996) 'For a supercalifragilisticexpialidocious scientific geography', *Annals of the Association of American Geographers* 86(4): 767-779.

Ettlinger, N. (2003) 'Cultural economic geography and a relational and microspace approach to trusts, rationalities, networks, and change in collaborative workplaces', *Journal of Economic Geography* 3(2): 145-117.

Florida, R. (2002) 'The economic geography of talent', *Annals of the Association of American Geographers* 92(4): 743-755.

Foucault, M. (1981) 'The order of discourse', in R. Young (ed.) *Untying the Text: A Poststructuralist Reader.* Boston: Routledge. pp.48-78.

Gertler, M.S. (2004) *Manufacturing Culture: The Institutional Geography of Industrial Practice.* Oxford: Oxford University Press.

Graham-Gibson, J.K. (2000) 'Poststructural interventions', in E. Sheppard and T.J. Barnes (eds) *A Companion to Economic Geography.* Oxford: Blackwell. pp.95-110.

Gibson, C. and Kong, L. (2005) 'Cultural economy: a critical review', *Progress in Human Geography* 29(5): 541-561.

Gregson, N. and Crewe, L. (2003) *Second Hand Cultures*. Oxford: Berg.

Hall, P.A. and Soskice, D. (eds) (2001) *Varieties of Capitalism: The Institutional Foundations of Comparative Advantage*. Oxford: Oxford University Press.

Hall, P.G. (1998) *Cities in Civilisation*. London: Fromm.

Harvey, D. (1989) *The Condition of Postmodernity: An Enquiry into the Origins of Cultural Change*. Oxford: Basil Blackwell.

Izushi, H. and Aoyama, Y. (2006) 'Industry evolution and cross-sectoral skill transfers: a comparative analysis of the video game industry in Japan, the United States, and the United Kingdom', *Environment and Planning A* 38(10) (October): 1843-1861.

Jackson, P. (2002) 'Commercial cultures: transcending the cultural and the economic', *Progress in Human Geography* 26(1): 3-18.

Latour, B. (1987) *Science in Action: How to Follow Scientists and Engineers through Society*. Cambridge, MA: Harvard University Press.

Lawton Smith, H. (2003) 'Local innovation assemblages and institutional capacity in local high-tech economic development: the case of Oxfordshire', *Urban Studies* 40(7): 1353-1369.

Leslie, D. and Rantisi, N.M. (2006) 'Governing the design sector in Montréal', *Urban Affairs Review* 41: 309-337.

Leslie, D., and Reimer, S. (2003) 'Fashioning furniture: restructuring the furniture commodity chain', *Area* 35(4): 427-437.

Markusen, A. (1999) 'Fuzzy concepts, scanty evidence, policy distance: the case for rigor and policy relevance in critical regional studies', *Regional Studies* 33(9): 869-884.

Markusen, A. and Schrock, G. (2006) 'The artistic dividend: urban artistic specialization and economic development implications', *Urban Studies* 43(10): 1661-1686.

Marshall, A. (1920 [1890]) *Principles of Economics*. London: Macmillan (originally published in 1890).

Martin, R. (2001) 'Geography and public policy: the case of the missing agenda', *Progress in Human Geography* 25(2): 189-210.

Martin, R. and Sunley, P. (2001) 'Rethinking the "economic" in economic geography: broadening our vision or losing our focus?', *Antipode* 33(2): 148-161.

McDowell, L. and Court, G. (1994) 'Missing subjects: gender, power and sexuality in merchant banking', *Economic Geography* 70: 229-251.

Mitchell, D. (1995) 'There's no such thing as culture', *Transactions of the Institute of British Geographers* 20: 102-116.

Mitchell, K. (1995) 'Flexible circulation in the Pacific Rim: capitalisms in cultural context', *Economic Geography* 71(4): 364-382.

Molotch, H. (2002) 'Place in product', *International Journal of Urban and Regional Research* 26(4): 665-688.

North, D.C. (1990) *Institutions, Institutional Change and Economic Performance*. Cambridge: Cambridge University Press.

O'Neill, P.M. and Gibson-Graham, J.K. (1999) 'Enterprise discourse and executive talk: stories that destabilize the company', *Transactions, Institute of British Geographers* 24: 11-22.

Pollard, J. (2004) 'From industrial district to "urban village"? Manufacturing, money and consumption in Birmingham's jewellery quarter', *Urban Studies* 41(1): 173-194.

Power, D. (2002) '"Cultural industries" in Sweden: an assessment of their place in the Swedish economy', *Economic Geography* 78(2): 103-127.

Pratt, A. (1997) 'The cultural industries production system: a case study of employment change in Britain 1984-91', *Environment and Planning A* 29: 1953-1974.

Pratt, G. (1999) 'From registered nurse to registered nanny: discursive geographies of Filipina domestic workers in Vancouver, B.C.', *Economic Geography* 75(3): 215-236.

Rantisi, N.M. (2004) 'The ascendance of New York fashion', *International Journal of Urban and Regional Research* 28(1): 86-106.

Ray, L. and Sayer, A. (1999) *Culture and Economy After the Cultural Turn*. London: Sage Publications.

Rutherford, T.D. (2004) 'Convergence, the institutional turn and workplace regimes: the case of lean production', *Progress in Human Geography* 28(4): 425-466.

Saxenian, A. (1994) *Regional Advantage: Culture and Competition in Silicon Valley and*

Route 128. Cambridge, MA: Harvard University Press.

Saxenian, A. (2006) *The New Argonauts: Regional Advantage in a Global Economy*. Cambridge, MA: Harvard University Press.

Sayer, A. (2003) '(De)commodification, consumer culture, and moral economy', *Environment and Planning D: Society and Space* 21: 341-357.

Schoenberger, E. (1997) *The Cultural Crisis of the Firm*. Cambridge, MA: Blackwell Publishers.

Scott, A.J. (1997) 'The cultural economy of cities', *International Journal of Urban and Regional Research* 21(2) (June): 323-339.

Scott, A.J. (2005) *On Hollywood: The Place, the Industry*. Princeton, NJ: Princeton University Press.

Soja, E. (1989) *Postmodern Geographies: The Reassertion of Space in Critical Social Theory*. London: Verso.

Storper, M. (2000) 'Conventions and institutions: rethinking problems of state reform, governance and policy', in L. Burlamaqui, A.C. Castro and H.-J. Chang (eds) *Institutions and the Role of the State*. Cheltenham: Edward Elgar. pp.73-102.

Terry, W.C. (2009) 'Working on the water: on legal space and seafarer protection in the cruise industry', *Economic Geography* 85(4): 463-482.

Thrift, N. (2000a) 'Pandora's box? Cultural geographies of economies', in G. Clark, M. Feldman and M. Gertler (eds) *The Oxford Handbook of Economic Geography*. Oxford: Oxford University Press. pp.689-704.

Thrift, N. (2000b) 'Performing cultures in the new economy', *Annals of the Association of American Geographers* 90(4): 674-692.

Thrift, N. and Olds, K. (1996) 'Reconfiguring the economic in economic geography', *Progress in Human Geography* 20: 311-337.

Urry, J. (1995) *Consuming Places*. London: Routledge.

Vinodrai, T. (2006) 'Reproducing Toronto's design ecology: career paths, intermediaries, and local labor markets', *Economic Geography* 82(3): 237-263.

Yapa, L. (1998) 'The poverty discourse and the poor in Sri Lanka', *Transactions, the Institute of British Geographers* 23: 95-115.

핵심개념으로 배우는 경제지리학

5.2 젠더

Bryceson, D.F. (2002) 'The scramble in Africa: reorienting rural livelihoods', *World Development* 30(5): 725-739.

Carney, J. (1993) 'Converting the wetlands, engendering the environment: the intersection of gender with agrarian change in the Gambia', *Economic Geography* 69: 329-348.

England, K. (1993) 'Suburban pink-collar ghettos: the spatial entrapment of women?', *Annals of the Association of American Geographers* 83: 225-242.

English, A. and Hegewisch, A. (2008) 'Still a man's labour market: the long-term earnings gap', Washington, DC: Institute for Women's Policy Research.

Fairclough, Norman (1992) *Discourse and Social Change*. Cambridge: Polity Press.

Gibson-Graham, J.K. (1994) '"Stuffed if I know": reflections on post-modern feminist social research', *Gender, Place, and Culture* 1(2): 205-224.

Gray, M. and James, A. (2007) 'Connecting gender and economic competitiveness: lessons from Cambridge's high-tech regional economy', *Environment and Planning A* 39(2): 417-436.

Hanson, S. and Hanson, P. (1980) 'Gender and urban activity patterns in Uppsala, Sweden', *Geographical Review* 70: 291-299.

Hanson, S. and Pratt, G. (1988) 'Reconceptualizing the links between home and work in urban geography', *Economic Geography* 64: 299-321.

Hanson, S. and Pratt, G. (1992) 'Dynamic dependencies: a geographic investigation of local labour markets', *Economic Geography* 68: 373-405.

Hapke, H. and Ayyankeril, D. (2004) 'Gender, the work-life course, and livelihood strategies in a South Indian fish market', *Gender, Place, and Culture* 11: 229-256.

Jacobs, J. (1999) 'The sex segregation of occupations', in G. Powell (ed.) *Handbook of Gender and Work*. Thousand Oaks, CA: Sage. pp.125-141.

Jones, A. (1998) '(Re)producing gender cultures: theorizing gender in investment banking recruitment', *Geoforum* 29(4): 451-474.

Lawson, V. (2007) 'Geographies of care and responsibility', *Annals of the Association of American Geographers* 97(1): 1-11.

Mattingly, O.J. (2001) 'The home and the world domestic service and international networks of caring labor', *Annals of the Association of American Geographers* 91(2):

370-386.

McDowell, L. (1993) 'Space, place, and gender relations: part 2. identity, difference, feminist geometries and geographies', *Progress in Human Geography* 17(3): 305-318.

McDowell, L. (1997) *Capital Culture: Gender at Work in the City*. Oxford: Blackwell.

McDowell, L. (1999) *Gender, Identity, and Place: Understanding Feminist Geographies*. Cambridge: Polity Press.

McDowell, L. (2005) 'Men and the boys: bankers, burger makers, and barmen', in B. van Hoven and K. Horschelmann (eds) *Spaces of Masculinities*. New York: Routledge.

Meier, V. (1999) 'Cut-flower production in Colombia - a major development success story for women?', *Environment and Planning A* 31(2): 273-289.

Mullings, B. (2004) 'Globalization and the territiorialization of the new Caribbean service economy', *Journal of Economic Geography* 4: 275-298.

Nagar, R. (2000) 'Mujhe jawab do! (Answer me!): women's grass-roots activism and social spaces in Chitrakoot (India)', *Gender, Place, and Culture* 7(4): 341-362.

Nelson, J. (1993) 'The study of choice or the study of provisioning? Gender and the definition of economies', in M. Ferber and J. Nelson (eds) *Beyond Economic Man: Feminist Theory and Economics*. Chicago: University of Chicago Press.

Nelson, K. (1986) 'Female labour supply characteristics and the suburbanization of low-wage office work', in M. Storper and A. Scott (eds) *Production, Work, and Territory*. Boston: Allen and Unwin.

Pavlovskaya, M. (2004) 'Other transitions: multiple economies of Moscow households in the 1990s', *Annals of the Association of American Geographers* 94(2): 329-351.

Pratt, G. (1999) 'From registered nurse to registered nanny: discursive geographies of Filipina domestic workers in Vancouver, B.C.', *Economic Geography* 75(3): 215-236.

Pratt, G. (2004) *Working Feminism*. Edinburgh: Edinburgh University Press.

Schroeder, R.A. (1999) *Shady Practices: Agroforestry and Gender Politics in The Gambia*. Berkeley, CA: University of California Press.

Scott, J. (1986) 'Gender: a useful category of historical analysis', *American Historical Review* 91: 1053-1075.

Seppala, P. (1998) *Diversification and Accumulation in Rural Tanzania: Anthropological Perspectives on Village Economics.* Uppsala, Sweden: Nordiska Afrikainstitutet.

Sheppard, E. (2006) 'The economic geography project', in S. Bagchi-Sen and H. Lawton Smith (eds) *Economic Geography: Past, Present, and Future.* New York: Routledge.mpp.11-23.

Silvey, R. and Elmhirst, R. (2003) 'Engendering social capital: women workers and rural-urban networks in Indonesia's crisis', *World Development* 31: 865-879.

Tivers, J. (1985) *Women Attached: The Daily Lives of Women with Young Children.* London: Croom Helm.

Wong, M. (2006) 'The gendered politics of remittances in Ghanaian transnational families', *Economic Geography* 82(4): 355-382.

Wright, M. (1997) 'Crossing the factory frontier: gender, place, and power in the Mexican *maquiladora*', *Antipode* 29(3): 278-302.

5.3 제도

Amin, A. (1999) 'An institutionalist perspective on regional economic development', *International Journal of Urban and Regional Research* 23(2): 365-378.

Amin, A. and Thrift, N. (1993) 'Globalization, institutional thickness, and local prospects', *Revue d'Economie Regionale et Urbaine* 3: 405-427.

Bathelt, H. (2003) 'Geographies of production: growth regimes in spatial perspective 1: innovation, institutions and social systems', *Progress in Human Geography* 27(6): 763-778.

Bathelt, H. (2006) 'Geographies of production: growth regimes in spatial perspective 3: toward a relational view of economic action and policy', *Progress in Human Geography* 30(2): 223-236.

Blake, M.K. and Hanson, S. (2005) 'Rethinking innovation: context and gender', *Environment and Planning A* 37(4): 681-701.

Boschma, R.A. and Frenken, K. (2006) 'Why is economic geography not an evolutionary science? Towards an evolutionary economic geography', *Journal of Economic Geography* 6(3): 273-302.

Essletzbichler, J. and Rigby, D.L. (2007) 'Exploring evolutionary economic geographies', *Journal of Economic Geography* 7: 549-571.

Florida, R. (1995) 'Toward the learning region', *Futures* 27(5): 527-536.

Florida, R. and Kenney, M. (1994) 'Institutions and economic transformation: the case of postwar Japanese capitalism', *Growth and Change* 25(2): 247-262.

Gertler, M.S. (2001) 'Best practice? Geography, learning and the institutional limits to strong convergence', *Journal of Economic Geography* 1(1): 5-26.

Gertler, M.S., Wolfe, D.A. and Garkut, D. (2000) 'No place like home? The embeddedness of innovation in a regional economy', *Review of International Political Economy* 7(4): 688-718.

Gray, M. and James, A. (2007) 'Connecting gender and economic competitiveness: lessons from Cambridge's high-tech regional economy', *Environment and Planning A* 39(2): 417-436.

Henry, N. and Pinch, S. (2001) 'Neo-Marshallian nodes, institutional thickness, and Britain's "Motor Sport Valley": thick or thin?', *Environment and Planning A* 33: 1169-1183.

Hudson, R. (2004) 'Conceptualizing economies and their geographies: spaces, flows and circuits', *Progress in Human Geography* 28(4): 447-471.

Jessop, B. (2001) 'Institutional re(turns) and the strategic-relational approach', *Environment and Planning A* 33: 1213-1235.

Morgan, K. (1997) 'The learning region: institutions, innovation and regional renewal', *Regional Studies* 31: 491-503.

Munir, K.A. (2002) 'Being different: how normative and cognitive aspects of institutional environments influence technology transfer', *Human Relations* 55(12): 1403-1428.

Nelson, R.R. and Winter, S.G. (1982) *An Evolutionary Theory of Economic Change.* Cambridge, MA: Belknap Press of Harvard University Press.

North, D. (1990) *Institutional Change and Economic Performance.* Cambridge: Cambridge University Press.

Peet, J.R. (2007) *Geography of Power: The Making of Global Economic Policy.* London: Zed Press.

Powell, W.W. and Dimaggio, P.J. (eds) (1991) *The New Institutionalism in Organizational Analysis.* Chicago: University of Chicago Press.

Power, D. and Hauge, A. (2008) 'No man's brand: brands, institutions, and fashion',

Growth and Change 39(1): 123-143.

Putnam, R.D. (1993) *Making Democracy Work: Civic Traditions in Modern Italy.* Princeton, NJ: Princeton University Press.

Rodríguez-Pose, A. and Storper, M. (2006) 'Better rules or stronger communities: on the social foundations of institutional change and its economic effects', *Economic Geography* 82(1): 1-25.

Scott, W.R. (1995) *Institutions and Organizations.* Thousand Oaks, CA: Sage Publications.

Storper, M. (1995) 'The resurgence of regional economics, ten years later: the region as a nexus of untraded interdependencies', *European Urban and Regional Studies* 2(3): 191-221.

Storper, M. (1997) *The Regional World: Territorial Development in a Global Economy.* New York: Guilford Press.

Sunley, P. (2008) 'Relational economic geography: a partial understanding or a new paradigm?', *Economic Geography* 84(1): 1-26.

Truffer, B. (2008) 'Society, technology, and region: contributions from the social study of technology to economic geography', *Environment and Planning A* 40: 966-985.

Veblen, T. (1915) 'The opportunity of Japan', *Journal of Race Development,* 6 (July): 23-38.

Veblen, T. (1925) 'Economic theory in the calculable future', *American Economic Review* 15(1S): 48-55.

Weber, M. (1905 [1998]) *The Protestant Work Ethic and the Spirit of Capitalism.* Los Angeles: Roxbury.

Weber, M. (1958 [1987]) *General Economic History.* New York: Greenburg.

Williamson, O. (1985) *The Economic Institutions of Capitalism: Firms, Markets, Relational Contracting.* New York: Free Press.

World Bank (2001) *World Bank Development Report: Building Institutions for Markets.* New York: Oxford University Press.

Yeung, H.W. (2000) 'Organizing "the firm" in industrial geography I: networks, institutions and regional development', *Progress in Human Geography* 24(2): 301-315.

Yeung, H.W. (2005) 'Rethinking relational economic geography', *Transactions of the*

Institute of British Geographers 30(1): 37-51.

5.4 뿌리내림

Amin, A. and Cohendet, P. (2004) *Architectures of Knowledge: Firms, Capabilities, and Communities*. Oxford: Oxford University Press.

Amin, A. and Roberts, J. (2008) 'Knowing in action: beyond communities of practice', *Research Policy* 37(2): 353-369.

Bellandi, M. (2001) 'Local development and embedded large firms', *Entrepreneurship and Regional Development* 13: 189-210.

Burt, R.S. (1992) *Structural Holes*. Cambridge, MA: Harvard University Press.

Coe, N.M. (2000) 'The view from out West: embeddedness, inter-personal relations and the development of an indigenous film industry in Vancouver', *Geoforum* 31(4): 391-407.

Crouch, C. and Streeck, W. (1997) 'The future of capitalist diversity', in C. Rouch and W. Streeck (eds) *Political Economy of Modern Capitalism*. London: Sage. pp.1-31.

DiMaggio, P. and Louch, H. (1998) 'Socially embedded consumer transactions: for what kinds of purchases do people most often use networks?', *American Sociological Review* 63(5): 619-637.

Eich-Born, M. and Hassink, R. (2005) 'On the battle between shipbuilding regions in Germany and South Korea', *Environment and Planning A* 37: 635-656.

Ettlinger, N. (2003) 'Cultural economic geography and a relational and microspace approach to trusts, rationalities, networks, and change in collaborative workplaces', *Journal of Economic Geography* 3(2): 145-171.

Evans, P.B. (1995) *Embedded Autonomy: States and Industrial Transformation*. Princeton, NJ: Princeton University Press.

Gertler, M.S. (2003) 'Tacit knowledge and the economic geography of context, or The undefinable tacitness of being (there)', *Journal of Economic Geography* 3(1): 75-99.

Gertler, M.S., Wolfe, D.A. and Garkut, D. (2000) 'No place like home? The embeddedness of innovation in a regional economy', *Review of International Political Economy* 7(4): 688-718.

Glückler, J. (2005) 'Making embeddedness work: social practice institutions in foreign consulting markets', *Environment and Planning A* 37(10): 1727-1750.

Grabher, G.E. (1993) 'The weakness of strong ties. The lock-in of regional development in the Ruhr area', in G. Grabher (ed.) *The Embedded Firm: On the Socioeconomics of Industrial Networks*. London: Routledge. pp.255-277.

Granovetter, M.S. (1973) 'The strength of weak ties', *American Journal of Sociology* 78(6): 1360-1380.

Granovetter, M.S. (1985) 'Economic action and social structure: the problem of embeddedness', *American Journal of Sociology* 91(3): 481-510.

Hanson, S. and Blake, M. (2009) 'Gender and entrepreneurial networks', *Regional Studies* 43(1): 135-149.

Hanson, S. and Pratt, G. (1991) 'Job search and the occupational segregation of women', *Annals of the Association of American Geographers* 81: 229-253.

Harrison, B. (1992) 'Industrial districts: old wine in new bottles?', *Regional Studies* 26(5): 469-483.

Harrison, B. (1994) *Lean and Mean: The Changing Landscape of Corporate Power in the Age of Flexibility*. New York: Basic Books.

Hassink, R. (2007) 'The strength of weak lock-ins: the renewal of the Westmünsterland textile industry', *Environment and Planning A* 39: 1147-1165.

Hervas-Oliver, J.L. and Albors-Garrigos, J. (2009) 'The role of the firm's internal and relational capabilities in clusters: when distance and embeddedness are not enough to explain innovation', *Journal of Economic Geography* 9(2): 263-283.

Hess, M. (2004) '"Spatial" relationships? Towards a reconceptualization of embeddedness', *Progress in Human Geography* 28(2): 165-186.

Hughes, A., Wrigley, N. and Buttle, M. (2008) 'Global production networks, ethical campaigning, and the embeddedness of responsible governance', *Journal of Economic Geography* 8(3): 345-367.

Ingram, P., Robinson, J. and Busch, M.L. (2005) 'The intergovernmental network of world trade: IGO connectedness, governance, and embeddedness', *American Journal of Sociology* 111(3): 824-858.

Izushi, H. (1997) 'Conflict between two industrial networks: technological adaptation and inter-firm relationships in the ceramics industry in Seto, Japan', *Regional Studies* 31(2): 117-129.

James, A. (2007) 'Everyday effects, practices and causal mechanisms of "cultural embeddedness": learning from Utah's high tech regional economy', *Geoforum* 38(2): 393-413.

Jones, A. (2008) 'Beyond embeddedness: economic practices and the invisible dimensions of transnational business activity', *Progress in Human Geography* 32(1): 71-88.

Krippner, G.R. and Alvarez, A.S. (2007) 'Embeddedness and the intellectual projects of economic sociology', *Annual Review of Sociology* 33(1): 219-240.

Kus, B. (2006) 'Neoliberalism, institutional change and the welfare state: the case of Britain and France', *International Journal of Comparative Sociology* 47(6): 488-525.

Liu, W. and Dicken, P. (2006) 'Transnational corporations and "obligated embeddedness": Foreign direct investment in China's automobile industry', *Environment and Planning A* 38(7): 1229-1247.

Lowe, N. (2009) 'Challenging tradition: unlocking new paths to regional industrial upgrading', *Environment and Planning A* 41(1): 128-145.

MacKinnon, D., Cumbers, A. and Chapman, K. (2002) 'Learning, innovation and regional development: a critical appraisal of recent debates', *Progress in Human Geography* 26(3): 293-311.

Morgan, K. (2005) 'The exaggerated death of geography: learning, proximity and territorial innovation systems', *Journal of Economic Geography* 4(1): 3-21.

Oinas, P. (1999) 'Voices and silences: the problem of access to embeddedness', *Geoforum* 30(4): 351-361.

Parsons, T. and Smelser, N. (1956) *Economy and Society: A Study in the Integration of Economic and Social Theory*. Glencoe, IL: The Free Press.

Peck, J. (2005) 'Economic sociologies in space', *Economic Geography* 81(2): 129-175.

Polanyi, K. (1944) *The Great Transformation*. Boston: Beacon Press.

Polanyi, M. (1967) *The Tacit Dimension*. New York: Anchor Books.

Portes, A. and Sensenbrenner, J. (1993) 'Embeddedness and immigration: notes on the social determinants of economic action', *American Journal of Sociology* 98(6): 1320-1350.

Uzzi, B. (1996) 'The sources and consequences of embeddedness for the economic performance of organizations: the network effect', *American Sociological Review*

핵심개념으로 배우는 경제지리학

61(4): 674-698.

Wenger, E. (1998) *Communities of Practice: Learning, Meaning and Identity*. Cambridge: Cambridge University Press.

Williamson, O. (1985) *The Economic Institutions of Capitalism: Firms, Markets, Relational Contracting*. New York: Free Press.

5.5 네트워크

Amin, A. (1999) 'An institutionalist perspective on regional economic development', *International Journal of Urban and Regional Research* 23(2): 365-378.

Amin, A. and Thrift, N. (1992) 'Neo-Marshallian nodes in global networks', *International Journal of Urban and Regional Research* 16: 571-587.

Anderson, A.R. and Jack, S. (2002) 'The articulation of social capital in entrepreneurial networks: a glue or lubricant?', *Entrepreneurship and Regional Development* 14: 193-210.

Bathelt, H. (2006) 'Geographies of production: growth regimes in spatial perspective 3: Toward a relational view of economic action and policy', *Progress in Human Geography* 30(2): 223-236.

Bathelt, H. and Glückler, J. (2003) 'Toward a relational economic geography', *Journal of Economic Geography* 3(2): 117-144.

Beaverstock, J.V., Smith, R.G. and Taylor, P.J. (1999) 'A roster of world cities', *Cities* 16(6): 445-458.

Bebbington, A. (2003) 'Global networks and local developments: agendas for development geography', *Tijdschrift voor Economische en Sociale Geografie* 94(3): 297-309.

Bek, D., McEwan, C. and Bek, K.E. (2007) 'Ethical trading and socioeconomic transformation: Critical reflections on the South African wine industry', *Environment and Planning A* 39(2): 301-319.

Berndt, C. and Boeckler, M. (2009) 'Geographies of circulation and exchange: constructions of markets', *Progress in Human Geography* 33(4): 535-551.

Callon, M. (1986) 'Some elements of a sociology of translation: domestication of the scallops and the fishermen of St Brieuc Bay', in J. Law (ed.) *Power, Action, and Belief: A New Sociology of Knowledge*. London: Routledge & Kegan Paul. pp.196-

233.

Callon, M. (1999) 'Actor-network theory-the market test', in J. Law and J. Hassard (eds) *Actor Network Theory and After*. Oxford: Blackwell. pp.181-195.

Callon, M. and Muniesa, F. (2005) 'Peripheral vision: economic markets as calculative collective devices', *Organization Studies* 26(8): 1229-1250.

Camagni, R. (ed.) (1991) *Innovation Networks: Spatial Perspectives*. London: Belhaven.

Castells, M. (1996) *The Rise of the Network Society*. Oxford: Blackwell.

Coe, N.M., Hess, M. Yeung, H.W., Dicken, P. and Henderson, J. (2004) '"Globalizing" regional development: a global production networks perspective', *Transactions of the Institute of British Geographers* 29(4): 468-484.

Cooke, P. and Morgan, K. (1998) *The Associational Economy: Firms, Regions, and Innovation*. Oxford: Oxford University Press.

Dicken, P., Kelly, P.F., Olds, K. and Yeung, H.W. (2001) 'Chains and networks, territories and scales: towards a relational framework for analyzing the global economy', *Global Networks* 1(2): 89-112.

Friedmann, J. (1986) 'The world city hypothesis', *Development and Change* 17(1): 69-84.

Glückler, J. (2007) 'Economic geography and the evolution of networks', *Journal of Economic Geography* 7(5): 619-634.

Grabher, G. (2006) 'Trading routes, bypasses, and risky intersections: mapping the travels of "networks" between economic sociology and economic geography', *Progress in Human Geography* 30(2): 163-189.

Granovetter, M. (1985) 'Economic action and social structure: the problem of embeddedness', *American Journal of Sociology* 91(3): 481-510.

Hadjimichalis, C. and Hudson, R. (2006) 'Networks, regional development and democratic control', *International Journal of Urban and Regional Research* 30(4): 858-872.

Hanson, S. (2000) 'Networking', *Professional Geographer* 52(4): 751-758.

Hanson, S. and Blake, M. (2009) 'Gender and entrepreneurial networks', *Regional Studies* 43(1): 135-149.

Harrison, B. (1992) 'Industrial districts: old wine in new bottles?', *Regional Studies* 26(5): 469-483.

Henry, L., Mohan, G. and Yanacopulos, H. (2004) 'Networks as transnational agents of development', *Third World Quarterly* 25(5): 839-855.

Hess, M. (2004) '"Spatial" relationships? Towards a reconceptualization of embeddedness', *Progress in Human Geography* 28(2): 165-186.

Kim, S.J. (2006) 'Networks, scale, and transnational corporations: the case of the South Korean seed industry', *Economic Geography* 82(3): 317-338.

Kingsley, G. and Malecki, E.J. (2004) 'Networking for competitiveness', *Small Business Economics* 23(1): 71-84.

Knox, P.L. and Taylor, P.J. (eds) (1995) *World Cities in a World-system*. Cambridge: Cambridge University Press.

Knorr Cetina, K. and Bruegger, U. (2002) 'Global microstructures: the virtual societies of financial markets', *American Journal of Sociology* 107(4): 905-950.

Kuhn, T. (1962) *The Structure of Scientific Revolutions*. Chicago: Chicago University Press.

Latour, B. (1991) 'Technology is society made durable', in J. Law (ed.) *A Sociology of Monsters: Essays on Power, Technology, and Domination*. London: Routledge. 103-131.

Law, J. (1992) 'Notes on the theory of the actor network: ordering, strategy, and heterogeneity', *Systems Practice* 5(4): 379-393.

Law, J. (2008) 'Actor-network theory and material semiotics', in B.S. Turner (ed.) *The New Blackwell Companion to Social Theory*, 3rd edn. Oxford: Blackwell. pp.141-158.

Mackinnon, D., Chapman, K. and Cumbers, A. (2004) 'Networking, trust and embeddedness amongst SMEs in the Aberdeen oil complex', *Entrepreneurship and Regional Development* 16(2): 87-106.

Malecki, E.J. (2000) 'Soft variables in regional science', *Review of Regional Studies* 30(1): 61-69.

Malecki, E.J. and Tootle, D.M. (1997) 'Networks of small manufacturers in the USA: Creating embeddedness', in M. Taylor and S. Conti (eds) *Interdependent and Uneven Development: Global-Local Perspectives*. Aldershot: Ashgate. pp.195-221.

Murdoch, J. (1995) 'Actor-networks and the evolution of economic forms: combining description and explanation in theories of regulation, flexible specialization, and networks', *Environment and Planning A* 27(5): 731-757.

Murdoch, J. (1998) 'The spaces of actor-network theory', *Geoforum* 29(4): 357-374.

Murphy, J.T. (2002) 'Networks, trust, and innovation in Tanzania's manufacturing sector', *World Development* 30(4): 591-619.

Murphy, J.T. (2006) 'Building trust in economic space', *Progress in Human Geography* 30(4): 427-450.

Nijkamp, P. (2003) 'Entrepreneurship in a modern network economy', *Regional Studies* 37(4): 395-405.

Peck, J. (2005) 'Economic sociologies in space', *Economic Geography* 81(2): 129-175.

Powell, W.W. (1990) 'Neither market or hierarchy: network forms of organization', *Research in Organizational Behavior* 12: 295-336.

Powell, W.W. and Smith-Doerr, L. (1994) 'Networks and economic life', in N.J. Smelser and R. Swedberg (eds) *The Handbook of Economic Sociology*, 1st edn. Princeton, NJ: Princeton University Press. pp.368-402.

Powell, W.W. and Smith-Doerr, L. (2005) 'Networks and economic life', in N.J. Smelser and R. Swedberg (eds) *The Handbook of Economic Sociology*, 2nd edn. Princeton, NJ: Princeton University Press. (1st edn, 1994.) pp.379-402.

Rossi, E.C. and Taylor, P.J. (2006) '"Gateway cities" in economic globalisation: how banks are using Brazilian cities', *Tijdschrift voor Economische en Sociale Geografie* 97(5): pp.515-534.

Sheppard, E. (2002) 'The spaces and times of globalization: place, scale, networks, and positionality', *Economic Geography* 78(3): 307-330.

Smith, A. (2003) 'Power relations, industrial clusters, and regional transformations: pan-European integration and outward processing in the Slovak clothing industry', *Economic Geography* 79(1): 17-40.

Staber, U. (2001) 'The structure of networks in industrial districts', *International Journal of Urban and Regional Research* 25(3): 537-552.

Sunley, P. (2008) 'Relational economic geography: a partial understanding or a new paradigm?', *Economic Geography* 84(1): 1-26.

Taylor, P.J. and Aranya, R. (2008) 'A global "urban roller coaster"? Connectivity changes in the world city network 2000-2004', *Regional Studies* 42(1): 1-16.

Taylor, P.J., Derudder, B., Garcia, C.G. and Witlox, F. (2009) 'From North-South to

"Global" South? An investigation of a changing "South" using airline flows between cities, 1970-2005', *Geography Compass* 3(2): 836-855.

Truffer, B. (2008) 'Society, technology, and region: contributions from the social study of technology to economic geography', *Environment and Planning A* 40(4): 966-985.

Turner, S. (2007) 'Small-scale enterprise livelihoods and social capital in Eastern Indonesia: ethnic embeddedness and exclusion', *Professional Geographer* 59(4): 407-420.

Woolcock, M. (1998) 'Social capital and economic development: toward a theoretical synthesis and policy framework', *Theory and Society* 27(2): 151-208.

Yeung, H.W.C. (2005) 'The firm as social networks: an organisational perspective', *Growth and Change* 36(3): 307-328.

■ 제6장 경제지리학의 새로운 주제

6.1 지식경제

Aoyama, Y. and Castells, M. (2002) 'An empirical assessment of the informational society: Employment and occupational structures of G-7 countries', *International Labour Review* 141: 123-159.

Aoyama, Y. and Sheppard, E. (2003) 'The dialectics of geographic and virtual spaces', *Environment and Planning A* 35(7): 1151-1156.

Asheim, B.T. and Coenen, L. (2005) 'Knowledge bases and regional innovation systems:n comparing Nordic clusters', *Research Policy* 34: 1173-1190.

Aydalot, P. (1985) *High Technology Industry and Innovative Environments*. London: Routledge.

Baudrillard, J. (1970) *The Consumer Society*. London: Sage Publications.

Bell, D. (1973) *The Coming of Postindustrial Society: A Venture on Social Forecasting*. New York: Basic Books.

Beyers, W.B. (1993) 'Producer services', *Progress in Human Geography* 17(2): 221-231.

Beyers, W. (2002) 'Services and the new economy: elements of a research agenda', *Journal of Economic Geography* 2: 1-29.

Castells, M. (1989) *The Informational City: Information Technology, Economic Restructuring and the Urban-Regional Process*. London: Blackwell.

Castells, M. (2000) *The Rise of the Network Society*, 2nd edn. Oxford: Blackwell.

Castells, M. and Hall, P. (1994) *Technopoles of the World: The Making of Twentyfirst-century Industrial Complexes*. London: Routledge.

Castells, M. and Aoyama, Y. (1994) 'Paths toward the informational society: employment structure in G-7 Countries, 1920-90', *International Labour Review* 133: 5-33.

Clark, G.L. (2002) 'London in the European financial services industry: locational advantage and product complementarities', *Journal of Economic Geography* 2(4): 433-453.

Cohen, S. and Zysman, J. (1987) *Manufacturing Matters. The Myth of the Postindustrial Economy*. New York: Basic Books.

Cooke, P. (2001) 'Regional innovation systems, clusters, and the knowledge economy', *Industrial and Corporate Change* 10(4): 945-974.

Cooke, P. (2007) *Growth Cultures: The Global Bioeconomy and Its Bioregions*. Abingdon: Routledge.

Daniels, P. (1985) *Service Industries*. London: Routledge.

Daniels, P. and Bryson, J. (2002) 'Manufacturing services and servicing manufacturing: changing forms of production in advanced capitalist economies', *Urban Studies* 39: 977-991.

Daniels, P.W. and Moulaert, F. (1991) *The Changing Geography of Advanced Producer Services: Theoretical and Empirical Perspectives*. London: Belhaven Press.

Drucker, P. (1969) *The Age of Discontinuity: Guidelines to Our Changing Society*. New York: Harper and Row.

Florida, R. (1995) 'Toward the learning region', *Futures* 27(5): 527-536.

Florida, R. (2002) 'The economic geography of talent', *Annals of the Association of American Geographers* 92(4): 743-755.

Florida, R. and Kenney, M. (1988) 'Venture capital, high technology and regional development', *Regional Studies* 22(1): 33-48.

Fuchs, V. (1968) *The Services Economy*. New York: Columbia University Press.

Gershuny, J.I. and Miles, I.D. (1983) *New Service Economy: The Transformation of Em-

핵심개념으로 배우는 경제지리학

ployment in Industrial Societies. London: F. Pinter.

Gertler, M.S. and Levitte, Y.M. (2005) 'Local nodes in global networks: the geography of knowledge flows in biotechnology innovation', *Industry & Innovation* 12(4): 487-507.

Gillespie, A. and Green, A. (1987) 'The changing geography of producer services employment in Britain', *Regional Studies* 21(5): 397-411.

Glaeser, E. (2005) 'Review of Richard Florida's *The Rise of the Creative Class*', *Regional Science and Urban Economics* 35: 593-596.

Gordon, R.J. (2000) 'Does the "new economy" measure up to the great inventions of the past?', NBER Working Paper 7833. Cambridge, MA: National Bureau of Economic Research, August. Available at: http://www.nber.org/papers/w7833.

Hall, S. (2009) 'Ecologies of business education and the geographies of knowledge', *Progress in Human Geography* 33(5): 599-618.

Jones, A. (2005) 'Truly global corporations? Theorizing "organizational globalization" in advanced business-services', *Journal of Economic Geography* 5(2): 177-200.

Kuznets, S. (1971) *Economic Growth of Nations: Total Output and Production Structure.* Harvard, MA: Belknap.

Leamer, E.E. and Storper, M. (2001) 'The economic geography of the Internet age', *Journal of International Business Studies* 32.

Leslie, D. (1995) 'Global scan: the globalization of advertising agencies, concepts and campaigns', *Economic Geography* 71(4): 402-426.

Lorenzen, M. and Andersen, K.V. (2009) 'Centrality and creativity: does Richard Florida's creative class offer new insights into urban hierarchy?', *Economic Geography* 85: 363-390.

Lundquist, K., Olander, L.-O. and Henning, M. (2008) 'Producer services: growth and roles in long-term economic development', *The Service Industries Journal* 28: 463-477.

Machlup, F. (1962) *The Production and Distribution of Knowledge in the United States.* Princeton, NJ: Princeton University Press.

Malecki, E. (1997) *Technology and Economic Development: The Dynamics of Local, Regional and National Competitiveness.* Reading, MA: Addison-Wesley.

Marcuse, P. (2003) 'Review of *The Rise of the Creative Class* by Richard Florida', *Urban*

Land 62: 40-1.

Marshall, J.N., Damesick, P., Wood, P. (1987) 'Understanding the location and role of producer services in the United Kingdom', *Environment and Planning A* 19(5): 575-595.

McQuaid, R.W. (2002) 'Entrepreneurship and ICT Industries: Support from regional and local policies', *Regional Studies* 36: 909-919.

Miles, I. (2000) 'Services innovation: Coming of age in the knowledge-based economy', *International Journal of Innovation Management* 4: 371-389.

Nelson, K. (1986) 'Labor demand, labor supply and the suburbanization of low-wage Office Work', in A.J. Scott and M. Storper (eds) *Production, Work and Territory.* Boston: Allen & Unwin. pp.149-171.

Pandit, K. (1990a) 'Service labour allocation during development: longitudinal perspectives on cross-sectional patterns', *Annals of Regional Science* 24(1) (March): 29-41.

Pandit, K. (1990b) 'Tertiary sector hypertrophy during development: an examination of regional variation', *Environment and Planning A* 22(10): 1389-1405.

Peck, J. (2005) 'Struggling with the creative class', *International Journal of Urban and Regional Research* 29(4): 740-770.

Romer, P.M. (1986) 'Increasing returns and long-run growth', *Journal of Political Economy* 94(5): 1002-1037.

Sassen, S. (1991) *The Global City: New York, London, Tokyo.* Princeton, NJ:

Sayer, A. and Walker, R.A. (1993) *The New Social Economy: Reworking the Division of Labor.* Blackwell: Princeton University Press.

Saxenian, A. (1994) *Regional Advantage: Culture and Competition in Silicon Valley and Route 128.* Cambridge, MA: Harvard University Press.

Saxenian, A. (2006) *The New Argonauts: Regional Advantage in a Global Economy.* Cambridge, MA: Harvard University Press.

Saxenian, A. (2007) 'Brain circulation and regional innovation: Silicon Valley- Hsinchu-Shanghai Triangle', in K. Polenski (ed.) *The Economic Geography of Innovation.* Cambridge: Cambridge University Press. pp.196-212.

Singelmann, J. (1977) *The Transformation of Industry: From Agriculture to Service Employment.* Beverly Hills, CA: Sage.

Stanback, T.M. (1980) *Understanding the Service Economy.* Baltimore, MD: Johns Hopkins University Press.

Stanback, T.M., Bearse, P.J., Noyelle, T. and Karasek, R.A. (1981) *Services: The New Economy.* Totowa. NJ: Allanheld, Osmun.

Storper, M. and Scott, A.J. (2009) 'Rethinking human capital, creativity and urban growth', *Journal of Economic Geography* 9(2): 147-167.

Thrift, N. (1997) 'The rise of soft capitalism', *Cultural Values* 1(1): 29-57.

Thrift, N. (1998) 'Virtual capitalism: the globalization of reflexive business knowledge', in J.G. Carrier and D. Miller (eds) *Virtualism: A New Political Economy.* Oxford, New York: Berg. pp.161-186.

Thrift, N. (2000) 'Performing cultures in the new economy', *Annals of the Association of American Geographers* 90(4): 674-692.

Touraine, A. (1969) *La Société Post-industrielle.* Paris: Denoël.

Warf, B. (1989) 'Telecommunications and the globalization of financial services', *Professional Geographer* 31: 257-271.

Wood, P. (2005) 'A service-informed approach to regional innovation - or adaptation?', *The Service Industries Journal* 25(4): 429-445.

Zook, M.A. (2001) 'Old hierarchies or new networks of centrality? The global geography of the internet content market', *American Behavioral Scientist* 44(10) (June): 1679-1696.

Zook, M. and Graham, M. (2007) 'The creative reconstruction of the internet: Google and the privatization of cyberspace and DigiPlace', *Geoforum* 38: 1322-1343.

6.2 금융화

Agnes, P. (2000) 'The "end of geography" in financial services? Local embeddedness and territorialization in the interest rate swaps industry', *Economic Geography* 76(4): 347-366.

Ashton, P. (2009) 'An appetite for yield: the anatomy of the subprime mortgage crisis', *Environment and Planning A* 41(6): 1420-1441.

Boyer, R. (2000) 'Is finance-led growth regime a viable alternative to Fordism? A preliminary analysis', *Economy and Society* 29(1): 111-145.

Clark, G.L. (1998) 'Why convention dominates pension fund trustee investment decision-making', *Environment and Planning A* 30(6): 997-1015.

Clark, G.L. (2000) *Pension Fund Capitalism*. Oxford: Oxford University Press.

Clark, G.L. and Wójcik, D. (2005) 'Path dependence and financial markets: the economic geography of the German model, 1997-2003', *Environment and Planning A* 37: 1769-1791.

Clark, G.L. Mansfield, D. and Tickell, A. (2001) 'Emergent frameworks in global finance: accounting standards and German supplementary pensions', *Economic Geography* 77: 250-271.

Dicken, P. (1998) *Global Shift: Transforming the World Economy*, 3rd edn. London: Paul Chapman.

Dore, R. (2008) 'Financialization of the global economy', *Industrial and Corporate Change* 17(6): 1097-1112.

Dow, S.C. and Rodriguez-Fuentes, C.J. (1997) 'Regional finance: a survey', *Regional Studies* 31(9): 903-920.

Engelen, E. (2003) 'The logic of funding European pension restructuring and the dangers of financialisation', *Environment and Planning A* 35: 1357-1372.

Engelen, E. (2007) '"Amsterdamned"? The uncertain future of a financial centre', *Environment and Planning A* 39(6): 1306-1324.

Erturk, I., Froud, J., Sukhdev, J., Leaver, A. and Williams, K. (2007) 'The democratization of finance? Promises, outcomes and conditions', *Review of International Political Economy* 14(4): 553-575.

Fackler, M. (2007) 'Japanese housewives sweat in secret as markets reel', *New York Times*, 16 September. Accessed on 2 December 2008 at: http://www.nytimes.com/ 2007/09/16/business/worldbusiness/16housewives.html?em.

Florida, R. and Kenney, M. (1988) 'Venture capital, high technology and regional development', *Regional Studies* 22(1): 33-48.

Friedman, J. (1986) 'The world city hypothesis development and change', *Development and Change* 17(1): 69-84.

Grote, M.H., Lo, V. and Harrschar-Ehrnborg, S. (2002) 'A value chain approach to financial centers: the case of Frankfurt', *Tijdschrift voor Economische en Sociale Geografie* 93(4): 412-423.

Kindleberger, C.P. (1974) *The Formation of Financial Centres: A Study in Comparative*

핵심개념으로 배우는 경제지리학

Economic History. Princeton, NJ: Princeton University Press.

Langley, P. (2006) 'The making of investor subjects in Anglo-American pensions', *Environment and Planning D: Society and Space* 24(6): 919-934.

Laulajainen, R. (2003) *Financial Geography: A Banker's View*. London: Routledge.

Lee, R. (1996) 'Moral money? LETS and the social construction of local economic geographies in Southeast England', *Environment and Planning A* 28: 1377-1394.

Lee, R. and Schmidt-Marwede, U. (1993) 'Interurban competition? Financial centres and the geography of financial production', *International Journal of Urban and Regional Research* 17: 492-515.

Leinbach, T., and Amrhein, C. (1987) 'A geography of the venture capital industry in the US', *The Professional Geographer* 39: 146-158.

Leyshon, A. and Thrift, N. (1997) *Money Space: Geographies of Monetary Transformation*. London: Routledge.

Markowitz, H.M. (1959) *Portfolio Selection: Efficient Diversification of Investments*. New York: John Wiley & Sons.

Marx, K. (1894) *Das Kapital: Kritik der politischen Oekonomie. Buch III: Der Gesamtprocess der Kapitalistischen Lrodvktion*. Hamburg: Verlag von Otto Meissner.

McLaughlin, A. (2008) 'Japanese housewife online traders', Japan Inc. Magazine 75, 15 January. Accessed on 2 December 2008 at: http://www.japaninc.com/mgz_janfeb_ 2008_housewife-online-trading.

Nelson, K. (1986) 'Labor demand, labor supply and the suburbanization of low-wage office work', in A.J. Scott and M. Storper (eds) *Production, Work and Territory*. Boston: Allen & Unwin, pp.149-171.

O'Brien, R. (1992) *Global Financial Integration: The End of Geography*. London: Pinter.

Pollard, J. and Samers, M. (2007) 'Islamic banking and finance: postcolonial political economy and the decentring of economic geography', *Transactions of the Institute of British Geographers* 32(3): 313-330.

Pryke, M. (1991) 'An international city going "global": spatial change in the City of London', *Environment and Planning D: Society and Space* 9: 197-222.

Pryke, M. (1994) 'Looking back on the space of a boom: redeveloping spatial matrices in the City of London', *Environment and Planning A* 26: 235-264.

Rimmer, P.J. (1986) 'Japan's world cities: Tokyo, Osaka, Nagoya or Tokaido megalopo lis', *Development and Change* 17: 121-157.

Roberts, S.M. (1995) 'Small place, big money: the Cayman Islands and the international financial system', *Economic Geography* 71(3): 237-256.

Sassen, S. (1991) *The Global City: New York, London, Tokyo*. Princeton, NJ: Princeton University Press.

Strange, S. (1986) *Casino Capitalism*. Oxford: Basil Blackwell.

Tickell, A. (2000) 'Finance and localities', in G.L. Clark, M.P. Feldman and M.S. Gertler (eds) *The Oxford Handbook of Economic Geography*. Oxford: Oxford University Press. pp.230-247.

Thrift, N. (1994) 'On the social and cultural determinants of international financial centres: the case of the City of London', in S. Corbridge, R. Martin and N. Thrift (eds) *Money, Power and Space*. Oxford and Cambridge, MA: Basil Blackwell. pp.327-355.

Thrift, N. (2000) 'Less mystery, more imagination: the future of the City of London', *Environment and Planning A* 32: 381-384.

Warf, B. and Cox, J.C. (1995) 'U.S. Bank Failures and Regional Economic Structure', *The Professional Geographer* 47(1): 3-16.

Zook, M.A. (2004) 'The knowledge brokers: venture capitalists, tacit knowledge and regional development', *International Journal of Urban and Regional Research* (September): 621-641.

6.3 소비

Berry, B. (1967) *Geography of Market Centres and Retail Distribution*. Englewood Cliffs, NJ: Prentice-Hall.

Bhachu, P. (2004) *Dangerous Designs: Asian Women Fashion the Diaspora Economies*. London: Routledge.

Christaller, W. (1966) *Central Places in Southern Germany*. An English translation of *Die zentralen Orte in Süddeutschland* by C.W. Baskin, Englewood Cliffs, NJ: Prentice Hall (originally published in 1933).

Clarke, I., Hallsworth, A., Jackson, P., de Kervenoael, R., del Aguila, R.P. and Kirkup, M. (2006) 'Retail restructuring and consumer choice 1. Long-term local changes in consumer behaviour: Portsmouth, 1980-2002', *Environment and Planning*

A 38(1): 25-46.

Coe, N.M. and Wrigley, N. (2007) 'Host economy impacts of transnational retail: the research agenda', *Journal of Economic Geography* 7(4): 341-371.

Connell, J. and Gibson, C. (2004) 'World Music: Deterritorialising place and identity', *Progress in Human Geography* 28(3): 342-361.

Crang, P. (1994) 'It's showtime: on the workplace geographies of display in a restaurant in southeast England', *Environment and Planning D: Society and Space* 12(6): 675-704.

Domosh, M. (1996) 'The feminized retail landscape: gender ideology and consumer culture in nineteenth century New York City', in N. Wrigley and M. Lowe (eds) *Retailing, Consumption and Capital*. Harlow: Longman. pp.257-70.

Gellately, R. (1974) *The Politics of Economic Despair: Shopkeepers and German Politics 1890-1914*. London: Sage.

Gerth, H.H. and Mills, C.W. (eds) (1946) *From Max Weber: Essays in Sociology*. New York: Oxford University Press.

Goldman, A. (1991) 'Japan distribution system: institutional structure, internal political economy, and modernization', *Journal of Retailing* 67(2): 154-184.

Goldman, A. (2001) 'The transfer of retail formats into developing economies: the example of China', *Journal of Retailing* 77(2): 221-242.

Goss, J. (2004) 'Geography of Consumption I', *Progress in Human Geography* 28(3): 369-380.

Goss, J. (2006) 'Geographies of consumption: the work of consumption', *Progress in Human Geography* 30(2): 237-249.

Gibson-Graham, J.K. (1996) *The End of Capitalism (As We Knew It): A Feminist Critique of Political Economy*. Oxford: Blackwell.

Grabher, G., Ibert, O. and Floher, S. (2008) 'The neglected king: the customer in the new knowledge ecology of innovation', *Economic Geography* 84(3): 253-280.

Gregson, N. and L. Crewe (1997) 'The bargain, the knowledge, and the spectacle: making sense of consumption in the space of the car-boot sale', *Environment and Planning D: Society and Space* 15(1): 87-112.

Gregson, N. and Crewe, L. (2003) *Second-hand Cultures*. New York: Berg.

Hotelling, H. (1929) 'Stability in competition', *The Economic Journal* 39(153): 41-57.

Hughes, A. and Reimer, S. (2004) *Geographies of Commodity Chains*. London: Routledge.

Hughes, A., Buttle, M. and Wrigley, N. (2007) 'Organisational geographies of corporate responsibility: a UK-US comparison of retailers' ethical trading initiatives', *Journal of Economic Geography* 7(4): 491-513.

Jackson, P. (2004) 'Local consumption cultures in a globalizing world', *Transactions of the Institute of British Geographers* 29(2): 169-178.

Kozul-Wright, Z. and Stanbury L. (1998) 'Becoming a globally competitive player: the case of the music industry in Jamaica', *UNCTAD Discussion Papers*, No. 138, October.

Larner, W. (1997) 'The legacy of the social: market governance and the consumer', *Economy and Society*, 26(3): 373-399.

Leslie, D. and Reimer, S. (2003) 'Fashioning Furniture: restructuring in the furniture commodity chain', *Area* 35(4): 427-437.

Leyshon, A. (2004) 'The limits to capital and geographies of money', *Antipode* 36(3): 461-469.

Marsden, T. and Wrigley, N. (1995) 'Regulation, retailing, consumption', *Environment and Planning A* 27(12): 1899-1912.

Marsden, T. and Wrigley, N. (1996) 'Retailing, the food system and the regulatory state', in N. Wrigley and M.S. Lowe (eds) *Retailing, Consumption and Capital*. Harlow, Essex: Longman. pp.33-47.

Pine, B. and Gilmore, J. (1999) *The Experience Economy: Work is Theatre and Every Business a Stage*. Boston, MA: Harvard Business School Press.

Rostow, W.W. (1953) *The Process of Economic Growth*. Oxford: Oxford University Press.

Sayer, A. (2003) '(De)commodification, consumer culture, and moral economy', *Environment and Planning D: Society and Space* 21(3): 341-357.

Veblen, T. (1899) *The Theory of the Leisure Class: An Economic Study of Institutions*. New York: The Modern Library.

von Hippel, E. (2001) 'Innovation by user communities: learning from open-sources software', *MIT Sloan Management Review* 42(4): 82-86.

Wang, L. and Lo, L. (2007) 'Immigrant grocery shopping behaviour: ethnic identity versus accessibility', *Environment and Planning A* 39(3): 684-699.

Williams, C.C. (2002) 'Social exclusion in a consumer society: a study of five rural communities', *Social Policy and Society* 1(3): 203-211.

Wrigley, N., Lowe, M. and Currah, A. (2002) 'Retailing and e-tailing', *Urban Geography* 23(2): 180-197.

Zukin, S. (1995) *The Cultures of Cities*. Oxford: Blackwell.

6.4 지속가능한 발전

Adams, W.M. (2009) *Green Development: Environment and Sustainability in a Developing World*, 3rd edn. London: Routledge.

Adger, W.N. (2003) 'Social capital, collective action, and adaptation to climate change', *Economic Geography* 79(4): 387-404.

Agyeman, J. and Evans, B. (2004) '"Just sustainability": the emerging discourse of environmental justice in Britain?', *Geographical Journal* 170(2): 155-164.

Angel, D.P. and Rock, M.T. (2003) 'Engaging economic development agencies in environmental protection: the case for embedded autonomy', *Local Environment* 8(1): 45-59.

Barr, S. and Gilg, A. (2006) 'Sustainable lifestyles: framing environmental action in and around the home', *Geoforum* 37(6): 906-920.

Basel Action Network (2009) Basel Action Network webpage: http://www.ban.org.

Bebbington, A. and Perreault, T. (1999) 'Social capital, development, and access to resources in highland Ecuador', *Economic Geography* 75(4): 395-418.

Bryant, R.L. (1998) 'Power, knowledge and political ecology in the Third World: a review', *Progress in Physical Geography* 22(1): 79-94.

Bumpus, A.G. and Liverman, D.M. (2008) 'Accumulation by decarbonization and the governance of carbon offsets', *Economic Geography* 84(2): 127-155.

Bunce, M. (2008) 'The "leisuring" of rural landscapes in Barbados: new spatialities and the implications for sustainability in small island states', *Geoforum* 39(2): 969-979.

Counsell, D. and Haughton, G. (2006) 'Sustainable development in regional planning: the search for new tools and renewed legitimacy', *Geoforum* 37(6): 921-931.

Daily, G.C. and Ehrlich, P.R. (1992) 'Population, sustainability, and Earth's carrying capacity', *BioScience* 42: 761-771.

Daly, H.E. (1977) *Steady-State Economics: The Economics of Biophysical Equilibrium and Moral Growth*. San Francisco, CA: W.H. Freeman.

Daly, H. and Farley, J. (2003) *Ecological Economics: Principles and Applications*. Washington, DC: Island Press.

Dresner, S. (2008) *The Principles of Sustainability*, 2nd edn. London: Earthscan.

Frosch, R.A. (1995) 'Industrial ecology: adapting technology for a sustainable world', *Environment* 37(10): 16-28.

Gibbs, D. (2003) 'Trust and networking in inter-firm relations: the case of eco-industrial development', *Local Economy* 18(3): 222-236.

Goldman, M. (2004) 'Eco-governmentality and other transnational practices of a "green" World Bank', in J.R. Peet and M. Watts (eds) *Liberation Ecologies*, 2nd edn. London: Routledge. pp.166-192.

Grossman, G. and Krueger, A.B. (1995) 'Economic growth and the environment', *Quarterly Journal of Economics* 110(2): 353-377.

Hayter, R., Barnes, T.J. and Bradshaw, M.J. (2003) 'Relocating resource peripheries to the core of economic geography's theorizing: rationale and agenda', *Area* 35(1): 15-23.

Huber, J. (2000) 'Towards industrial ecology: sustainable development as a concept of ecological modernization', *Journal of Environmental Policy and Planning* 2: 269-285.

Krueger, R. and Gibbs, D. (eds) (2007) *The Sustainable Development Paradox: Urban Political Economy in the United States and Europe*. New York: Guilford Press.

Leichenko, R. and O'Brien, K. (2008) *Environmental Change and Globalization: Double Exposure*. Oxford: Oxford University Press.

Leichenko, R.M. and Solecki, W.D. (2005) 'Exporting the American dream: the globalization of suburban consumption landscapes', *Regional Studies* 39(2): 241-253.

Maxey, L. (2006) 'Can we sustain sustainable agriculture? Learning from smallscale producer-suppliers in Canada and the UK', *Geographical Journal* 172(3): 230-244.

McCarthy, L. (2002) 'The brownfield dual land-use policy challenge: reducing barriers to private redevelopment while connecting reuse to broader community goals',

Land Use Policy 19(4): 287-296.

McGregor, A. (2004) 'Sustainable development and "warm fuzzy feelings": discourse and nature within Australian environmental imaginaries', Geoforum 35(5): 593-606.

McManus, P. and Gibbs, D. (2008) 'Industrial ecosystems? The use of tropes in the literature of industrial ecology and eco-industrial parks', Progress in Human Geography 32(4): 525-540.

O'Brien, K. and Leichenko, R. (2006) 'Climate change, equity and human security', Erde 137(3): 165-179.

Pacione, M. (2007) 'Sustainable urban development in the UK: rhetoric or reality?', Geography 92(3): 248-265.

Pellow, D.N. (2007) Resisting Global Toxics: Transnational Movements for Environmental Justice. Boston: MIT Press.

Ponte, S. (2008) 'Greener than thou: the political economy of fish ecolabeling and Its local manifestations in South Africa', World Development 36(1): 159-175.

Redclift, M. (1993) 'Sustainable development: needs, values, rights', Environmental Values 2: 3-20.

Redclift, M. (2005) 'Sustainable development (1987-2005): an oxymoron comes of age', Sustainable Development 13: 212-217.

Robbins, P. (2004) Political Ecology: A Critical Introduction. Malden, MA: Wiley-Blackwell.

Rock, M.T. and Angel, D.P. (2006) Industrial Transformation in the Developing World. Oxford: Oxford University Press.

Sneddon, C., Howarth, R.B. and Norgaard, R.B. (2006) 'Sustainable development in a post-Brundtland world', Ecological Economics 57(2): 253-268.

Soyez, D. and Schulz, C. (2008) 'Facets of an emerging Environmental Economic Geography (EEG)', Geoforum 39(1): 17-19.

Tietenberg, T. (2006) Environmental and Natural Resource Economics, 5th edn. Reading, MA: Addison-Wesley.

Wackernagel, M. and Rees, W. (1996) Our Ecological Footprint: Reducing Human Impact on the Earth. Gabriola Island, BC: New Society Publishers.

World Bank (2003) World Development Report 2003: Sustainable Development in a Dy-

namic World. Washington, DC: World Bank.

World Commission on Environment and Development (WCED) (1987) *Our Common Future*. Oxford: Oxford University Press.

Yohe, G. and Schlesinger, M. (2002) 'The economic geography of the impacts of climate change', *Journal of Economic Geography* 2(3): 311-341.

핵심개념으로 배우는 경제지리학